最新 Python

基礎必修課

含ITS Python國際認證模擬試題

序

Python 是目前最熱門的程式語言,其特性為功能強大、語法簡潔,容易學習、沒有複雜的結構,而且容易維護。其應用範圍很廣,無論是資料收集、資料分析、機器學習、自然語言處理、視窗應用程式、電腦視覺辨視、數據圖表設計、網站建置、雲端服務開發甚至是遊戲開發,都能看到 Python 的身影。

本書以考取 ITS Python 國際認證為主,並培養初學者程式設計的基本能力,各章內容融入 ITS Python 解題技巧,同時**書末整理兩組「ITS Python 國際認證模擬試題」試卷**供教師教學與讀者練習。此外書中更加上視窗應用程式、數據圖表設計與網路爬蟲的章節,讓初學者不僅能瞭解 Python 的應用,更讓初學者程式設計訓練更加札實,奠定前進大數據、機器學習與人工智慧的基礎。同時也是教師訓練學生考取 ITS Python 國際認證的最佳教材。

為方便教師教學,本書另提供教學投影片、各章習題與解答,歡迎採用本書的授課教師向碁峰業務索取。

作者於「程式享樂趣」YouTube 頻道每週五分享補充教材與新知,以利初學者快速上手。有關本書的任何問題可來信至 itPCBook@gmail.com,我們會盡快答覆。本書雖經多次精心校對,難免百密一疏,尚祈讀者先進不吝指正,以期再版時能更趨紮實。感謝周家旬與蔡文真小姐細心校稿與提供寶貴的意見,以及碁峰同仁的鼓勵與協助,使得本書得以順利出書。在此聲明,書中所提及相關產品名稱皆為各所屬公司之註冊商標。

程式享樂趣 YouTube 頻道:https://www.youtube.com/@happycodingfun

微軟最有價值專家、僑光科技大學多媒體與遊戲設計系 助理教授 蔡文龍
何嘉益、張志成、張力元 編著
2023.1.30 於台中

CONTENTS 目錄

01 Python 語言概觀

1.1 電腦系統簡介 1-1

    1.1.1 電腦系統的基本架構 1-1

    1.1.2 電腦硬體 1-2

    1.1.3 電腦軟體 1-3

1.2 程式語言介紹 1-3

    1.2.1 程式語言的分類 1-3

    1.2.2 翻譯器的分類 1-4

1.3 Python 語言簡介 1-6

    1.3.1 Python 語言的沿革 1-6

    1.3.2 Python 語言的特色 1-6

1.4 程式設計的步驟 1-7

    1.4.1 程式設計的五大階段 1-7

    1.4.2 編輯器與翻譯器 1-10

    1.4.3 設計程式的注意事項 1-11

1.5 演算法 1-11

    1.5.1 流程圖 1-11

    1.5.2 虛擬碼 1-12

    1.5.3 選擇演算法 1-13

1.6 建置 Anaconda 開發環境 1-13

    1.6.1 安裝 Anaconda 套件 1-14

    1.6.2 Spyder 整合開發環境介紹 1-16

    1.6.3 Spyder 整合開發環境設定 1-17

1.7 編寫第一個 Python 程式 1-19

    1.7.1 Python 語言格式簡介 1-19

    1.7.2 第一個 Python 程式 1-19

1.8 檢測模擬試題解析 1-22

02 基本程式設計

2.1 內建資料型別 2-1

    2.1.1 內建基本資料型別 2-1

    2.1.2 物件簡介 2-2

2.2 常值 2-2

    2.2.1 整數常值 2-3

    2.2.2 布林常值 2-3

    2.2.3 浮點數常值 2-3

    2.2.4 字串常值 2-4

2.3 變數與資料型別 2-4

    2.3.1 識別字 2-4

    2.3.2 保留字 2-5

    2.3.3 變數宣告 2-5

    2.3.4 整數資料型別 2-6

    2.3.5 布林資料型別 2-7

    2.3.6 浮點數資料型別 2-7

2.4 運算子 2-10

    2.4.1 指定運算子 2-11

    2.4.2 算術運算子 2-12

    2.4.3 複合指定運算子 2-13

    2.4.4 關係運算子 2-13

    2.4.5 邏輯運算子 2-14

    2.4.6 位元運算子 2-15

    2.4.7 in 與 is 運算子 2-16

    2.4.8 位移運算子 2-16

    2.4.9 運算子的優先順序 2-17

2.5 資料型別轉換 2-18

    2.5.1 自動型別轉換 2-18

    2.5.2 強制型別轉換 2-19

2.6 print()輸出函式 2-20

2.7 檢測模擬試題解析 2-25

03 字串與格式化輸出入

3.1 字串資料型別 3-1

3.2 字串與運算子 3-2

3.2.1 字串與「+」運算子 3-2

3.2.2 字串與「*」運算子 3-3

3.2.3 字串與「in」、「not in」運算子 3-3

3.2.4 字串與「[]」運算子 3-3

3.2.5 input()函式 3-5

3.3 格式化輸出 3-6

3.3.1 轉換字串 3-6

3.3.2 str.format() 方法 3-7

3.3.3 format() 函式 3-10

3.4 常用的字串函式 3-11

3.5 檢測模擬試題解析 3-14

04 選擇結構

4.1 結構化程式設計 4-1

4.2 關係運算子 4-2

4.3 邏輯運算式 4-4

4.4 選擇結構 4-6

4.4.1 單向選擇 if… 4-6

4.4.2 雙向選擇 if…else… 4-7

4.4.3 巢狀選擇 if…else… 4-8

4.4.4 多向選擇 if…elif…else 4-10

4.5 檢測模擬試題解析 4-11

05 重複結構

5.1 for 迴圈 5-1

5.1.1 何謂迴圈 5-1

5.1.2 range 函式 5-1

5.1.3 for 敘述 5-2

5.1.4 for…else 敘述 5-4

5.2 while 迴圈 5-5

5.2.1 while 敘述 5-5

5.2.2 while…else 敘述 5-6

5.3 continue 與 break 5-7

5.3.1 continue 敘述 5-7

5.3.2 break 敘述 5-8

5.4 巢狀迴圈與無窮迴圈 5-9

    5.4.1 巢狀迴圈 5-9

    5.4.2 無窮迴圈 5-9

5.5 檢測模擬試題解析 5-11

06 串列

6.1 何謂串列 6-1

6.2 一維串列 6-2

    6.2.1 一維串列的建立 6-2

    6.2.2 串列的讀取與存放 6-2

6.3 使用迴圈操作串列 6-4

    6.3.1 使用 for … range() 迴圈 6-4

    6.3.2 使用 for … in 串列迴圈 6-5

    6.3.3 串列生成器 6-6

6.4 串列的函式與方法 6-7

    6.4.1 串列的內建函式 6-7

    6.4.2 串列的方法 6-8

    6.4.3 串列的運算子 6-9

    6.4.4 串列與字串 6-9

6.5 串列的排序 6-11

    6.5.1 串列元素由小到大排列 6-11

    6.5.2 串列元素反轉排列 6-11

    6.5.3 複製串列排序 6-12

    6.5.4 氣泡排序法 6-12

6.6 二維串列 6-15

6.7 檢測模擬試題解析 6-19

07 函式

7.1 何謂函式 7-1

7.2 內建函式 7-2

    7.2.1 數值函式 7-2

    7.2.2 math 套件函式 7-4

    7.2.3 random 套件函式 7-6

    7.2.4 time 套件函式 7-9

7.2.5 datetime 套件函式 7-12

7.3 自定函式 7-14

7.3.1 函式的建立 7-14

7.3.2 函式的呼叫 7-15

7.3.3 引數的預設值 7-18

7.4 引數的傳遞方式 7-20

7.5 引數傳遞使用串列 7-21

7.5.1 傳遞串列元素 7-21

7.5.2 傳遞整個串列 7-22

7.6 全域變數與區域變數 7-23

7.6.1 變數覆蓋 7-24

7.6.2 global 宣告變數 7-25

7.7 遞迴 7-26

7.8 檢測模擬試題解析 7-28

08 元組、字典、集合

8.1 元組 8-1

8.1.1 何謂元組 8-1

8.1.2 元組的宣告 8-1

8.1.3 元組常用的函式 8-2

8.1.4 元組的基本操作 8-3

8.2 字典 8-5

8.2.1 何謂字典 8-5

8.2.2 字典基本操作 8-5

8.2.3 字典進階操作 8-6

8.3 集合 8-9

8.3.1 何謂集合 8-9

8.3.2 集合的基本操作 8-9

8.3.3 集合的運算 8-11

8.3.4 元組、字典和集合的比較與使用時機 8-14

8.4 檢測模擬試題解析 8-14

09 檔案與例外處理

9.1 檔案概論 9-1

9.2 資料夾的建立與刪除 9-2

9.3 檔案的開啟與關閉 9-6

9.4 文字檔資料的寫入與讀取 9-8

9.5 例外處理 9-16

9.6 檢測模擬試題解析 9-19

10 繪製圖表

10.1 matplotlib 套件 10-1

    10.1.1 matplotlib 套件簡介 10-1

    10.1.2 安裝 matplotlib 套件 10-1

    10.1.3 匯入 matplotlib 套件 10-2

10.2 繪製線條圖 10-2

    10.2.1 如何繪製線條 10-2

    10.2.2 IPython Console 無法顯示圖表的解決方式 ... 10-4

    10.2.3 如何在圖表中顯示中文 10-6

    10.2.4 如何設定圖表標題、座標標題與座標範圍 ... 10-7

10.3 繪製柱狀圖 10-10

    10.3.1 如何繪製柱狀圖 10-10

    10.3.2 如何繪製疊加柱狀圖 10-11

10.4 繪製圓餅圖 10-13

11 視窗應用程式

11.1 tkinter 套件 11-1

    11.1.1 tkinter 套件簡介與匯入 11-1

    11.1.2 如何建立視窗 11-1

    11.1.3 tkinter 套件常用元件 11-2

11.2 Label 標籤元件 11-3

11.3 視窗版面配置 11-5

11.4 Button 按鈕元件 11-7

11.5 Entry 文字方塊元件 11-8

11.6 messagebox 對話方塊元件 11-11

11.7 Radiobutton 選項按鈕元件 11-15

11.8 Checkbutton 核取按鈕元件 11-18

11.9 Photoimage 圖片元件 11-21

11.10 遊戲銷售統計 11-23

12 網頁資料擷取分析

12.1 網路爬蟲 12-1

12.2 urllib 套件解析網址與擷取網頁 12-1

　　12.2.1 如何使用 urlparse() 函式進行網址解析 12-2

　　12.2.2 如何使用 urlopen() 函式進行網頁擷取 12-3

12.3 requests 套件擷取網頁 12-5

12.4 BeautifulSoup 套件解析網頁 12-7

12.5 網頁爬蟲應用 12-10

　　12.5.1 碁峰資訊新書快報 12-10

　　12.5.2 自動產生長峰資訊產品新訊網頁 12-12

A ITS Python 國際認證模擬試題－1

B ITS Python 國際認證模擬試題－2

▶下載說明

ITS Python 認證考試簡介、本書範例、附錄的模擬試題解答

請至碁峰網站 http://books.gotop.com.tw/download/AEL025100 下載。

其內容僅供合法持有本書的讀者使用，未經授權不得抄襲、轉載或任意散佈。

Python 語言概觀

- 電腦系統簡介
- 程式語言與翻譯器的分類
- Python 語言的沿革和特色
- 程式設計的五大階段
- 流程圖和虛擬碼

- 建置 Anaconda 開發環境
- Spyder 整合開發環境介紹
- Python 語言格式簡介
- 編寫第一個 Python 程式
- 檢測模擬試題解析

1.1 電腦系統簡介

由 1941 年第一部電腦(computer，計算機)發明至今，電腦對人類的生活造成天翻地覆的影響。電腦主要的功能是用來處理資訊，可以解決人類生活上的各種問題。

1.1.1 電腦系統的基本架構

電腦是由硬體與軟體構成的電腦系統架構(Computer System Architecture)，來提供使用者執行應用程式和處理資料。硬體是具體可見的零件，而軟體則是指揮硬體運作的靈魂。可以使用「輸入-處理-輸出」電腦系統處理程序模型，來說明電腦的工作方式。模型是由電腦硬體、軟體和資料三個單元組成，硬體是輸出入和處理資料的實體物件；軟體以指令指揮電腦硬體依序執行；資料是表達資訊的內容(例如股票名稱、開盤價、成交量…)，資料會以電腦能處理的格式儲存。電腦系統處理程序模型圖示如下：

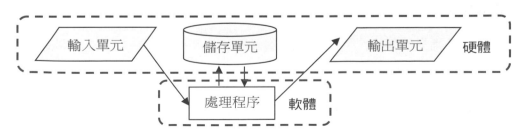

1.1.2 電腦硬體

電腦硬體主要是由中央處理單元(Central Processing Unit, CPU)、記憶單元(Memory Unit)、輸入單元(Input Unit)和輸出單元(Output Unit)等有形的設備構成。電腦硬體是輸出入資料和處理資料的實體，負責執行解決問題所必須的基本運算和處理。

1. 中央處理單元負責電腦的運算，其中包含控制單元(Control Unit，CU)和算術邏輯單元(Arithmetic and Logic Unit，ALU)兩大部分。控制單元會負責程式指令的取得和解釋，並指揮電腦的各部分協調運作。ALU 是算術與邏輯指令的實際執行單元，其中有各種暫存器(Register)可暫存運算中的各類資料，以減少 CPU 到主記憶體存取的頻率。

2. 記憶單元是用來儲存程式和資料的地方，就是所謂的主記憶體 (Main Memory)。輸入單元的資料會先寫入主記憶體中，CPU 再從主記憶體讀取資料。CPU 處理後的資料會先寫回主記憶體，然後才傳輸到輸出單元。主記憶體中的資料一關機就會消失，如果要保留就要使用硬碟、隨身碟...等儲存裝置。

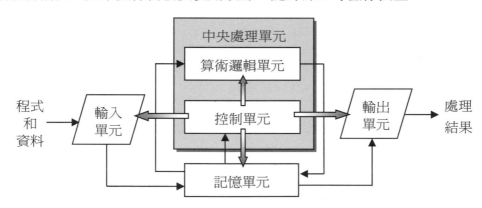

3. 輸入/輸出單元是電腦和外界的窗口，負責輸入和輸出資料，常見的輸入裝置有鍵盤、滑鼠...等；輸出裝置有螢幕、印表機、喇叭...等；磁碟機等儲存裝置同時負責輸出入；網路介面讓電腦設備可以和外界連接，接受和輸出各種資訊，網路卡是其中重要的元件。

1.1.3 電腦軟體

軟體是許多指令的集合，可以指揮電腦硬體運作，用來解決生活上的問題，而這些指令(或稱敘述)的集合就是程式(Program)。一般將軟體分成系統軟體(System Software)和應用軟體(Application Software)兩大類。

系統軟體是管理電腦內各種硬體單元必備的程式，負責做硬體與軟體間溝通的橋樑。系統軟體可以完成管理檔案、執行程式、接受輸入資料、管理和分配電腦系統各種資源...等工作，例如：作業系統(Operating System)、編譯器(Compiler)、直譯器

(Interpreter，或稱解譯器)...等都是屬於系統軟體。

應用軟體是因應用戶需求而設計的程式，來完成特定的工作，例如 Word 可以編輯文件、Spyder 可用來編輯和編譯 Python 語言程式。

1.2 程式語言介紹

1.2.1 程式語言的分類

在前面介紹電腦系統的架構中，知道電腦軟體可以指揮硬體完成我們期望的工作。而電腦軟體中存在一連串的指令，這些指令集合就稱為程式(Program)。程式是由硬體可以辨識的程式語言(Programming Language)所撰寫，所以才能指揮硬體完成任務。程式語言是專門設計來指揮電腦硬體，但是電腦只能識別生硬的機器語言，因此就再發展出比較接近人類語言的各類程式語言，以方便程式設計師容易學習、編寫和閱讀。程式語言如果依照閱讀的難易程度，可以分為低階語言和高階語言兩大類。

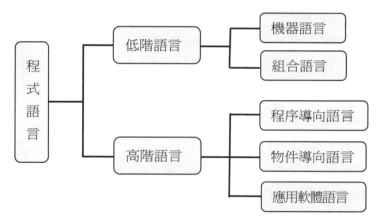

一. 低階語言(Low-Level Language)

早期發展的程式語言是接近機器能辨識的符號，稱為低階語言。低階語言有程式執行速度快、占用記憶體少以及能發揮硬體效能等的優點。但是低階語言學習門檻高，編寫程式要花費大量的時間，而且程式碼可讀性差不易維護。另外，低階語言是屬於機器導向語言，和機器相依性(Machine Dependent，或稱依存性)高，可攜性(Portability)極低，不同種類電腦的低階程式語言是不能互通執行。

1. **機器語言**(Machine Language)

   機器語言是用二進位(0、1)的機器指令，來編寫電腦能直接識別和執行的機器碼(Machine Code)。由於 0、1 是電腦硬體唯一能識別的語言，不需經過翻譯就能直接執行，因此程式執行速度最快。程式設計者可以使用機器語言，直接操作電腦硬體，所以機器語言有可以直接執行、占用記憶體少以及執行速度快的優點。但是想要使用機器語言編寫程式，程式設計者除了必須熟記指令代碼外，還要處理所有指令和資料的儲存分配和輸入輸出，以及記住指令執行時使用的工作單元所處的狀態。

2. 組合語言(Assembly Language)

組合語言使用由字母和數字組成的助憶碼(Mnemonic Code)，取代二進位的機器語言符號，比較接近人類語言。組合語言編寫的程式，必須使用組譯器(Assembler)組譯成機器語言才能執行。組合語言雖然稍微接近人類語言，但仍屬於低階語言，和電腦硬體的相依性高可攜性低。

二. 高階語言(High-Level Language)

由於低階語言不易學習，所以發展接近人類日常語言的程式語言，稱為高階語言。執行一行高階語言程式，就等於執行一長串的機器語言程式碼。高階語言具有容易學習、編寫程式較為快速，程式碼具有可讀性高、容易維護和可攜性高等的優點。但是，有程式執行速度稍慢、占用記憶體較多的缺點。高階語言的種類繁多，下面依照程序導向、物件導向和應用軟體語言分別介紹：

1. 程序導向語言(Procedure-Oriented Language)：是按照程式敘述的先後順序、指令邏輯和流程執行的程式語言。常用的程序導向語言有 FORTRAN(工程)、COBOL(商業應用)、BASIC、PASCAL、C...等。

2. 物件導向語言(Object Oriented Language)：物件導向程式設計(Object Oriented Programming：OOP)，是一種以物件(Object)為視角，利用多個物件來組成程式。設計程式時先規劃類別(Class)，再利用類別建立(實作)出物件。在物件導向語言中，每個物件擁有自己的屬性和方法，這些物件具有再利用(Reused)、繼承(Inheritance)、封裝(Encapsulation)、多形(Polymorphism)等特性。可以將物件視為積木，利用各式各樣的積木，就可以組合成完整的形體(程式)。常用的物件導向語言有 Python、C++、Java、C#...等。

3. 應用軟體語言：是應用軟體專屬的程式語言，用來擴展該應用軟體的功能，常用的應用軟體語言有 VBA、JavaScript。

1.2.2 翻譯器的分類

電腦是用來協助我們處理繁複的計算、判斷、搜尋和儲存等問題的工具。運用電腦來解決問題時，首先要先規劃好解決問題的方法和步驟，再選擇適當的程式語言，將每個步驟改用該程式語言所提供的敘述語法來描述。這些解決問題的一連串敘述組合，就是程式(Program)。若用戲劇來比喻，程式就像是劇本，而電腦的各種設備就是演員和道具，根據劇本(程式)演員(硬體)依序執行每一個動作，就能完美演出戲劇。

電腦執行程式時，會先由輸入設備將撰寫好的原始程式碼(Source Code)載入到記憶體，程式碼要經過編譯成機器語言才能在電腦中執行。就好像要向英國人問早要說「Good morning.」；對日本人則要說「おはよう。」，如此才能正確地溝通。高階語言的語言翻譯器(Language Translator)，有直譯器(interpreter 或稱直譯程式)和編譯器(compiler 或稱編譯程式)兩種。

一. 直譯

直譯器(Interpreter，或稱解譯器)的功能是將程式語言所編寫的程式碼，依照程式的邏輯順序，將指令逐行轉為機器語言指令，並且立即執行。程式語言中 Python、BASIC、JavaScript…等，都是使用直譯方式來翻譯程式。使用直譯器的優點是，執行時需要的記憶體較小，存檔時占用較小的磁碟空間。另外，因為是逐行檢查並執行，所以適合程式開發階段的除錯，也方便初學者學習和測試。但是，缺點是每次執行程式都必須重新翻譯，因此執行所需的時間較長效率較差。

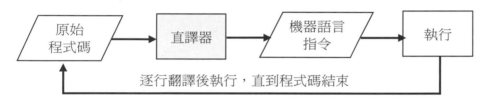

二. 編譯

編譯器(Compiler)的功能是將高階語言所寫的程式碼，翻譯成能直接被電腦接受的機器語言。程式經過編譯後產生的目的碼(Object Program)，可以透過連結器(Linker 或稱連結程式)，連結函式庫等相關檔案產生可執行檔(例如*.exe)。執行程式時由作業系統的載入器(Loader 或稱載入程式)，將可執行檔載入記憶體就能執行。高階語言中 C、C++、C#…等，都是使用編譯方式來翻譯程式。使用編譯器的優點是程式執行時不用再翻譯，所以執行的速度較快。但是，缺點是編譯和連結所需的時間較長，而且程式若有修改就必須再重新編譯一次。

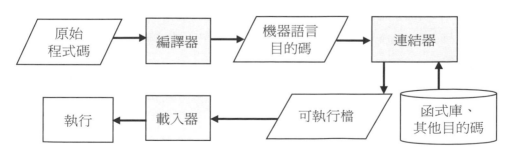

1.3　Python 語言簡介

1.3.1 Python 語言的沿革

荷蘭計算機科學家 Guido van Rossum(吉多‧范羅蘇姆)覺得當時的各種程式語言都有其缺點，在 1989 年聖誕節期間就想創建一個嶄新的程式語言。他認為程式語言應該是容易閱讀，而且可以快速學習。另外應該讓程式設計者能很容易設計程式碼套件，並且他人可以據此輕易擴建出新的程式。根據這些理念劃時代的新語言誕生了，他將語言命名為 Python，是採用他喜愛的英國 Monty Python's Flying Circus (蒙提‧派森飛行馬戲團) 劇團為名。

Python 語言在 1991 年正式釋出第一版後，發展至今已經在程式開發領域佔有一片天。軟體評價公司 TIOBE 會定期公布熱門程式語言，2021 年 10 月排行依序是 Python、C 、Java、C++、C#、Visual Basic...，Python 超越 C 語言排名第一。除了專業程式開發人員逐漸增加使用外，一般使用者也樂於學習，現在已成為美國大學最受歡迎的入門語言。Python 擁有一大群狂熱的粉絲，他們自稱為 Pythonistas。在些 Python 粉們已經創建大量的第三方函式庫(Package，或稱程式庫、套件)，這些函式庫的範圍包含統計、繪圖、天文學、遊戲開發...等等各種方面，而且還在不斷增加中。

1.3.2 Python 語言的特色

當初發展 Python 語言是為了改進其他語言的缺點，因此 Python 語言具有語法簡潔、跨平台、套件功能強大、支援物件導向...等的特性，受到專業程式設計師的喜愛，也成為初學程式設計者的最愛。

1. **簡單易學**：Python 的設計哲學是「優雅」、「明確」和「簡單」，語法是接近日常語言的高階語言。Python 語言不但語法簡單，而且程式架構接近日常文書習慣，所以 Python 程式非常容易閱讀、容易學習，新手可以很快上手。

2. **具備腳本和程式語言功能**：腳本語言(Scripting Language，或稱手稿語言)功能，可以執行電腦簡單自動化的任務。也可以編寫功能繁複的程式，所以 Python 語言同時具備腳本語言和程式語言的功能。

3. **開源又免費**：Python 屬於自由/開放源碼軟體(FLOSS)，所以可以免費複製、散佈該軟體，原始碼可以自由閱讀，甚至可以修改原始碼。因為 Python 是基於群體知識分享的理念，所以程式會不斷地改進不停地優化。

4. **可攜性高**：因為 Python 是開放源碼軟體，所以已經被修改成能在不同平台運作。若能避免使用特定系統的指令，Python 語言所開發的程式碼，可以無需修改就能在各種平台運行。因此，Python 語言為一種可攜性高的程式語言。

5. **良好的移植性**：Python 語言是採用直譯器，程式碼會先轉換成位元組碼的中間形式，再根據平台翻譯成機器語言並運行。所以 Python 的程式碼可以直接複製到另一平台，無須修改就可以順利工作，因此 Python 程式碼具有良好的移植性。

6. **膠水語言**：Python 語言是一種膠水語言(Glue Language)，可以將不同功能的程式碼，甚至不同語言的程式碼，結合起來一起執行。例如某段程式碼可以使用 C、C++、Java…等語言編寫，然後在 Python 程式中呼叫使用，達成執行效率更快或程式碼不公開的目的。

7. **可嵌入性**：使用 Python 語言編寫的程式碼，也可以嵌入到其他如 C 或 C++的程式中，使該程式也具有腳本的功能。

8. **功能強大的函式庫**：Python 提供功能強大的標準函式庫(Standard Library)，可以協助處理 GUI(圖形使用者介面)、檔案存取、網頁瀏覽、資料庫…等等各種工作。另外還有許多功能包羅萬象的第三方函式庫(或稱套件)，例如 Numpy (科學計算)、Twisted(網路引擎)、Scrapy(數據挖掘與統計)、Pillow(圖形處理)…等等。

9. **支援物件導向**：物件導向程式設計是目前程式設計的主流，Python 語言也完整支援物件導向。物件導向程式的語法通常非常複雜，但是 Python 語言秉持簡約的精神，讓設計者可以用簡單的語法撰寫物件導向程式。

1.4　程式設計的步驟

　　工廠在生產機器前，會先請工程師依照機器的功能和要求，來規劃並繪製設計圖，然後交由生產者依圖製作樣品。樣品經過測試若有問題，就要來回修改設計圖，直到問題全部解決才大量生產。程式設計者在開發應用軟體時，同樣也必須先充分瞭解問題後，經過一連串的規劃、編寫、測試…等步驟，才能撰寫出合乎需要的應用程式。

1.4.1　程式設計的五大階段

　　一般程式設計的步驟可分為以下五大階段：

定義問題 ➡ 分析問題 ➡ 設計演算法 ➡ 撰寫程式 ➡ 程式測試與維護

階段一. 定義問題

對問題要先做充分的研究分析，來瞭解電腦是否能解決該問題？所以描述問題時要使用明確的語句，清楚地定義出問題，來讓程式設計者對問題有正確和深入的了解。

階段二. 分析問題

程式設計者認清問題，並對現有的資訊加以整理後，再根據輸出格式的需求，規劃出需要輸入的資料，並明確訂定出各種輸出入的限制。

階段三. 設計演算法

程式設計者根據問題的輸出入需求，詳細規畫解決問題的步驟，每個步驟都必須明確描述。這些解決問題的步驟，就稱為演算法(Algorithm)。如果問題簡單可以繪製流程圖來呈現，若是問題複雜則應該採用虛擬碼來描述較適當。在這個階段，還不需要考慮採用何種程式語言來撰寫。如果有多種演算法能解決問題應該全部列出，從中選出最佳的演算法。一個好的演算法應具備下列五大要件：

1. **有限性**：演算法必須能在有限的步驟內解決問題。

2. **明確性**：演算法中的每一個步驟都必須很明確地表達出來。

3. **有效性**：規劃的演算法必須能在有限的時間內完成。

4. **輸入資料**：包含零個或一個以上的輸入資料。

5. **輸出資料**：至少產生一個輸出結果。

階段四. 撰寫程式

依照規劃的演算法，選擇適當的程式語言後，再根據演算法步驟撰寫程式碼。編寫程式時，應該儘量以模組與物件方式來編寫程式；在程式中加上註解以方便日後維護。如果演算法過於複雜時，就必須另外編寫說明手冊詳細說明。

階段五. 程式測試與維護

在程式測試與維護階段中，包含程式驗證、測試、除錯(Debug)與維護四大部分。在測試程式時，就要驗證執行結果是否正確？測試時每一個條件都要驗證，而且條件成立與不成立都要逐一執行，以確保程式執行結果都能正確無誤。程式可能發生的錯誤有三類：語法錯誤、語意錯誤和執行時期錯誤。

1. **語法錯誤(Syntactic Errors)**：程式敘述有不符合 Python 語言的文法規則的錯誤，例如保留字拼寫錯誤、括號不成對、選擇敘述沒有使用縮排…等的錯誤。

2. **語意錯誤(Semantic Errors 或稱邏輯錯誤 Logic Errors)**：語意錯誤發生時，程式仍能順利執行，只是結果不正確。例如公式輸入錯誤、演算法規劃有誤…等。

3. **執行時期錯誤(Run-Time Errors)**：執行時期才發生的錯誤，例如輸入資料型別錯誤、除數為 0、檔案不存在…等。為避免此類錯誤程式碼必須考慮更周延，並善用例外處理。

測試程式時必須確實找出錯誤並加以修正，必要時要回到階段二、三、四重新處理，直到程式完全驗證無誤為止。當程式測試正確無誤後，接著要撰寫程式的文件說明，以供日後方便維護和閱讀程式。

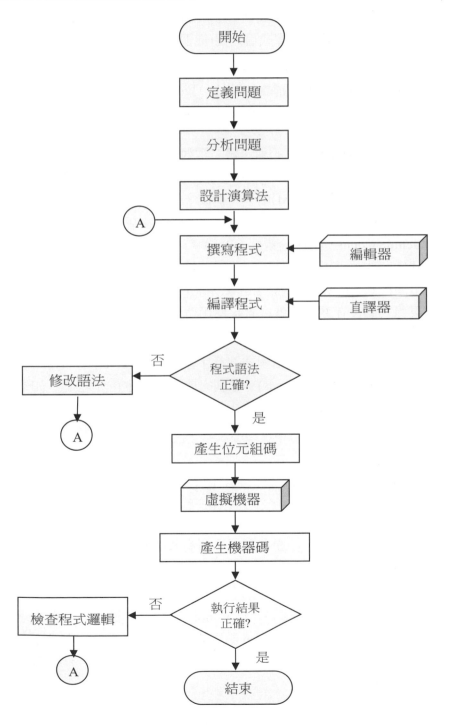

1.4.2 編輯器與翻譯器

設計程式時要使用編輯器(Editor)來編輯原始程式檔案，程式編輯完成的檔案就稱為原始程式檔(Source Program)，Python 的程式碼副檔名為*.py。支援 Python 語言的編輯器有多種，官方預設的編輯器為 IDLE，本書是採用 Spyder 將在後面介紹。

Python 語言所編寫出的原始程式碼是屬於高階語言，必須翻譯成機器語言的「目的碼」(Object Code)後，才能順利執行。雖然 Python 語言歸類為直譯式，但是為提高執行的效率，會先逐行將程式碼編譯成與平台無關的中間代碼(Intermediate Code Generation)，然後才交由虛擬機器直譯成目的碼(機器碼)並執行。

Python.exe 程式就是 Python 語言的翻譯器，當執行 Python 程式檔(*.py)時，就會啟動 Python.exe 程式來進行編譯工作。Python 語言的翻譯器，是由編譯器和虛擬機器(Python Virtual Machine，簡稱為 PVM)兩者所構成。編譯器負責將原始程式碼逐行轉換成位元組碼(Bytecode 或稱字節碼)的中間代碼，然後交由虛擬機器負責將位元組碼直譯成機器碼(Machine Code)，再傳給電腦 CPU 執行。程式碼執行完畢後，會將所有編譯後的位元組碼儲存成位元組碼檔(*.pyc)。位元組碼檔是位元組碼的文檔，其中儲存和平台無關的中間代碼，在 Windows、Linux...等不同平台都可以執行。下次再次執行程式碼時，如果程式碼沒有更動，就會直接使用位元組碼檔來執行，就可以節省重複編譯的時間。

在編譯的過程中，編譯器會對原始程式進行字彙分析(Lexical Analysis)、語法分析(Parsing)和語意分析(Semantic analysis)，順利完成後會產生位元組碼。如果編譯時檢查出錯誤，編譯器就會停止編譯。程式設計者必須將產生錯誤的程式碼更正，再重新編譯直到沒有錯誤為止，才能順利執行程式。

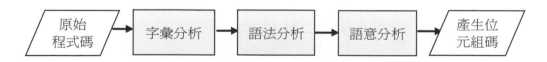

編譯的第一個步驟「字彙分析」，是將程式中所有敘述拆成有意義的字串，這些獨立字串稱為符記(Token)。譬如下列敘述：

```
sum = price * num
```

敘述會分成「sum」、「=」、「price」、「*」、「num」五個符記。在「語法分析」步驟中，就繼續檢查這些符記是否符合 Python 語言的文法規則，例如：是否漏打符號、括號、或括號不成對等錯誤發生。而「語意分析」步驟，是檢查是否有拼錯字、變數是否重複宣告...等錯誤發生。

1.4.3 設計程式的注意事項

一. 設計良好的程式具備的條件

1. 程式的執行結果必須符合預期，而且要正確無誤。

2. 程式碼應該具可讀性，而且程式中重要部分需要有詳細的註解說明，以方便日後維護程式。

3. 程式應具模組化和結構化，以方便程式的修改、擴充和更新。

4. 程式的架構有完整的說明，以及相關的參考技術與使用手冊。

5. 程式的執行效率和相容性要高，不會因更換設備而造成錯誤或速度變慢。

二. 選擇程式語言時應考慮的因素

1. 根據開發的應用程式所屬領域，例如科學、商業、網路…等，來選擇合適且自己熟悉的程式語言。

2. 程式語言應選擇和其他高階語言的語法相容性高，以方便日後更換程式語言。

3. 程式語言應該提供親和力高和功能強大的開發環境，其中包括編輯器、編譯器、除錯器。

4. 對電腦硬體相依性低，可以在不同作業系統執行該程式語言所設計出來的程式。

5. 程式語言應該提供完整的參考手冊，以方便查詢。

6. 程式語言應該選擇使用者多、價位合理、廠商研發能力強並提供後續維護支援。

1.5　演算法

　　演算法(Algorithm)在數學領域中，定義為「在有限步驟內解決數學問題的程序」。在電腦領域中，要解決的問題不再侷限於數學問題，是根據問題的輸出和輸入的要求，詳細規劃解決問題的步驟，這些步驟就稱為演算法。解決問題的步驟應該要描述清楚，才能依據解決問題的步驟來撰寫出程式碼。描述步驟的方法很多，下面介紹常用的繪製流程圖和虛擬碼等兩種。

1.5.1 流程圖

　　所謂的「流程圖」即是使用各種不同的圖形、線條及箭頭來描述問題的解決步驟以及進行的順序。流程圖中所使用各種流程圖符號，為了便於流通閱讀，目前共同採用的是美國國家標準學會(ANSI)於 1970 年公佈的流程圖符號。下表為常用流程圖符號的意義：

符號	功能	符號	功能
⬭	開始 / 結束	◇	判斷比較
▭	程序處理	→↓	工作流向符號
▱	輸入或輸出	▯	預設處理作業
○	連結符號	▱	文件
⬗	儲存資料	⬠	磁碟

一個繪製良好的流程圖，必須符合下面原則：

1. 流程圖必須使用標準符號，以方便共同閱讀和研討分析。

2. 繪製流程圖的方向應由上而下，自左到右。

3. 流程圖中的文字說明要力求簡潔，而且要明確具體可行。

4. 流程圖中線條應該避免太長或交叉，此時可以使用連接符號。

　[例] 由 n1、n2、n3 三個數中，選出
　　　 最大值 max。其流程圖表示方式
　　　 如右：

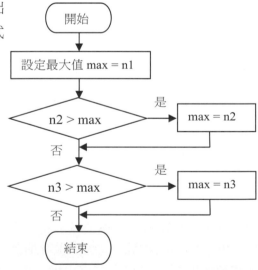

1.5.2 虛擬碼

「虛擬碼」(Pseudo Code)是一種類似自然語言的呈現方式，它是以文字方式來描述電腦處理問題的步驟，所發展出一套簡化且具結構化的描述語言，可以很方便地轉換成各種程式語言。譬如上節使用流程圖來描述檢查最大值，若改用「虛擬碼」描述，其寫法如下：

Step 1 預設最大值 max = n1。

Step ② 如果 n2 大於 max 時，就設 max = n2。

Step ③ 如果 n3 大於 max 時，就設 max = n3。

Step ④ 結束程式執行。

1.5.3 選擇演算法

要解決一個問題可能有很多種演算法，我們可以從中選擇較佳的演算法，以提高程式的執行效率。要判斷演算法的好壞，原則上是以操作步驟越少越好，以及使用的記憶體空間越少越好。例如：求 1+2+3+4 的總和：

演算法一

Step ① 先求 1+2，得到總和 total = 3。

Step ② 將步驟 1 的 total + 3，得到 total = 6。

Step ③ 將步驟 2 的 total + 4，得到 total = 10。

Step ④ 結束程式執行。

演算法二

Step ① 設定總和 total = 1(第一個數)。

Step ② 設定 i = 2(第二個數)。

Step ③ 計算 total = total + i。

Step ④ 設定 i = i + 1。

Step ⑤ 如果 i < 5 就繼續重新執行 Step3 ~ Step5；否則就結束程式執行。

以上兩種演算法都能計算 1+2+3+4 的總和，雖然演算法二的步驟似乎較多。但若要計算 1+2+...+10 總和時，演算法一就會變得很冗長，但是演算法二則只要修改 Step5 的條件為 i < 11 即可。由上面的比較會發現，演算法二的彈性和靈活性優於演算法一。

1.6　建置 Anaconda 開發環境

Python 語言自從 1989 年發布後不斷更新，2000 年的 2.0 版開始支援 Unicode 和垃圾回收機制，2.7 版是 2.X 系列的最終版本。2008 年發布 3.0 版和 2.X 系列不完全相容，目前最新版本為 3.8 版是本書採用的版本。本書主要以 Anaconda 套件做為開發環境，其好處是安裝方便，且包含多種常用的科學與資料分析套件，另外還內建 Spyder 編輯器，使初學者透過該編輯器可快速撰寫與執行 Python 程式。

1.6.1 安裝 Anaconda 套件

因為 Python 需要安裝許多套件來支援，如一一自行安裝會浪費許多時間，而且不見得能安裝完整。所幸 Anaconda 套件包含常用的套件，例如數學(SciPy、NumPy)、數據分析(Pandas)、圖形處理(matplotlib、Seaborn)、編輯器(Spyder、Jupyter Notebook)、網路(Bokeh)、機器學習(scikit-learn)、自然語言(NLTK)…等，只要安裝 Anaconda 套件就會建立 Python 的基本開發環境。支援 Python 的 IDE 軟體有很多，例如 IDLE、PyCharm、Eclipse + PyDev…等等，每種軟體都有其專長，本書將採用 Spyder。

Anaconda 3 目前有三種版本分別為個人版(Individual Edition)、團隊版(Team Edition)及企業版(Enterprise Edition)，本書將介紹個人版(Individual Edition)。

Step 1 下載 **Anaconda** 套件安裝程式：

在瀏覽器輸入「https://www.anaconda.com/products/individual#Downloads」Anaconda 個人版下載網址，在網頁依照作業系統選擇適當的安裝版本，本書以 Windows 64 位元為例，下載 64-Bit Graphical Installer，下載的安裝程式檔名為 Anaconda3-2021.05-Windows-x86_64.exe(會因版本而不同)。

Step 2 安裝 **Anaconda** 套件：

下載 Anaconda 套件安裝程式後執行該程式，然後就依照下列步驟完成安裝。

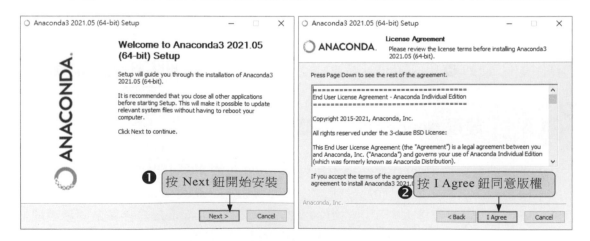

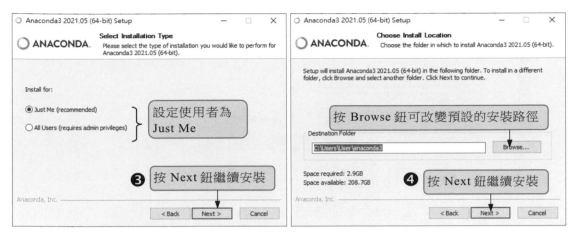

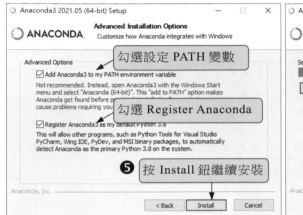

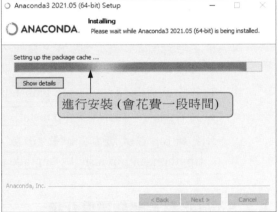

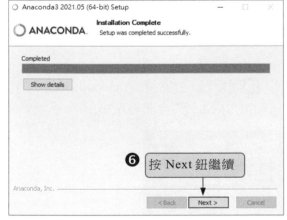

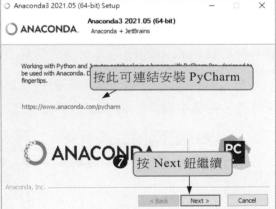

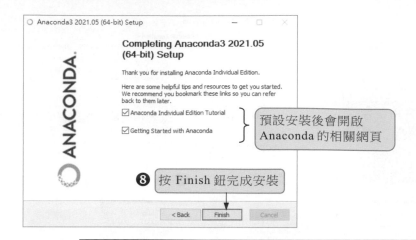

NOTE

1. 安裝 Python 時預設會安裝 pip 程式，pip 可以協助管理 Python 的函式庫。雖然安裝 Anaconda 時，會一併安裝常用的套件，如果要自行安裝、移除或更新套件時，可以使用下列語法：

2. 安裝函式庫語法： pip install 函式庫名稱 。

3. 移除函式庫語法： pip uninstall 函式庫名稱 。

4. 更新函式庫語法： pip install – U 函式庫名稱 。

5. 更新 pip 程式版本：如果 pip 版本太舊需要更新時，可以使用下列的語法： python -m pip install --upgrade pip 。

1.6.2 Spyder 整合開發環境介紹

Anaconda 內建以 Spyder 做為開發 Python 的程式編輯器。Spyder 是一個開放原始碼且跨平台的 Python 語言整合開發環境，其編輯器支援多語言，具有函式和類別檢視器，對初學 Python 的使用者有很大的幫助。

Anaconda 套件安裝完成後可點按工具列的田開始鈕，再點按「Anaconda3(64-bit)」資料夾，在其中點按「Spyder」項目，就可以開啟 Spyder 整合開發環境。

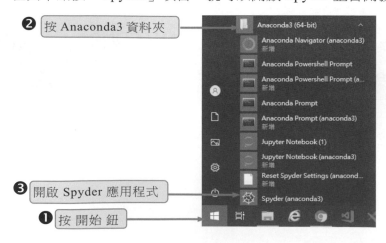

Spyder 整合開發環境如下：

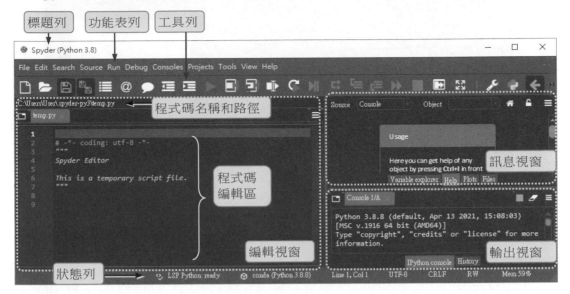

下面對整合環境中各區域的功能做簡單說明：

1. **標題列**：顯示程式名稱和 Python 版本編號，另外右邊有圖示鈕可以操作視窗。

2. **功能表列**：將所有的功能分成 File、Edit、Search...等十一個類別。

3. **工具列**：將常用的功能以圖示方式顯示，方便點選使用。

4. **編輯視窗**：視窗顯示編輯程式碼的名稱和路徑，可切換標籤頁來編輯不同的程式檔，在標籤頁中程式碼編輯區可以撰寫程式碼。

5. **訊息視窗**：可以按標籤名稱切換標籤頁來查看 Variable explorer (變數)、Help(說明文件)、Plots(繪圖)和 Files (檔案)等視窗。

6. **輸出視窗**：可以查看程式的輸出信息，也可以作為 Shell 直譯器執行 Python 程式碼。

7. **狀態列**：顯示編輯視窗中編輯程式碼的相關訊息。

1.6.3 Spyder 整合開發環境設定

下面做一些 Spyder 整合開發環境的設定，來方便程式碼的編輯。執行功能表【Tools / Preferences】項目，會開啟「Preferences」對話方塊。

1. **設定編輯視窗字型和樣式**：點選「Appearance」項目，在「Syntax highlighting theme」框架中將預設的「Spyder Dark」改為「Spyder」，接著在「Fonts」框架中將字型的大小加大。設定後的結果可以在「Preview」框架中預視，如果滿意就按 OK 鈕確定，設定後系統需要重新開啟。

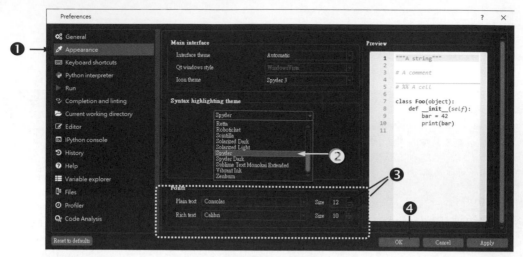

2. **設定預設的工作資料夾**：先點選「Current working directory」項目，再點選「the following directory:」選項，並輸入預設的工作資料夾名稱和路徑，本書預設的工作資料夾為「C:\python」。該資料夾要先建立，也可以按右邊的 📂 圖示鈕選擇或新增資料夾。設定後按 Apply 鈕套用，然後按 OK 鈕完成設定。

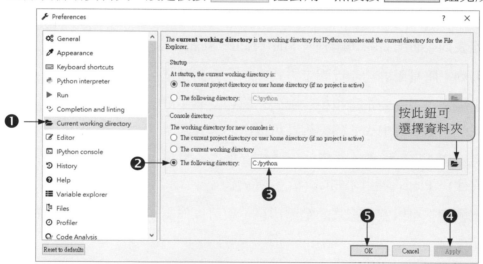

3. **新增 Edit 工具列**：執行功能表【View / Toolbars】項目，可以選擇要顯示和隱藏的工具列，在此我們設定顯示 Edit 工具列。

1.7　編寫第一個 Python 程式

1.7.1 Python 語言格式簡介

　　使用各種程式語言撰寫原始程式碼時，程式設計者都必須遵循該程式語言的語法，來避免在編譯過程發生錯誤而造成程式無法執行。剛開始學習一種新程式語言時，常常會因為不熟悉語法而造成程式無法執行，但是只要不斷練習一旦突破撞牆期，就能苦盡甘來。

　　在 Python 語言中，簡單地說程式檔 (.py) 就是一個模組 (Module)。模組中會有一行或多行的敘述(Statement，或稱陳述式)，敘述中可能包含運算式、保留字(Reserved word)、識別字(Identifier)、函式…等。Python 敘述和其它語言最大的不同就是沒有結束字元，寫完一行敘述只要按 Enter↵ 鍵就可以繼續編寫下一行敘述，就和日常文書習慣相同，所以說 Python 是一種優雅的程式語言。

　　雖然 Python 的程式可以在 Python Shell 環境中執行，但是並不會記住執行過的指令，如果有多行的程式碼每次都要重新輸入豈不很沒有效率！如果將這些 Python 程式碼存在一個程式檔中，一起執行就可以提高效率，Python 程式檔的副檔名為 .py。下面介紹在 Spyder 整合環境中，編輯和執行 Python 程式的步驟。

1.7.2 第一個 Python 程式

Step 1　**新增 Python 程式檔**：在 Spyder 整合環境中會預設有一個程式檔，名稱為「temp.py」。如果要自行新增程式檔，可以執行功能表【 File / New file…】項目，或按工具列 ⬜ 圖示鈕，會新增一個 Python 程式檔，預設名稱為「untitled0.py」。

Step 2　**編輯程式檔**：新增的 Python 程式檔內會有預設的程式碼，我們可以在其中編輯程式碼。

1.　**刪除預設的程式碼**：我們將預設的程式碼選取後，按 Del 鍵全部刪除。

2.　**輸入註解**：輸入「第一個 Python 程式」內容，作為程式的註解。此時，在第一行前面會出現 ✖ 錯誤圖示，提醒該行敘述有錯誤。在 Python 語言中，程式註解有固定的語法,必須遵照語法的規則程式才能正確執行。我們將敘述修改為「#第一個 Python 程式」,錯誤圖示就會消失表示錯誤已經排除。

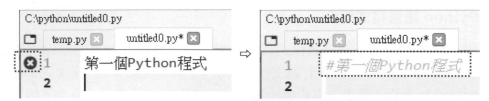

 說明

1. Python 的程式註解方式,分成單行、內嵌和多行註解三種。

2. 單行註解:「#」後面的同一行文字內容為註解文字。

3. 內嵌註解:簡短的註解文字也可以加上「#」,直接寫在程式敘述後面,例如:
   print('Hello Python!') #顯示文字。

4. 多行註解:用三個雙引號或單引號(「"""..."""」或「'''...'''」)前後框住的文字內容,無論其中是一行或是有多行都是註解文字。例如:
   """日期:2022 年 1 月 1 日建立
   　 作者: Jerry
   　 版本:V1.01 版"""

NOTE

1. 使用 Edit 工具列的 💬 圖示鈕,可以設定插入點或選取多行敘述做為單行註解文字,也就是會在前面加上「#」字元。再按一次 💬 圖示鈕,就會取消註解。

2. 使用「 print(__doc__) 」敘述,可以列印多行註解的文字內容。

3. **新增一行敘述**:在第一行敘述的最後面按 Enter↵ 鍵,就會新增一行敘述。接著輸入「print(」文字,此時 Spyder 會自動補上右邊的括弧,並顯示 print 函式的引數用法提示。我們繼續輸入「print('Hello Python!')」敘述(文字的前後要用單或雙引號框住),就完成第一個 Python 程式。

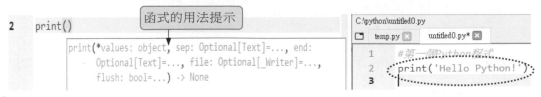

 說明

1. Spyder 提供自動完成的功能,對 Python 語法不熟的初學者有莫大的幫助,對語法已經熟悉者則可以加快輸入速度。

2. 例如要輸入上面的 print 函式名稱，我們只要輸入「p」然後按 Tab 鍵，就會出現 p 開頭的保留字、函式…等的清單，我們只要快按兩下「print」項目，print 函式名稱就會自動輸入完成。

3. 如果輸入「pr」然後按 Tab 鍵，此時清單項目就只剩四個。又如果輸入「pri」才按 Tab 鍵，此時因為只剩一個符合的項目，所以 print 函式名稱就會直接輸入。

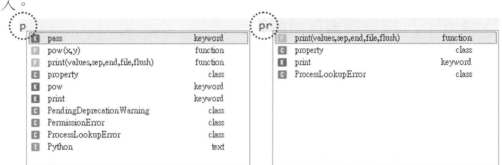

Step 3　**儲存程式檔**：如果在標籤頁標題的檔案名稱後面有「*」星號，代表編輯的程式碼內容有更動必須存檔。執行功能表【 File / Save… 】項目，或按工具列的 💾 圖示鈕來儲存程式檔。我們將檔案存在「C:\python\ex01」資料夾中，檔名設為「first.py」，存檔後檔案名稱後面的「*」星號會消失。

Step 4　**執行程式檔**：執行功能表的【Run / Run】項目，或按工具列的 ▶ 圖示鈕就會執行 first.py 程式檔。程式的執行情形，會顯示在輸出視窗的「IPython console」標籤頁中。

Step 5　**關閉程式檔**：執行功能表的【File / Close】項目，或是按標籤頁右上角的 ⊠ 關閉鈕來關閉目前的程式檔。

Step 6 **開啟程式檔**：執行功能表的【File / Open】項目，或是按工具列的 📂 圖示鈕會開啟「Open File」對話方塊，可以選取要開啟的程式檔。

Step 7 **離開 Spyder**：執行功能表的【File / Quit】項目，或是按視窗右上角的 ☒ 鈕，就可以離開 Spyder 整合開發環境。

1.8　檢測模擬試題解析

題目 (一)

為公司開發 Python 應用程式時，要讓其他團隊成員能夠了解，必須在程式碼中加入註解，請問您應該採用下列哪項作法？

(A) 在任何程式碼敘述區段的 <!-- 和 --> 之間加入註解。

(B) 在任何一行的 # 後面加入註解。

(C) 在任何程式碼敘述區段的 /* 和 */ 之間加入註解。

(D) 在任何一行的 // 後面加入註解。

說明

1. Python 的註解方式分成單行、內嵌和多行註解三種。
2. 單行註解是使用#字元開頭，其後的同行文字為註解內容。
3. 內嵌註解是使用#字元開頭直接寫在任何一行敘述的後面，所以答案為 (B)。
4. 多行註解是用三個雙或單引號(「"""..."""」或「'''...'''」)前後框住的文字內容，無論其中有多少行都是註解文字。

題目 (二)

請問下列哪些字元代表單行或多行註解字串的開頭和結尾？

(A) 單引號(') 　(B) 雙引號(") 　(C) 兩個雙引號("") 　(D) 三個雙引號(""")

說明

1. 單行註解是使用#字元開頭，其後的同行文字為註解內容。
2. 多行註解是用三個雙或單引號(「"""..."""」或「'''...'''」)前後框住的文字內容，無論其中有多少行都是註解文字，所以答案為(D)。

題目 (三)

您撰寫下列計算兩數乘積的程式碼(行號僅供參考)，請回答下列的問題？

```
01   # multiplication 函式用來計算兩數的乘積
02   # n1 是被乘數
```

03	# n2 是乘數 Multiplication
04	# 傳回值為 n1 和 n2 的乘積
05	def multiplicationprint(n1, n2)
06	tip = "# 傳回兩數的乘積"
07	return n1 * n2 # n1 乘以 n2

1. 編譯時 Python 不會檢查第 01~04 行的敘述。(A) 正確　(B) 錯誤

2. 第 02、03 行的 #(井字號)可以省略。(A) 正確　(B) 錯誤

3. 第 06 行的字串因為有#所以為註解。(A) 正確　(B) 錯誤

4. 第 07 行敘述中有內嵌註解。(A) 正確　(B) 錯誤

說明

1. 第 01~04 行的敘述都用#字元開頭所以為註解，編譯時 Python 不會檢查註解，所以答案為(A)正確。

2. 第 02、03 行為為單行註解文字，如果省略#(井字號)執行會產生錯誤，所以答案為(B) 錯誤。

3. 06 行敘述的#字元包含在 " " 中，是屬於字串文字的一部分並不是註解，所以答案為(B) 錯誤。

4. 07 行敘述後面加#字元，其後為內嵌註解不會被執行，所以答案為(A)正確。

題目 (四)

公司要將舊的薪資管理程式碼移轉為 Python 語言，公司請您來註解程式碼，請問下列註解語法何者正確？

(A)
```
// 傳回目前的薪資
  def get_salary():
      return salary
```

(B)
```
def get_salary():
    /* 傳回目前的薪資
    return salary
```

(C)
```
' 傳回目前的薪資
  def get_salary():
      return salary
```

(D)

```
def get_salary():
    # 傳回目前的薪資
    return salary
```

說明

1. Python 的單行註解是使用# (井字號)，所以答案為(D)。

題目 (五)

關於下列程式碼(行號僅供參考)，那些說明是正確？(可以複選)

```
01  '''Python 程式
02  V1.01 版'''
03  #2021 年 12 月 25 日
04  print('作者：Jerry')  # Jerry 任職於資訊室
05  print('2021 年#12 月 25 日')
```

(A) 執行時會產生錯誤

(B) 執行時 01~03 行敘述不會被執行

(C) 04 行敘述包含註解

(D) 04 行執行後顯示：作者：Jerry # Jerry 任職於資訊室

(E) 05 行執行後顯示：2021 年

說明

1. 題目的敘述內容都是正確，所以程式可以正確執行。

2. 01~02 行為多行註解，03 行為單行註解，此三行程式都不會被執行。

3. 04 行#字元後為內嵌註解不會被執行，所以執行後只會顯示：作者：Jerry。

4. 05 行#字元包含在 ' ' 中是屬於字串文字的一部分，並不是註解所以執行後會顯示：2021 年#12 月 25 日。

5. 綜合以上說明，所以答案為(B)、(C)。

基本程式設計

- 物件簡介
- 內建基本資料型別
- 整數、布林常值
- 浮點數、字串常值
- 識別字與保留字
- 變數宣告、整數、布林資料型別
- float、decimal 浮點數資料型別
- 指定、算術、複合指定運算子

- 關係、邏輯運算子
- 位元、位移運算子
- in 與 is 運算子
- 運算子的優先順序
- 自動型別轉換
- 強制型別轉換
- print()輸出函式
- 檢測模擬試題解析

2.1　內建資料型別

　　電腦軟體是用來處理各類的資料，以解決人類生活上的問題。生活中有各式各樣的資料，例如姓名、身高、年齡、數量、車牌號碼、編號…等。這些資料的內容有些是屬於文字，例如姓名、車牌號碼…等。有些是屬於數值內容，例如身高、年齡…等。在 Python 語言中定義了一些基本資料型別，來處理各類的資料。在程式執行中為了方便快速存取資料，資料會存在記憶體中。所以在使用相關資料時，如果能根據資料的類別和可能的大小，配置合適的記憶體空間，如此才能順利運作又不浪費記憶體。例如學生人數是沒有小數的數值資料，平均分數是有小數的數值資料，政府總預算是有效位數較多的數值資料、身份證字號則是長度為 10 的字串資料。

2.1.1　內建基本資料型別

　　在 Python 的標準函式庫中，提供許多內建的資料型別(Built-in Types)，可以做為程式中處理資料的型別。這些資料型別的資料，都是以物件的形式實作而成。常用的內建資料型別有：

1. **數值資料型別**(Numeric Type)：提供 int、float 等可以處理數值的資料型別。

2. **文字序列資料型別**(Text Sequence Type)：提供 str 資料型別來處理字串文字資料。

3. **序列資料型別**(Sequence Type)：提供 list、tuple 和 range 三種資料型別，可以處理一系列的資料。

4. **映射資料型別**(Mapping Type)：提供 dict 資料型別，可以使用關鍵字查詢相對應的資料。

2.1.2 物件簡介

在 Python 語言中，會以物件(Object)的形式來處理各種資料。在生活的真實世界中，每一個人、事、物都可以視為物件，例如人、動物、植物、桌子、電腦、漢堡、汽車...等。在物件導向程式(英語：Object-Oriented Programming，縮寫：OOP)中，物件是外界真實物品的抽象對應，例如：轎車、貨車、休旅車、警車 ... 等都對應成「車子」物件。物件包含屬性(Attribute/Property)，如：汽車的排氣量、車種、顏色...等特徵。也包含方法(Method)，如：汽車的發動、加速、剎車...等功能。

在物件導向程式中，特性類似的物件可以歸類成同一個類別(Class)，而物件是由類別所實作而成的實體(Instance，或稱實例)。例如車牌號碼為 AA-8888 的轎車和 BB-9999 貨車同屬於「車子」類別，兩者雖然都屬於「車子」類別，但是各為不同的物件。要取得物件的屬性值或執行方法，可以使用「.」運算子。例如一個物件名稱為「myCar」，若要取得該物件的 Color 屬性，其寫法為 myCar.Color。又例如要執行 myCar 物件所提供的 ChangeSpeed(number)方法來換檔，如果要將 myCar 物件車速切換到 2 檔，其寫法為 myCar.ChangeSpeed(2)。

2.2 常值

所謂「常值」(Literal，或稱字面值)，是指資料本身的值不需要經過宣告，直接寫在敘述中電腦就可以處理的數值或字串資料。例如數字 3、字串 'three' (在 Python 中字串表示也可以用雙引號括住，例如 "three")...等。這些常值在 Python 語言中是以物件來處理，Python 提供常用的常值有：

1. 整數常值用來表示整數。

2. 布林常值只有 True 和 False 兩種值，分別表示真和假。

3. 浮點數常值是用來表示帶有小數點數字的資料。

4. 字串常值是用來表示一連串的字元。

2.2.1 整數常值

整數(Integral)常值是指沒有帶小數位數的整數數值，例如 1、234、-56…。Python 語言提供十進位制(Decimal)、二進位制(Binary)、八進位制(Octal)及十六進位制(Hexadecimal)四種方式，來處理整數常值。

1. 十進位制：在日常生活中習慣使用十進制來計數，程式中十進制數值的表示方式和一般習慣相同。程式中的數字會預設為十進制的 int 整數資料，例如 123。

2. 二進位制：二進制是由數字 0 和 1 所組成，程式中要使用二進制數值時，必須以 0b 開頭(為數字 0 和小寫字母 b)，例如 0b1011。

3. 八進位制：八進制是由數字 0 ~ 7 所組成，程式中要使用八進制數值時，必須以 0o 開頭(為數字 0 和小寫字母 o)，例如 0o173。

4. 十六進位制：十六進制是由數字 0 ~ 9 和字母 a ~ f 所組成，程式中要使用十六進制數值時，必須以 0x 開頭(為數字 0 和小寫字母 x)，例如 0x7b。

[例] 分別使用十、二、八和十六進制，來顯示整數常值 12： (檔名：int.py)

01	print(12)	#以十進制顯示	⇨12
02	print(0b1100)	#以二進制顯示	⇨12
03	print(0o14)	#以八進制顯示	⇨12
04	print(0xC)	#以十六進制顯示	⇨12

2.2.2 布林常值

布林(Boolean)常值只有 True 和 False 兩種值，True 代表真、False 代表假，常用於程式的邏輯判斷。

2.2.3 浮點數常值

浮點數(Floating Point)常值又稱為實數常值，當需要用到帶小數點的數值時，就要使用浮點數常值。浮點數有兩種表示方式，一種是常用的小數點表示法，例如 3.14159；另一種是科學記號，例如 1.2345e+2(123.45、1.2345×10^2)。例如數學的 1.23×10^8 的數值，可用 123000000.0 或 1.23e8 表示。又例如 0.000123，用科學記號表示則為 1.23e-4。

[例] 使用小數點和科學記號顯示各種浮點數常值： (檔名：float.py)

01	print(12.345)	#顯示浮點數常值 12.345 的值	⇨12.345
02	print(1.2345e2)	#顯示浮點數常值 1.2345e2 的值	⇨123.45
03	print(1.2345e8)	#顯示浮點數常值 1.2345e8 的值	⇨123450000.0
04	print(1.2345e-2)	#顯示浮點數常值 1.2345e-2 的值	⇨0.012345

2.2.4 字串常值

字串常值是由一個或一個以上的字元所組成，其頭尾使用單引號「'」或雙引號「"」括住。例如 'Welcome'、"反毒"、'1234' 等，都是屬於字串常值。在 Python 中字串常值是屬於 str 類別，關於字串的用法會在後面另闢章節做詳細的說明。

[例] 顯示字串常值： (檔名：str.py)

```
01   print('Python')  #顯示字串常值'Python' ⇨ Python
02   print("3.8")       #顯示字串常值"3.8"      ⇨ 3.8
03   print("This's a book.") #字串常值中有單引號時用"..." ⇨ This's a book.
04   print('"Hi!" says Jack.') #字串常值中有雙引號時用'...'⇨ "Hi!" says Jack.
```

2.3 變數與資料型別

2.3.1 識別字

在現實的生活中，會為周遭的人、事、地、物賦予名稱，以方便說明和識別，例如「小明牽著來福去河濱公園散步。」，其中小明、來福和河濱公園都是名稱。在程式設計時，對程式中所使用的變數、函式、類別...等也會給於名稱，這些名稱就稱為「識別字」(Identifier，或稱識別項)。識別字在程式中必須是唯一的名稱，不允許重複定義。識別字的命名規則如下：

1. 識別字是由大小寫英文字母、阿拉伯數字和底線(_)所組成。但識別字的第一個字元限用英文字母或底線(_)當開頭，第二個字元以後才可以使用數字，至於空白字元或其他特殊字元是不被允許的。雖然也支援中文字等 Unicode 碼，但建議少用。

2. 大小寫字母視為不相同的字元，所以 ok、Ok、OK 為三個不同的識別字。

3. 不能使用保留字 (或稱關鍵字)當作識別字。

[例] 下列為合法的識別字：

p、total、_ok、stu_score、lucky7、goodMoring、UserPassword

[例] 下列為不合法的識別字：

7Eleven	⇨不能以數字開頭	A B	⇨不能使用空白字元
B&Q	⇨不能使用&字元	and	⇨不能使用保留字

2.3.2 保留字

保留字(Reserved Word)又稱關鍵字(Keyword)，是 Python 語言定義具特定用途，專門供程式設計使用的識別字。透過這些保留字，配合運算子(Operator)、分隔符號(Seperator)…等，就可以撰寫出各種敘述(Statement 或稱陳述式)。因為保留字已經有特定用途，所以不允許使用保留字來做識別字。下表為 Python3.x 所定義的保留字：

and	as	assert	async	await	break	class
continue	def	del	elif	else	except	False
finally	for	from	global	if	import	in
is	lambda	None	nonlocal	not	or	pass
raise	True	return	try	while	with	yield

2.3.3 變數宣告

常值不必經過宣告就可直接在程式中使用，而變數(Variable)的內容值會隨程式執行而改變。在下面敘述中，a、b 為變數，而 1 為整數常值。

```
a = b + 1
```

使用變數可以使得程式靈活，提高程式的功能。變數使用前必須先行宣告(Declare)，宣告變數時要給予一個名稱，並指定變數值。Python 程式是採用動態型別(Dynamic typing)，程式在直譯時才根據變數值，宣告成適當的資料型別，並配置對應的記憶體空間給該變數使用。在程式執行時，也可以隨時更動變數的資料型別，只要使用指定運算子「=」，就能重新指定變數所參考的物件。存取變數時，在低階語言要指定記憶體位址，但在高階語言是利用變數名稱來指定較簡便。變數宣告語法如下：

> 方法 1
>   變數名稱 = 變數值
> 方法 2
>   變數名稱 1, 變數名稱 2 [, 變數名稱 3 …] = 變數值 1, 變數值 2[, 變數值 3 …]
> 方法 3
>   變數名稱 1 [= 變數名稱 2 = 變數名稱 3 …] = 變數值

🎤 說明

1. 宣告變數時必須指定變數值，因為直譯器才能選擇適當的資料型別，指定時要使用「=」指定運算子。

2. 方法 2 可以同時宣告多個變數，變數和變數值間以「,」逗號加以區隔即可。另外，要注意變數和變數值的數量要相同。

3. 方法 3 可以同時宣告多個變數，並且指定變數值都相同。

變數的名稱除了要遵循識別字的命名規則外,要使用易懂而且有意義的名稱,以提高程式的可讀性。不要貪圖一時方便,使用簡單且無意義的字母當做變數名稱,會造成以後維護程式的困擾。Python3 以上版本支援識別字名稱可以使用中文字,但是 Pyhon 具有共享精神,仍然建議不要使用中文字。若變數不再使用,可以使用 del 指令來刪除變數,如此可以將占用的記憶體釋放出來。

[例] 下列為宣告變數的範例: (檔名:variable.py)

```
01   yesNo = 'y'                     #宣告 yesNo 變數,並指定變數值為字串'y'
02   #同時宣告 passScore、maxScore、minScore 三個變數,並指定變數值為 60、100 和 0
03   passScore, maxScore, minScore = 60, 100, 0
04   power1 = power2 = 100  #宣告 power1 和 power2 變數,變數值都為 100
05   total = 1.23456E+6      #宣告 total 變數,並設變數值為浮點數 1234560.0
06   del total                    #刪除 total 變數
```

 變數命名常採駝峰式命名法(Camel Case),用多個有意義的英文單字串連來命名,單字的第一個字母大寫其餘小寫,就像駱駝的駝峰一般。變數名稱第一個單字的開頭字母通常為小寫,如果變數名稱是單一單字,例如:「單價」可使用 price 名稱。如果是多個單字的組合,例如:「特價」可以使用 priceForVip 名稱。

2.3.4 整數資料型別

Python 內建的整數型別是屬於 int 類別,整數的長度不受限制,除非電腦的記憶體不足。在 Python 中整數無論是用哪種進制表示,都是 int 類別的實體。所以可以使用一些內建函式來處理整數。

1. **type()函式**:使用 type()函式,可以取得物件的類別。
2. **bin()函式**:使用 bin()函式,可以將十進制整數轉換成二進制。
3. **oct()函式**:使用 oct()函式,可以將十進制整數轉換成八進制。
4. **hex()函式**:使用 hex()函式,可以將十進制整數轉換成十六進制。
5. **int()函式**:使用 int()函式,可以將其他進制的整數轉換成十進制,也可以將數字字串(例如"123"),轉換成 int 整數。

[例] 顯示整數的類別和十進制轉成其他進制。 (檔名:int_type.py)

```
01   print(type(12)) #顯示整數常值 12 的類別          ⇨<class 'int'>
02   print(bin(12))   #顯示整數常值 12 的二進制值      ⇨0b1100
03   print(oct(12))   #顯示整數常值 12 的八進制值      ⇨0o14
04   print(hex(12))   #顯示整數常值 12 的十六進制值    ⇨0xc
05   print('12'*4)     #顯示'12'*4 的結果                ⇨12121212
06   print(type('12')) #顯示'12'的類別                  ⇨<class 'str'>
07   print(int('12')*4) #顯示 int('12')*4 的結果        ⇨48
```

說明

1. 第 1 行：使用 type()函式顯示整數常值 12 的類別，結果為 int 類別。

2. 第 2~4 行：使用 bin()...等函式顯示整數常值 12 的其他進制值。

3. 第 5~6 行：顯示 '12 '*4 運算的結果，不是預期的 48 而是 12121212。因為 '12' 常值的類別為 str 字串，字串做乘法運算時會將字串顯示乘數指定的次數，本例是顯示 4 次。

4. 第 7 行：用 int()函式可以將字串常值 '12' 轉成整數常值 12，所以運算結果為 48。

2.3.5 布林資料型別

布林值是屬於 bool 類別，而 bool 類別是 int 類別的子類別。使用 bool()函式可以將 1 和 0 整數常值，轉成布林常值 True 和 False。雖然布林值也可以用整數 1 和 0 表示，但是其實使用 bool()函式轉型時，數值只要不是 0 就是 True，而物件不是「空」就是 True。例如數值 5 和-1 都是 True，字串 'Python' 也是 True。

[例] 布林值的各種範例。　(檔名：bool_type.py)

```
01   b=False              #宣告 b 為布林變數，變數值為 False
02   print(type(b))       #顯示布林變數 b 的類別     ⇨<class 'bool'>
03   print(type(1))       #顯示整數常值 1 的類別     ⇨<class 'int'>
04   print(bool(1))       #使用 bool 函式將 1 轉成布林值           ⇨True
05   print(bool(-1))      #使用 bool 函式將-1 轉成布林值           ⇨True
06   print(bool('Python'))#使用 bool 函式將'Python'轉成布林值      ⇨True
```

2.3.6 浮點數資料型別

在 Python 中內建常用的 float 浮點數資料型別，另外又提供 decimal 資料型別，可以提高數值的準確度。

一. float 資料型別

float 浮點數資料型別，屬於 float 類別。如果要將數值轉成浮點數資料型別，可以使用 float()函式。

① **float()函式**：使用 float()內建函式，可以將十六進制浮點數轉換成十進制。

② **is_integer()方法**：使用 float 類別的 is_integer()方法，可以檢查浮點數是否小數位為 0(即為整數)，傳回值為 True(是整數)和 False(非整數)。

③ **round()函式**：使用 round()內建函式，可以將浮點數的小數部分，指定位數做四捨五入。語法為：round(浮點數[，小數位數])，如果不指定小數位數時，就預設四捨五入為整數。

[例] 使用各種方法來處理浮點數： （檔名：float_type.py）

```
01  f, i =1.2345, 12345
02  print(type(f))    #顯示浮點數變值 f 的類別        ⇨<class 'float'>
03  f2=float(i)       #用 float 函式將整數變數 i 轉成浮點數
04  print(f2)         #顯示 f2 的變數值               ⇨12345.0
05  print(float.is_integer(f))   #用 is_integer()檢查變數是否為整數 ⇨False
06  print(float.is_integer(f2))  #檢查變數 f2 是否為整數          ⇨True
07  print(round(f,2))   #用 round()函式將變數 f 四捨五入到小數二位  ⇨1.23
08  print(round(f))     #用 round()函式將變數 f 四捨五入到整數     ⇨1
```

> **說明**

1. 第 5 行：因為 is_integer()是屬於 float 類別的方法，所以必須使用 float.is_integer() 的寫法，才能正確使用該方法。

2. 第 6 行：f2 的小數部分為 0，所以為整數。

二. decimal 資料型別

　　Python 另外又提供 decimal 資料型別來處理浮點數，可以提高數值的準確度。因為 decimal 資料型別不是內建的型別，所以使用前要使用 import 指令匯入(或稱含入、引入)decimal 模組。使用 decimal 類別的 Decimal()方法，就可以宣告 decimal 資料型別的浮點數數值資料。Decimal()方法的引數可以為整數常值或字串、浮點數字串。decimal 型別的浮點數小數位數很長，如果要指定小數的有效位數時，在宣告時採用浮點數字串的格式，則字串的小數位數就是有效位數。

> decimal.Decimal(整數常值 | 整數字串 | 浮點數字串)

[例] 宣告 decimal 資料型別的浮點數： （檔名：decimal_type.py）

```
01  import decimal  #匯入 decimal 模組
02  f1,f2=10.0,3.0  #宣告 f1、f2 變數並指定變數值為浮點數 10.0 和 3.0
03  d1=decimal.Decimal(10)  #使用 Decimal()方法宣告 d1 為 decimal 型別，值為 10
04  d2=decimal.Decimal('3.0')
05  print(type(d1))   #顯示 d1 變數的類別    ⇨ <class 'decimal.Decimal'>
06  print(f1/f2)      #顯示 f1 除以 f2 的值   ⇨ 3.3333333333333335
07  print(d1/d2)      #顯示 d1 除以 d2 的值   ⇨ 3.333333333333333333333333333
08  d3=decimal.Decimal('2.345')#宣告 d3 為 decimal 型別變數，值為字串常值'2.345'
09  d4=decimal.Decimal('6.78')
10  print(d3+d4)      #有效位數為三位       ⇨ 9.125
11  print(d3*d4)      #有效位數為五位(3+2) ⇨ 15.89910
```

說明

1. 第 1 行：使用 import 指令匯入 decimal 模組。

2. 第 6~7 行：觀察此兩行敘述，會發現 decimal 型別運算的結果較精確。

3. 第 8~9 行：使用 Decimal()方法宣告 d3、d4 為 decimal 型別變數，d3 有效位數為三位，d4 有效位數為二位。

4. 第 10 行：d3+d4 運算後，小數有效位數採兩者較高的有效位數也就是三位。

5. 第 11 行：d3*d4 運算後，小數有效位數採兩者有效位數相加也就是五位。

三. decimal 資料型別常用函式

decimal 資料型別還有一些常用的函式，可以用來處理運算時的動作，說明如下：

① **Decimal.from_float()函式**：使用 decimal 類別的 Decimal.from_float()函式，可以將浮點數常值轉換成 decimal 型別。

② **getcontext()函式**：使用 decimal 類別的 getcontext()函式，可以列出 Decimal 資料型別目前算術運算時的各種設定值。float 型別運算時會自動做四捨五入，但是 decimal 型別並不會。利用 getcontext()函式的 prec 屬性可以設定有效位數(含整數和小點位數)，預設值為 28。另外，rounding 屬性可以設定進位的方式，預設值為 ROUND_HALF_EVEN。常用的 rounding 屬性值：

- ROUND_HALF_EVEN：四捨六入數值為五時，若前面為奇數就進位；偶數就捨去。
- ROUND_DOWN：無條件捨去。
- ROUND_UP：無條件進位。

[例] 設定 decimal 資料型別運算時的有效位數： (檔名：getcontext.py)

```
01  import decimal   #匯入 decimal 模組
02  d1=decimal.Decimal.from_float(123.4567)
03  d2=decimal.Decimal.from_float(34.5678)
04  print(decimal.getcontext())
05  print(decimal.getcontext().prec)              ⇨28
06  print(decimal.getcontext().rounding)          ⇨ROUND_HALF_EVEN
07  print(d1+d2)              ⇨158.0244999999999961914909363
08  decimal.getcontext().prec=8
09  print(d1+d2)                                  ⇨158.02450
```

 說明

1. 第 2~3 行：用 Decimal.from_float()函式將浮點數資料轉型為 decimal 資料型別。

2. 第 4 行：使用 getcontext()函式，列出目前 decimal 資料型別運算的設定值。

```
Context(prec=28, rounding=ROUND_HALF_EVEN, Emin=-999999, Emax=999999,
capitals=1, clamp=0, flags=[Inexact, Rounded],
traps=[InvalidOperation, DivisionByZero, Overflow])
```

3. 第 5~6 行：列出 prec 和 rounding 的屬性值，分別為 28 和 ROUND_HALF_EVEN。

4. 第 7 行：顯示 d1 + d2 的運算結果，會發現有效位數長達 28 位。

5. 第 8~9 行：設定 prec 的屬性值為 8，之後再顯示 d1 + d2 的運算時，結果會為 158.02450。

2.4 運算子

運算子(Operator)是指對運算元做特定運算的符號，例如 +、-、*、/ ...等。運算元(Operand)是運算的對象，運算元可以為變數、常值或是運算式。而運算式(Expression)是由運算元與運算子所組成的計算式。

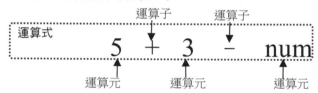

運算子若按照運算所需要的運算元數目來分類，可以分成：

1. 一元運算子 (Unary Operator)：-(負)，如：-5。

2. 二元運算子 (Binary Operator)：+、-、*、/、+= ...等，如：x + y、x / y。

Python 語言所提供的運算子，如果按照運算子性質有下列常用的種類：

1. 指定運算子 (Assignment Operator)

2. 算術運算子 (Arithmetic Operator)

3. 複合指定運算子 (Shorthand Assignment Operator)

4. 關係運算子 (Relational Operator)

5. 邏輯運算子 (Logical Operator)

6. 位元運算子(Bitwise Operator)

7. 移位運算子(Shift Operator)

8. 成員運算子(Membership Operator)

9. 身分運算子(Identity Operator)

2.4.1 指定運算子

宣告變數指定初值，或是要改變數值時，可以使用指定運算子「＝」。指定時可以將一個常值、變數或運算式的結果，指定為變數的變數值，其語法為：

變數名稱 ＝ 常值 | 變數 | 運算式

例如將變數 x 指定變數值為 1，寫法為：x = 1。又例如變數 x 指定變數值為 y、z 變數的和，其寫法為：x = y + z。上面兩個例子的示意圖如下：

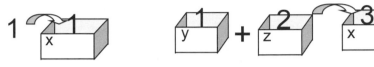

在 Python 語言中，int、float、string...等資料型別是屬於不可變(Immutable)物件，變數值是不會改變。如果變數值改變時，會先將變數複製到新記憶體位址才改變變數值。在其他程式語言中要交換兩個變數值時，程式寫法為 temp = x; x = y; y = temp (使用「;」號可以將敘述合併成一行)。但是在 Python 中，只要寫 x, y = y, x 就可以達成，因為是直接將兩變數的記憶體位址交換，所以程式語法可以很精簡。

[例] 下列為指定變數值的範例：　(檔名：assignment.py)

```
01  x=5      # 指定 x 變數值為常值 5
02  y=x      # 指定 y 變數值為變數 x 的值
03  print(id(x), id(y))   # 顯示變數 x,y 的記憶體位置
04  x=3+y    # 指定 x 變數值為運算式 3+y 的結果
05  print(id(x))
06  a,b=2,3
07  print(id(a),id(b))
08  a,b=b,a          #a,b 變數值交換
09  print(id(a),id(b))
```

🎤 說明

1. 第 3 行：使用 id()函式，可以取得物件使用的記憶體位址。執行時會發現 x 和 y 變數會使用同一個記憶體位置，因為在第 2 行指定 y = x，此時會將 x 變數的記憶體位址傳給 y 變數， x 和 y 變數的記憶體位址相同所以變數值會相同。

2. 第 4 行：在第 4 行改變 x 變數的值，此時就會使用新的記憶體位址來存放 x 變數，而 y 變數的記憶體位址維持不變。

3. 第 8 行：將 a 和 b 兩變數的變數值相互交換。

4. 第 9 行：顯示 a 和 b 兩變數的記憶體位址時，會發現 a 和 b 兩變數的記憶體位址會交換，就能達到變數數值交換的效果。

2.4.2 算術運算子

算術運算子可以用來執行數學運算，包括加法、減法、乘法、除法、取餘數...等。
下表為 Python 語言常用的算術運算子：

運算子	功能說明	範例	結果（假設 y=5）
+	加法	x = y + 2	x 變數值為 7
-	減法	x = y - 2	x 變數值為 3
*	乘法	x = y * 2	x 變數值為 10
/	浮點數除法	x = y / 2	x 變數值為 2.5
//	整數除法	x = y // 2	x 變數值為 2
%	取除法的餘數	x = y % 2	x 變數值為 1
**	次方(指數)	x = y ** 2	x 變數值為 $25(5^2)$

📖 簡 例 (檔名：arithmetic.py)

已知圓的半徑為 6.4，請算出圓的面積、圓周長和圓球的體積。

📖 結 果

```
圓的半徑： 6.4
圓面積： 128.67952640000001
圓周長： 40.212352
球的體積： 1098.0652919466668
```

📖 程式碼

檔名：\ex02\arithmetic.py

```
01  r=6.4
02  PI=3.14159
03  print("圓的半徑：",r)
04  print("圓面積：",PI*r**2)          #公式：PI x 半徑 x 半徑
05  print("圓周長：",PI*r*2)           #公式：PI x 半徑 x 2
06  print("球的體積：",PI*r**3*4/3)    #公式：PI x 半徑 x 半徑 x 半徑 x 4 / 3
```

🎙 說明

1. 第 2 行：圓周率通常定義為不變的常數，變數名稱會用大寫字母和_組成。

2. 第 4、6 行：r**2 和 r**3 分別代表半徑的平方和三次方。

2.4.3 複合指定運算子

在程式中若需要將某個變數值運算後，再將運算結果指定給該變數時，可以利用複合指定運算子來簡化敘述。例如將 x 變數值加 5，再指定給 x 變數寫法為：

```
x = x + 5
```

因為指定運算子(=)的左右邊都有相同的變數 x，此時可以使用複合指定運算子來簡化敘述，程式寫法改為：

```
x += 5
```

使用複合指定運算子時，變數必須先宣告否則會產生錯誤。常用的複合運算子：

運算子	功能	範例	結果(x 變數值原為 3)
+=	相加後再指定	x += 2 (x = x + 2)	x 變數值為 5
-=	相減後再指定	x −= 2 (x = x - 2)	x 變數值為 1
*=	相乘後再指定	x *= 2 (x = x * 2)	x 變數值為 6
/=	浮點數相除後再指定	x /= 2 (x = x / 2)	x 變數值為 1.5
//=	整數相除後再指定	x //= 2 (x = x // 2)	x 變數值為 1
%=	相除取餘數後再指定	x %= 2 (x = x % 2)	x 變數值為 1
**=	次方運算後再指定	x **= 2 (x = x ** 2)	x 變數值為 $9(3^2 = 9)$

2.4.4 關係運算子

關係運算子(Relational Operator)又稱為「比較運算子」是屬於二元運算子，可以對兩個運算元作比較，並傳回比較結果。如果比較的結果是成立，傳回值為真(True)；若不成立傳回值為假(False)。關係運算子常配合 if 等選擇結構，來決定程式的流向。下表是 Python 語言常用的關係運算子：

關係運算子	功能	數學表示式	範例	結果(若 x=1、y=2)
==	等於	x = y	x == y	False(假)
!=	不等於	x ≠ y	x != y	True(真)
>=	大於等於	x ≥ y	x >= y	False(假)
<=	小於等於	x ≤ y	x <= y	True(真)
>	大於	x > y	x > y	False(假)
<	小於	x < y	x < y	True(真)

[例] 練習各種關係運算子的運算： （檔名：relational.py）

```
01  a, b = 2, 3
02  print('a = 2, b = 3')
03  print('a < b = ',a < b)          ⇨ True
04  print('a >= b = ',a >= b)        ⇨ False
05  print('a == b = ', a == b)       ⇨ False
```

2.4.5 邏輯運算子

邏輯運算子(Logical Operator)屬於二元運算子，可以對兩個運算元作邏輯運算，並傳回運算結果。下表列出 Python 語言提供邏輯運算子的各種運算結果：

x	y	x and y	x or y	not x	not y
True	True	True	True	False	False
True	False	False	True	False	True
False	True	False	True	True	False
False	False	False	False	True	True

Python 語言在做邏輯運算時，會採取快捷(Short Circuit)運算，來加快執行速度。在 Python 中 not 運算的傳回值為布林值，但是 and 和 or 運算的傳回值不一定為布林值，而是會傳回適當的運算元值。例如 and 運算時若第一個運算元為 False，就傳回第一個運算元值；否則傳回第二個運算元值。下表為 Python 邏輯運算子的運算邏輯：

邏輯運算子	功能	範例	說明
and	且	x and y	若 x 為假時傳回 x；x 為真時傳回 y。
or	或	x or y	若 x 為真時傳回 x；x 為假時傳回 y。
not	非	not x	若 x 為假時傳回 True；x 為真時傳回 False。

邏輯運算子可以用來測試較複雜的條件，常常用來連結多個關係運算子。例如 (score >= 0) and (score <= 100)，其中(score >= 0)和(score <= 100)為關係運算子，兩者用 and(且)邏輯運算子連接，表示兩個條件都要成立才為真，所以上述表示 score 要介於 0~100。邏輯運算子常結合關係運算子，在 if 等選擇結構中決定程式的流向。

[例] 下列為邏輯運算子的範例： （檔名：logical.py）

```
01  print((1 < 2) and ('A' == 'a'))⇨ False(前者為真後者為假，and 必須兩者皆真才為真)
02  print((-1 < 0) or (-1 > 100))  ⇨ True(前者為真後者為假，or 只要一個為真就為真)
03  print(not('A' != 'a'))    ⇨ False('A'!='a'為真，所以做 not 運算後結果為假)
04  print(not 2)      ⇨ False(因為 2 不是 0 所以為 True，做 not 運算後結果為 False)
05  print(2 and 3)   ⇨ 3(and 運算因第一個運算元 2 是真<非 0 為真>，傳回第二個運算元 3)
```

06	print(2 or 3)	⇨ 2(or 運算因第一個運算元 2 是真，傳回第一個運算元 2)
07	print('a' or 'b')	⇨ a(or 運算因第一個運算元 a 是真<非空字串為真>，所以直接傳回 a)
08	print(0 and 3)	⇨ 0(and 運算因第一個運算元 0 是假，所以傳回第一個運算元 0)
09	print('' or 'b')	⇨ b(or 運算因第一個運算元 ''空字串是假，所以傳回第二個運算元'b')

2.4.6 位元運算子

& (And，且)、| (Or，或)、^ (Xor，互斥) 及 ~ (Not，非) 為位元運算子(Bitwise Operator)，做法是先將運算元轉換成二進位，接著再做指定的二進位布林運算。位元運算子的運算方式如下表所示：

A	B	A & B	A | B	A ^ B	~A
1	1	1	1	0	0
1	0	0	1	1	0
0	1	0	1	1	1
0	0	0	0	0	1
說　明		&(And，且)運算時，兩者皆為 1 才會是 1。	|(Or，或) 運算時，要一個為 1 就會是 1。	^(Xor，互斥)運算時，只要兩者不同就會是 1。	~(Not，非)運算時，1 變成 0；0 變成 1。

上表中 ^ (Xor)為互斥邏輯運算，表示兩個二進制的位元作互斥運算，若 A 或 B 值相同時結果為 0，即兩者都為 0 或都為 1 時；若 A 和 B 值不相同時結果為 1，即一個為 0 另一個為 1。

[例] 下列為位元運算子的範例：　(檔名：bitwise.py)

```
01  print(5 & 3)    ⇨ 1
02  print(5 | 3)    ⇨ 7
03  print(5 ^ 3)    ⇨ 6
04  print(~5)       ⇨ -6(為 5 的補數)
```

 說明

1. 第 1 行：5 & 3 運算

　　0 1 0 1　⇦5的二進位

　& 0 0 1 1　⇦3的二進位

　　0 0 0 1　⇦1的二進位

2. 第 2 行：5 | 3 運算

　　0 1 0 1　⇦5的二進位

　| 0 0 1 1　⇦3的二進位

　　0 1 1 1　⇦7的二進位

3. 第 3 行：5 ^ 3 運算

　　0 1 0 1　⇦5的二進位

　^ 0 0 1 1　⇦3的二進位

　　0 1 1 0　⇦6的二進位

4. 第 4 行：~5 運算

　　~ 0 1 0 1　⇦5的二進位

　　1 0 1 0　⇦-6的二進位

2.4.7 in 與 is 運算子

in 和 not in 稱為成員運算子(Membership Operator)，in 用來判斷第一個運算元是否為第二個運算元的元素，若是就回傳 True；否則回傳 False。not in 運算子用來判斷第一個運算元是否不屬於第二個運算元的元素。第二個運算元為字串、陣列...等物件，會在後面再做詳細介紹。

[例] 下列為成員運算子的範例： (檔名：in.py)

```
01  print('P' in 'Python')         ⇨結果 True ('P'包含在'Python'字串中)
02  print('x' not in 'Python')     ⇨結果 True ('x'不包含在'Python'字串中)
03  print(1 in [1,2,3])            ⇨結果 True (1 包含在[1,2,3]陣列中)
04  print(2 not in [1,2,3])        ⇨結果 False (2 包含在[1,2,3]陣列中)
```

is 和 not is 稱為身分運算子(Identity Operator)，is 用來判斷兩運算元的 id(記憶體位址)是否相同，若是就回傳 True；否則回傳 False。所以 x is y 敘述，就等於 id(x) == id(y)敘述。not is 運算子用來判斷兩運算元的 id(記憶體位址)是否不相同。要特別注意，is 運算子是用來判斷兩運算元是否引用自同一個物件，而==運算子則是判斷兩運算元的值是否相同。

[例] 下列為身分運算子的範例： (檔名：is.py)

```
01  import decimal
02  x=2.5; y=2.5
03  print(id(x),id(y))
04  print(x is y, x == y)          ⇨結果 True    True
05  z=decimal.Decimal('2.5')
06  print(id(z))
07  print(z is x, z == x)          ⇨結果 False   True
```

 說明

1. 第 2~4 行：x 和 y 變數都會指向 2.5 物件，因為記憶體位址相同，所以 is 運算傳回值為 True。因為兩者數值相同，所以==運算傳回值也是 True。

2. 第 5~6 行：使用 decimal.Decimal()函式宣告 z 變數，此時記憶體位址會和 x、y 變數不同。

3. 第 7 行：因為 z 和 x 變數的記憶體位址不相同，所以 is 運算傳回值為 False。但是因為兩者數值相同，所以==運算的傳回值是 True。

2.4.8 位移運算子

移位運算子(Shift Operator)可用來做數值運算，做法是先將指定的運算元轉成二進制，接著再使用 ">>" 右移運算子指定該運算元往右移幾個位元(bit)，或是使用 "<<"

左移運算子指定該運算元往左移幾個位元(bit)。>>1 表右移一個位元，運算元等於除以 $2(2^1)$，>>2 表右移兩個位元，運算元等於除以 $4(2^2)$，其餘可類推。<<1 表左移一個位元，運算元等於乘以 $2(2^1)$，<<2 表左移兩個位元，運算元等於乘以 $4(2^2)$，其餘類推。

[例] 下列為位移運算子的範例：　　(檔名：shift.py)

01	print(20>>1)	⇨結果 10
02	print(20<<1)	⇨結果 40

說明

1. 第 1 行：20 右移 1 個 bit (相當於除以 2)。

20_{10} 轉成二進制⇨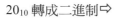

 轉成十進制⇨ 10_{10}

2. 第 2 行： 20 左移 1 個 bit (相當於乘以 2)。

20_{10} 轉成二進制⇨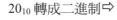

 轉成十進制⇨ 40_{10}

2.4.9 運算子的優先順序

程式中的運算式可能非常複雜，如果同時有多個運算子時，Python 語言就必須根據一套規則，才能計算出正確的結果。基本原則為由左至右依序運算，但有些運算子優先權較高必須要優先處理。下表為常用運算子的優先執行順序：

優先次序	運算子(Operator)
1	()(括弧)
2	**(次方)
3	+(正號)、-(負號)、not(非)、~(非)
4	%(取餘數)、 //(整數除法)、 /(浮點數除法)、 *(乘)
5	+(加)、 -(減)
6	<<(左移)、 >>(右移)
7	&(且)、 |(或)、^(互斥)
8	<(小於)、<=(小於等於)、 >(大於)、>=(大於等於)、!=(不等於)、==(等於)
9	=、 +=、 -=、 *=、 /=、%=、<<=、>==、&=、^=、!= (指定、複合指定運算子)
10	in(包含於)、not in(不包含於)、is(位址相同)、 is not(位址不同)
11	and(且)、or(或)

　　例如運算式 1 + 2 * 3，因為*運算子的優先順序高於+，所以會先計算 2*3 結果為 6，然後 1 + 6 所以結果為 7。運算式使用()左右括號，不但可以減少運算錯誤並增加可讀性，而且可以改變運算的順序。例如上面運算式改為(1 + 2) * 3 時，因為 1 + 2 用()括住所以要先計算結果為 3，然後 3 * 3 結果為 9。

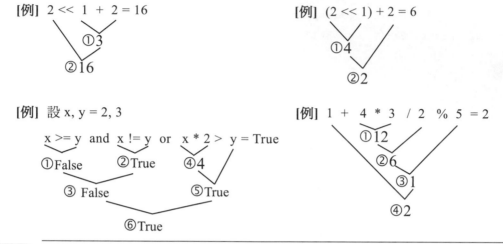

[例]　2 << 1 + 2 = 16
　　　①3
　　　②16

[例]　(2 << 1) + 2 = 6
　　　①4
　　　②2

[例]　設 x, y = 2, 3
　　　x >= y　and　x != y　or　x * 2 >　y = True
　　　①False　　②True　　④4
　　　　　③ False　　　　　⑤True
　　　　　　　　⑥True

[例]　1 + 4 * 3 / 2 % 5 = 2
　　　①12
　　　②6
　　　③1
　　　④2

NOTE

> 為避免因為運算子的優先順序，造成運算結果錯誤，編寫運算式時應該多使用( )括號來區隔。

2.5　資料型別轉換

　　Python 語言在宣告變數時，並不需要考慮資料的範圍，系統會自動根據變數值採用適當的資料型別。Python 使用這種方式宣告變數，對程式設計者而言是非常友善。但是在運算這些變數時，因為資料型別不同，就需要做一些特殊的處理，才不會造成運算的結果不如預期，甚至造成執行時產生錯誤。為避免上述的問題，可以利用系統的「自動型別轉換」(Automatic Type Conversion)來轉型，或是使用強制型別轉換 (Cast)來自行轉型。前者是屬於隱含(Implicit)方式，而後者則是屬於外顯(Explicit)方式轉型。

2.5.1 自動型別轉換

　　運算式中若有資料型別不同的數值要做運算時，除非主動使用強制型別轉換外，否則系統會做自動型別轉換，將資料型別轉成一致後才進行運算。自動型別轉換是屬於隱含方式，也就是由系統自動處理。如果兩不同資料型別的資料需要做運算時，是將型別長度較小的資料先轉成型別長度較大者，兩者調整為相同的資料型別才做運算。其轉型規則如下：

　　bool　⇨　int　⇨　float
　　資料範圍小　　　　　　資料範圍大

[例] 下列為四則運算自動轉型的範例： （檔名：automatic.py）

```
01 b, i, f = True, 2, 3.4
02 print(b + i, b + f, i + f)    ⇨3 4.4 5.4
03 print(b - i, b - f, i - f)    ⇨-1 -2.4 -1.4
04 print(b * i, b * f, i * f)    ⇨2 3.4 6.8
05 print(b / i, b / f, i / f) ⇨0.5 0.29411764705882354 0.5882352941176471
```

說明

1. 第 1 行：宣告 b、i 和 f 三個變數，變數值分別為 True、2 和 3.4。所以 b 變數為 bool 布林資料，i 變數為 int 整數資料，而 f 變數為 float 浮點數資料型別。

2. 第 2~4 行：bool 資料型別和 int 資料型別變數做運算時，bool 變數會自動轉型為 int。布林值 True 會轉成整數 1，False 則是 0。

3. 第 5 行：/ 運算子為浮點數除法，所以運算子會先轉成浮點數再做運算。

2.5.2 強制型別轉換

在程式當中，必要時可以將變數的資料型別做轉換，例如將整數轉型為浮點數，或將浮點數變數轉型為整數。強制型別轉換是使用函式，以外顯方式轉換型別。Python 常用的型別轉換函式在前面已經介紹，現在彙整如下：

整數轉浮點數：	**float**(整數資料)
浮點數轉整數：	**int**(浮點數資料)
浮點數轉整數：	**round**(浮點數資料)
數值轉字串：	**str**(數值資料)
轉布林值：	**bool**(資料)

小範圍資料型別轉型為較大範圍型別時，變數值沒有問題。但是大範圍轉型為較小範圍資料型別時，變數值就會失真。例如浮點數用 int() 函式強制轉型為整數時，會將小數部分直接捨棄，不會做四捨五入的運算。

[例] 下列為強制轉型的範例： （檔名：cast.py）

```
01  i1=10
02  f1=float(i1) #使用 float()函式將整數轉型為浮點數
03  print(i1,f1,type(f1)) ⇨10 10.0 <class 'float'>
04  f2=1234.5678
05  i2=int(f2)    #使用 int()函式將浮點數轉型為整數(捨棄小數)
06  print(f2,i2,type(i2)) ⇨1234.5678 1234 <class 'int'>
07  i3=round(f2) #使用 round()函式將浮點數轉型為整數(四捨五入)
08  print(f2,i3,type(i3)) ⇨1234.5678 1235 <class 'int'>
```

```
09  s=str(i2)      #使用 str()函式將整數轉型為字串
10  print(s,type(s))        ⇨1234 <class 'str'>
11  b=bool(f1)     #使用 bool()函式將浮點數轉型為布林值
12  print(b,type(b))        ⇨True <class 'bool'>
```

2.6　print()輸出函式

在前面我們已經用過 print()函式，可以將電腦運算的結果在螢幕上輸出顯示，在本節中介紹 print()輸出函式的基本功能，其他進階功能將在下一章繼續說明。print() 函式是 Python 語言最常用的輸出函式，可以將數值、字串...等資料，以指定的格式在螢幕上顯示出來。使用 print() 輸出函式時，在小括弧 ( ) 內可以使用多種引數，其常用的語法如下：

> print(values %(引數串列), sep=間隔字串, end=結尾字串)

1. values：為要顯示的資料，可以是數值常值、字串常值或變數，甚至是多筆資料，資料間用「,」間隔。若要在字串常值中顯示變數資料，則要使用格式字串，並配合%(引數串列)。

2. %(引數串列)：引數串列為 values 要顯示的常數或變數，引數間用「,」間隔。

3. sep：設定顯示多筆資料時的間隔字串，預設值為 ' '(半形空白字元)。

4. end：設定輸出資料字串的結尾字串，預設值為 '\n' (換行字元)，表輸出後插入點會移到下一行。

[例] 利用 print()函式顯示各種資料：　(檔名：print1.py)

```
01  print('Python',3.8)  #顯示字串和浮點數常值      ⇨ Python△3.8(△表空格)
02  print('台北','台中','台南',sep=',')  #間隔字串設為','  ⇨ 台北,台中,台南
03  print('高雄','屏東',sep='\t')  #間隔字串設為'\t'    ⇨ 高雄△△△△△屏東
04  print('價目表：',end='')  #結尾字串設為空字串  ⇨ 價目表：
05  money=30
06  print('陽春麵',money,'元')  #顯示 money 變數  ⇨ 價目表：陽春麵 30 元
```

🎙️ 說明

1. 第 2 行：sep 引數值設為','，表示輸出的資料間用「,」間隔。

2. 第 3 行：sep 引數值設為'\t'，表示輸出的資料間用水平跳格字元(Tab)間隔。

3. 第 4 行：end 引數值設為''，表示結尾字串設為空字串，也就是不會換行。

一. 格式字串

　　print()函式要顯示的字串資料，是用單引號或雙引號前後框住，其中可以由一般字串、轉換字串和逸出序列三個部分組合而成。

1. **一般字串**：即為任何可顯示的字元組合，如：A~Z、a~z、0~9、!*#$^& … 以及中文字元。print() 函式會將一般字串做完整的輸出。

　　[例] 利用 print()函式輸出「Python 基礎必修課」字串：　（檔名：print2.py）

```
print('Python 基礎必修課')
```

2. **轉換字串**：所謂的格式字串輸出，就是在一般字串輸出時，在字串內指定位置插入指定的資料，如此資料可套用格式輸出。其作法是在字串的指定位置用轉換字串，轉換字串是由 % 轉換字元和型別字元所組合。Python 建議用字串物件的 format() 方法來格式化字串，但是轉換字串使用者仍然很多，format()函式將在後面章節中再行介紹。轉換字串位置用來插入引數串列對應的資料，如下所示：

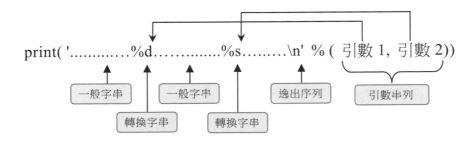

　　在格式字串內的每一個轉換字串與引數串列的每一個引數，除了數量要一致，其轉換字串的型別字元也必須與相對應引數的資料型別一致。轉換字串的語法如下：

%[修飾字元][寬度][.小數位數]型別字元

 說明

① 型別字元用來指定輸出資料的型別，型別必須與相對應引數的資料型別一致，下表是常用的型別字元：

資料型別	%型別字元	說明
字元 字串	%c	顯示單一字元。
	%s	顯示字串。
	%%	顯示%字元。

資料型別	%型別字元	說明
整數	%d、%i	以十進位顯示整數。
	%o	以八進位顯示整數。
	%x、%X	以十六進位顯示整數。
浮點數	%f	以十進位顯示浮點數，小數部分預設 6 位。
	%e、%E %g、%G	以十進位科學記號顯示浮點數，數值預設寬度為 8 位，小數部分預設 6 位，而 e 指數位數預設佔 2 位。

[例] 利用轉換字串的型別字元輸出各種常值和變數： (檔名：print2.py)

```
01   print('%c%s 先生'%('張','無忌'))  #插入字元和字串        ⇨ 張無忌先生
02   wt,price =3, 20.5  #宣告整數和浮點數變數
03   print('%s%d 斤,共%f 元'%('香蕉',wt,wt*price)) ⇨ 香蕉 3 斤,共 61.500000 元
```

② 寬度：用來設定資料顯示的總寬度(即字數)，浮點數的小數點也占一個寬度。若寬度比資料本身寬度小，則以資料實際寬度全部顯示。

③ 小數位數：如果資料是浮點數時用來設定小數位數，預設值為六位。如果資料小數位數較多時會四捨五入；較少時則會補上 0。如果是字串資料則用來設定顯示的字元數。

[例] 設定寬度來格式化輸出各種資料：(Δ：代表空格) (檔名：print3.py)

```
01 print('%d'%(12345))       # 顯示整數資料          ⇨12345
02 print('%8d'%(12345))      # 設寬度為 8,寬度有剩時補空格   ⇨ΔΔΔ12345
03 print('%-8d'%(-12345))    # 靠左對齊,寬度有剩時補空格    ⇨-12345ΔΔ
04 print('%08d'%(12345))     # 設寬度為 8,寬度有剩時補 0    ⇨00012345
05 print('%3d'%(-12345))     # 設寬度為 3,寬度不足時全部顯示 ⇨-12345
06 print('%c'%('A'))         # 顯示字元「A」        ⇨ A
07 print('%4c'%('A'))        # 寬度為 4 有剩補空格     ⇨ΔΔΔA
08 print('%c'%(65))          # 65 的 ASCII 碼為 A     ⇨ A
09 print('%s'%('ABCDE'))     # 顯示字串資料 ⇨ ABCDE
10 print('%8s'%('ABCDE'))    # 設寬度為 8,寬度有剩時補空格    ⇨ΔΔΔABCDE
11 print('%3s'%('ABCDE'))    # 設寬度為 3,寬度不足時全部顯示 ⇨ ABCDE
12 print('%6.2s'%('ABCDE'))# 設寬度為 6 並只顯示 2 字元      ⇨ΔΔΔΔAB
```

[例] 利用修飾字元來格式化輸出浮點數資料： （檔名：print4.py）

```
01 print('%f'%12345.67)       #小數位數預設 6 位        ⇨12345.670000
02 print('%f'%-12.345)        #小數位數預設 6 位        ⇨-12.345000
03 print('%.2f'%12.345)       #設小數位數 2 位,第 3 位四捨五入   ⇨12.35
04 print('%8.2f'%-12.3456)    #設總寬度 8 位,小數 2 位       ⇨△△-12.35
05 print('%3.1f'%123.45)      #設寬度為 3 且小數 1 位,寬度不足時全部顯示 ⇨123.5
06 print('%8.0f'%-1234.56)    #設小數位數 0 位,第 1 位四捨五入   ⇨△△△-1235
07 print('%8.0f'%1234.56)     #設小數位數 0 位,第 1 位四捨五入   ⇨△△△△1235
08 print('%E'%1234567.89)     #科學記號寬度不足時會四捨五入    ⇨1.234568E+06
09 print('%e'%123.4)          #科學記號小數部分 6 位,小數位數不足補 0 ⇨1.234000e+02
10 print('%10.2e'%12345.6)    #設總寬度 10,小數 2 位        ⇨△△1.23e+04
11 print('%10.2E'%0.000123456) #設總寬度 10,小數 2 位        ⇨△△1.23E-04
```

④ 修飾字元：可以進一步設定輸出的格式，常用的修飾字元如下表所示：

修飾字元	說明
#	配合二、八和十六進制，設定顯示 0b、0o、0x 等進制符號。
0	數值資料前面多餘的寬度補 0。
-	靠左對齊，預設值是靠右。
空白字元	會保留一個空格。

[例] 利用修飾字元來格式化各種資料： （檔名：print5.py）

```
01  print('%#x'%12345)    #顯示十六進制符號     ⇨ 0x3039
02  print('%08d'%12345)   #空格補零           ⇨ 00012345
03  print('%-8d'%12345)   #靠左對齊           ⇨ 12345△△△
04  print('% d'%12345)    #保留一個空格        ⇨ △12345
```

3. **逸出序列(Escape sequence)**：若格式字串內需要顯示一些特殊控制字元，如：雙引號「"」、單引號「'」、控制游標移動字元(跳格或跳到下一行行首)，可在特殊字元前加逸出字元「\」，當逸出字元加上控制字元就構成了逸出序列。下表為逸出序列的使用說明：

逸出序列	使用說明
\a	發出系統聲。
\b	倒退鍵(Backspace)，游標會由\b 所在位置向左移一個字元。
\f	換頁。
\n	換行，游標會由逸出序列所在位置跳到下一行的行首。

逸出序列	使用說明
\r	移到行首，會刪除掉該行逸出序列所在位置前面的所有字元。
\t	水平跳格，相當於按 Tab 鍵。
\\	顯示倒斜線「\」字元。
\'	顯示單引號「'」字元。
\"	顯示雙引號「"」字元。

[例] 練習在格式字串內使用逸出序列，並觀察輸出結果： (檔名：print6.py)

```
01   print('1234567890!\a')      #插入\a          ⇨123467890!並有系統聲
02   print('12345\b67890!')      #覆蓋字元'5'     ⇨123467890!
03   print('1234567890!\n')      #游標跳到下一行行首      ⇨1234567890!
04   print('123\r4567890!')      #游標跳到行首,刪除"123"⇨467890!
05   print('123\t4567')          #插入水平跳格        ⇨123 △ 4567
06   print('12\\3\'45\"67')      #插入\、'和"字元     ⇨12\3'45"67
```

因為 print()函式預設會換行，在第 3 行的 print()函式又再使用\n 換行逸出序列，所以執行時會多空一行。

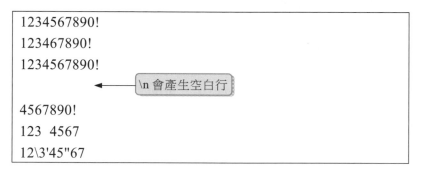

二. 引數串列

1. 引數可以為數值常值、字串常值、字元、變數、運算式...等。

2. 每個引數依序對應前面格式字串內的轉換字串，轉換成指定格式的字串輸出。

3. 引數的個數必須和格式字串中的轉換字串個數相同，且兩者的資料型別要匹配。

4. 引數只有一個時，()括弧可以省略不用。

[例] 練習使用各種引數串列方式，來顯示「汽水 2 打 24 瓶」： (檔名：print7.py)

```
01   print('汽水 2 打 24 瓶')              #顯示字串常值「汽水 2 打 24 瓶」
02   print('汽水%d 打 24 瓶'%2)            #引數串列只有一個時，()可省略
```

```
03   print('%s%d 打%d 瓶'%('汽水',2,24))      #引數串列使用三個常值
04   dozen=2
05   print('%s%d 打%d 瓶'%('汽水',dozen,dozen*12))#引數串列使用字串、變數、運算式
```

2.7 檢測模擬試題解析

題目 (一)

撰寫程式時必須能夠識別各種常值的資料型別,請選出下列常值的正確資料型別?

1. type("False") 的資料型別為何?(A) int　　(B) float　　(C) str　　(D) bool

2. type(True) 的資料型別為何?(A) int　　(B) float　　(C) str　　(D) bool

3. type(2.0) 的資料型別為何?(A) int　　(B) float　　(C) str　　(D) bool

4. type(+2E12) 的資料型別為何?(A) int　　(B) float　　(C) str　　(D) bool

說明

1. 使用 type()函式可以取得物件的類別。第 1 題:雖然 False 為布林常值,但是前後用雙引號"括住,所以會轉為字串,因此答案為(C)。

2. 第 2 題:True 為布林常值,所以答案為(D)。

3. 第 3 題:常值 2.0 因為有小數所以為浮點數常值,因此答案為(B)。

4. 第 4 題:常值+2E12 採用科學記號實際值為 2000000000000.0 所以為浮點數常值,因此答案為(B)。如果是 type(2000000000000)則會是整數常值。題目的相關程式碼請參考 test02_01.py。

題目 (二)

將其他語言的程式碼轉換成 Python 編寫算術運算式時,請寫出下列運算子的運算優先順序。(A) 加、-減　　(B) *乘、/除　　(C) +正、-負、~非　　(D) ()括號
(E) **次方(指數)　　(F) and 且

說明

1. 程式中的運算式必須根據一套規則,才能計算出正確的結果,基本原則為由左至右依序運算,但有些運算子優先權較高必須要優先處理。運算子的優先執行順序請參閱 2.4.9 節的表格,所以答案為 D(括號)、E(次方)、C(正、負、非)、B(乘、除)、A(加、減)、F(and)。

題目 (三)

團隊成員要求您測試並記錄下列程式碼，請問執行後結果為何？

```
num1 = 18
num2 = 7
num3 = 12.9
total = (num1 % num2 * 21) // 2.0 ** 3.0 - num2
print(total)
```

(A) 輸出值為 3.0　(B) 輸出值為 3.5　(C) 輸出值為 3　(D) 發生錯誤無法執行

說明

1. 先將變數值帶入運算式中，結果為(18 % 7 * 21) // 2.0 ** 3.0 – 7。運算式運算基本原則為由左至右依序，但有些運算子優先權較高必須要優先處理。

2. 先計算 18 % 7 餘數為 4，結果為(4 * 21) // 2.0 ** 3.0 - 7。

3. 計算 4 * 21 乘積為 84，結果為 84 // 2.0 ** 3.0 - 7。

4. **次方的優先權高於//和-，所以先計算 2.0 ** 3.0 三次方為 8.0，結果為 84 // 8.0 - 7。

5. //整數除法的優先權高於-，所以先計算 84 // 8.0 值為 10，結果為 10.0 - 7。

6. 計算 10.0 – 7 時，7 會先自動轉型為 7.0 浮點數，結果為 3.0 所以答案為(A)。題目的相關程式碼請參考 test02_03.py。

題目 (四)

審視下列程式碼(行號僅供參考)後，請回答下列的問題？

```
01 s1 = '字串 1'
02 print(s1)
03 s2 = s1
04 s1 += '字串 2'
05 print(s1)
06 print(s2)
```

1. 請問第 02 行的 print 執行時顯示值為何？

(A) 字串 1　(B) 字串 1 字串 2　(C) 字串 2　(D) 字串 2 字串 1

2. 請問第 05 行的 print 執行時顯示值為何？

(A) 字串 1　(B) 字串 1 字串 2　(C) 字串 2　(D) 字串 2 字串 1

3. 請問第 06 行的 print 執行時顯示值為何？

(A) 字串 1　(B) 字串 1 字串 2　(C) 字串 2　(D) 字串 2 字串 1

說明

1. print() 函式可以將數值、字串⋯等資料，以指定的格式在螢幕上顯示出來。

2. 第 1 題：第 02 行 print(s1)敘述，因為 s1 變數值為'字串 1'，所以執行時會顯示「字串 1」，因此答案為(A)。

3. 第 2 題：因為第 04 行敘述 s1 += '字串 2'，執行後 s1 變數值為'字串 1 字串 2'，所以第 05 行的 print(s1)執行時顯示值為「字串 1 字串 2」，因此答案為(B)。

4. 第 3 題：因為第 03 行敘述 s2 = s1，執行後 s2 變數值為'字串 1'，所以第 06 行的 print(s2)執行時顯示值為「字串 1」，因此答案為(A)。題目的相關程式碼請參考 test02_04.py。

題目 (五)

已知商店的營業額(total)和顧客人數(num)，要顯示顧客的平均消費金額(avg)，輸出時必須去除小數部分，請問下列哪兩個程式碼正確？

(A) avg = int(total / num)　　　　(B) avg = total // num

(C) avg = float(total // num)　　　(D) avg = total ** num

說明

1. 已知商店營業額(total)和顧客人數(num)，要計算顧客的平均消費金額，必須將營業額除以顧客人數。答案(A)avg = int(total / num)是用 / 浮點數除法運算子，計算後再用 int()函數捨去小數，符合題目輸出時必須去除小數的要求，所以答案(A)正確。

2. 答案(B) avg = total // num 是用 // 整數除法運算子，計算後值即為整數，所以答案(B)正確。

3. 答案(C) avg = float(total // num)是用 // 整數除法運算子，計算後再用 float ()函數轉成浮點數，不符合輸出時必須去除小數的要求，所以答案(C)錯誤。

4. 答案(D) avg = total ** num 是用 ** 次方運算子，無法算出平均消費金額，所以答案(D)錯誤。題目的相關程式碼請參考 test02_05.py。

字串與格式化輸出入

- 字串資料型別
- 字串與運算子
- input()輸入函式

- 格式化輸出
- 常用的字串方法
- 檢測模擬試題解析

3.1 字串資料型別

字串資料型別是 Python 基本資料型別的一種，也就是將文、數字、符號或空白等字元所組成的一段文字，當作一個資料來處理。只要將一段文字的前後加上單引號「'」或雙引號「"」，便能將該段文字以字串的形式傳遞給程式來運用。

[例]

```
book1 = '神秘的魔法石'      # 使用單引號
book2 = "消失的密室"        # 使用雙引號
```

如果字串內容包含引號 (單引號或雙引號) 時，則整段文字要使用另一種引號來括住。

[例]

```
s1 = "I won't give up."    #使用雙引號包夾單引號
```

如果要輸入多行的字串，可以用「3 個連續的單引號或雙引號」來括住多行的字串，這種方式叫做「文字區塊」。使用文字區塊時，區塊內的空白、換行字元及單、雙引號皆可正常顯示。

[例] 列印出 ASCII 碼。(檔名：string_1.py)

```
ascii = """        ! " # $ % & '
( ) * + , - . / 0 1
2 3 4 5 6 7 8 9 : ;
```

```
           < = > ? @ A B C D E"""    #使用 3 個連續雙引號的文字區塊
print(ascii)
```

 說明

1. 執行結果顯示如下文字：

```
                ! " # $ % & '
( ) * + , - . / 0 1
2 3 4 5 6 7 8 9 : ;
< = > ? @ A B C D E
```

3.2　字串與運算子

3.2.1 字串與「+」運算子

　　使用「+」運算子，可以將兩個字串合併成一個字串。在 Python 中，字串變數是屬於不可變動，所以使用「+」運算之後其實會產生新的字串。另外，字串不能用「+」運算子和其他型別資料合併，其他型別資料必須先用 str()函式進行型別轉換。

　　[例] 以「+」合併兩個字串。(檔名：string_2.py)

```
s1 = '輕輕的我走了，正如我輕輕的來；'
s2 = '我輕輕的招手，作別西天的雲彩。'
s1 = s1 + s2
print('再別康橋：' + s1)
```

 說明

　　執行結果輸出「再別康橋：輕輕的我走了，正如我輕輕的來；我輕輕的招手，作別西天的雲彩。」。

　　[例] 以「+」合併字串和整數資料。

```
print('汽水：' + str(24) + '元')
```

 說明

　　執行結果輸出「汽水：24 元」。

　　要合併字串，也可以將要合併的字串放在同一行，字串間插入一個以上的空白字元。

　　[例] 以空白字元合併三個字串。

```
s1 = 'The ghost said, "Stop! '  "That's "  'my candy!"'
print(s1)
```

說明

1. 執行結果輸出「The ghost said, "Stop! That's my candy!"」。

2. 這種寫法因為不直覺，而且只能合併字串，無法連接字串變數，所以較少使用。

3.2.2 字串與「*」運算子

使用「*」運算子，可以複製字串。對字串型別的資料乘上某一正整數時，就能讓字串重複該整數次數。

[例] 以「*」運算子複製字串來製作分隔線。

```
s1 = '-'
print(s1 * 36)
```

說明

執行結果輸出「------------------------------------」(共有 36 個 - 字元)。

3.2.3 字串與「in」、「not in」運算子

要知道某個字元是否存在字串中，可以使用 in 運算子，若存在傳回值為 True；否則傳回 False。如果是使用 not in 運算子，就是反向查詢，傳回值會是相反的，若存在傳回值為 False；不存在則傳回 True。

[例] 檢查字元是否存在字串中。

```
ok = input_word in 'YyNn'
```

說明

通常用來檢查使用者輸入的字元是否符合要求，本例檢查是否為'Y'、'y'、'N'或'n'。

3.2.4 字串與「[]」運算子

使用「[]」運算子可以分割字串，來取得單一字元或部分字串。[ ] 必需配合字串註標值來運作，註標值可以使用正數或逆數(負數)來表示。如果是採正數，是從左向右由第 1 個元素從 0 開始編註標。若是採逆數，是從右向左由最後 1 個元素從-1 開始逆數編註標。中文字和英文字母一樣是以 1 個元素計算。請看下面圖例，字串之上的數字是正註標，下方的數字是逆註標。

一. 取得單一字元

使用「[]」運算子配合註標值讀取字串指定的單一字元，要注意註標值如果超出字串長度會產生 IndexError，語法如下：

> 字串變數名稱[註標值]

[例] 利用註標值讀取字串的單一字元。(檔名：index_1.py)

```
01 s1 = 'Python 基礎必修課'
02 print(s1[3])
03 print(s1[-2])
04 print(s1[16])
```

1. 第 2 行：輸出「h」。

2. 第 3 行：輸出「修」。

3. 第 4 行：註標值超出字串長度，所以會產生 IndexError，中斷程式執行。

二. 取得部分字元

若要取得部分的字串，可以使用以下的語法：

> 字串變數名稱[起始註標:結束註標:遞增值]

1. 起始註標、結束註標、遞增值皆可省略。

2. 起始註標是指定擷取的開始註標值，若省略代表從 0 開始。

3. 會擷取到結束註標的前一個字元，例如 3 表取到註標值 2 的字元。結束註標如果省略，此時若遞增值為正值，代表擷取到字串尾端；反之若是負值，代表擷取到字串開頭。

4. 遞增值若省略，內定值為 1，代表連續擷取；如果是 2，代表間隔 1 個元素，也就是間隔值等於遞增值減 1。如果遞增值是正值，代表由左向右取出元素；反之是負值，則由右向左取出元素。

5. 註標值若超過字串範圍時，並不會產生 IndexError。

[例] 以 s = 'Python 基礎必修課'為例，練習擷取字串。(檔名：index_2.py)

0	1	2	3	4	5	6	7	8	9	10	11
P	y	t	h	o	n		基	礎	必	修	課

	輸出結果	說明
s[:]	Python 基礎必修課	字串元素從頭擷取到尾
s[7:]	基礎必修課	字串由註標值 7 擷取到字串結尾
s[:6]	Python	字串元素從頭擷取到註標值 5
s[5:8]	n 基	字串元素從註標值 5 擷取到 7
s[9:6:-1]	必礎基	字串元素從註標值 9 逆向擷取到 7
s[::2]	Pto 礎修	字串從頭間隔 1 個字元擷取
s[::-1]	課修必礎基 nohtyP	字串從尾到頭逆向擷取
s[::-2]	課必基 nhy	字串間隔 1 個元素逆向擷取

3.2.5 input()函式

print() 函式可以顯示資料，如果要取得使用者輸入的資料，則可以使用 input()函式，其常用的語法如下：

> 變數 = input([提示字串])

1. 提示字串：作為使用者輸入資料的提示，雖然可以省略，但建議應有適當的提示。

2. 變數：變數是用來儲存使用者輸入的資料，其資料型別為字串。如果希望要做數值運算時，就必須使用 int()...等函式來轉型。

input() 函式傳回的資料型別為字串，如果要轉型為數值時，可以使用下列的函式：

> 字串轉整數：int(整數字串資料)
> 字串轉浮點數：float(浮點數字串資料)
> 字串轉數值：eval(字串資料|運算式字串)

如果使用 int()函式要轉型浮點數資料成整數，執行時會產生錯誤。但是，eval()函式可以將整數或浮點數字串，自動轉型為對應的資料型別。另外，無論是 int()、float()或 eval()函式，企圖將非數值資料字串轉型為數值，都會產生錯誤，例如 eval('python')。

eval()函式的字串引數可以是可執行運算式字串，例如 eval('2*4')、eval('x+y')、eval('print(x / y)')。但是要注意運算式必須是字串，所以 eval(2*4) 執行時會產生錯誤。

[例] 練習各種函式來轉型數值字串： （檔名：str2num.py）

```
01   s1,s2='123','12.34'
02   print(int(s1),type(int(s1)))          # 123 <class 'int'>
03   print(float(s2),type(float(s2)))      # 12.34 <class 'float'>
04   print(float(s1),type(float(s1)))      # 123.0 <class 'float'>
05   # 123 <class 'int'> 12.34 <class 'float'>
06   print(eval(s1),type(eval(s1)),eval(s2),type(eval(s2)))
07   print(eval('s1+s2'),type(eval('s1+s2')))     # 12312.34 <class 'str'>
08   eval('print(s1+s2)')                  # 12312.34
09   eval('print(2+3)')                    # 5
```

說明

1. 第 4 行：使用 float()函式可以將整數字串轉型為浮點數。

2. 第 6 行：使用 eval()函式就可以不用管是整數還是浮點數字串，會自動轉型為對應的資料型別。

3. 第 7 行：eval()函式的字串引數可以包含變數，執行時會將變數值帶入。

4. 第 8 行：eval()函式的字串引數可以是可執行運算式的字串，第 7 行可以改寫成本行寫法。

[例] 練習使用 input()函式讓使用者輸入各種資料： （檔名：input.py）

```
01   userName = input('請輸入姓名：')   #顯示「請輸入姓名：」提示，並儲存資料到 userName
02   age = int(input('請輸入年齡：'))   #顯示「請輸入年齡：」提示，轉成整數後儲存到 age
03   print('姓名：%s\t 年齡：%d 歲'%(userName,age))
```

結果

```
請輸入姓名：張小千    Enter↵
請輸入年齡：16       Enter↵
姓名：張小千 年齡：16 歲
```

3.3 格式化輸出

3.3.1 轉換字串

如果在字串中，使用由「%」符號開頭，而以 c、s、d、x、f、e 或 g 型態字元結束，中間依需求可參雜 +、-、數字以及小數點等修飾字元所成的集合稱為「轉換字串」。轉換字串是當 print()函式將字串內資料顯示時，碰到轉換字串時，會由接在後面的引數串列中依序將對應的引數，以轉換字串所指定的資料格式在此處顯示其值。轉換字串的詳細用法，請參考 2.6 小節的說明。

3.3.2 str.format()方法

Python 2.6 版後提供字串的 format()方法，也可以用來格式化輸出內容。format() 是屬於字串物件的方法，其語法如下：

> print(' …{[n] }… '.format(引數列))

字串內要代入的文字以大括弧「{n}」作代表，n 值由 0 開始依序編寫，執行時會依照編號，依序代入括弧內的引數；亦可不填編號，程式執行時會讀取對應引數列依序代入。引數列中的引數，可以使用常值或是變數。

[例] 字串的格式化輸出。(檔名：format_1.py)

```
01 s1 = '電車月票'
02 s2 = 1280
03 print('項目：{0}　金額：{1}元'.format(s1, s2))
```

1. 編號可以重複使用，例如：print('{0}{0}{1}'.format('吃', '菓'))，執行時會顯示「吃菓菓」。

2. 編號必要時也可以不依照順序，例如：print('{0}{1}{0}'.format('排', '一'))，執行時會顯示「排一排」。

如果覺得使用編號不夠直覺，也可以使用有意義的欄位名稱，語法如下：

> print(' …{欄位名稱}… '.format(欄位名稱 = 引數))

[例] 字串的格式化輸出。 (檔名：format_2.py)

```
01 str1 = '張三'
02 num1 = 17
03 print('我是{name}今年{age}歲'.format(name = str1, age = num1))
```

1. 欄位名稱可以利用字典來定義，字典名稱前要加「**」，例如：
   data = {'title':'茂谷柑', 'price':60}
   print('{title}每斤 {price} 元'.format(**data))，會顯示「茂谷柑每斤 60 元」。

2. 也可以使用串列定義引數，使用時用編號來代表串列名稱，例如：
   data = ["黑葉荔枝", "85"]
   print('{0[0]}每斤 {0[1]} 元'.format(data))，會顯示「黑葉荔枝每斤 85 元」。

大括弧內的編號或欄位名稱後，可以加上轉換字串來指定輸出格式，來強化輸出的功能，語法如下：

```
print(' …{編號|欄位名稱:轉換字串}… '.format(參數列))
```

轉換字串前要以「:」起始，轉換字串的語法如下：

```
:[修飾字元][寬度][.小數位數]型別字元
```

① 型別字元用來指定輸出資料的型別，型別必須與相對應引數的資料型別一致，下表是常用的型別字元：

資料型別	型別字元	說明
不定	r	萬用字元，以 repr 自動轉型。
字元	c	此處對應的引數以字元顯示。
字串	s	此處對應的引數以字串顯示。
整數	i 或 d 或 u	此處對應的引數以十進位整數顯示
	o 或 O	此處對應的引數以八進位整數顯示。
	x 或 X	此處對應的引數以十六進位整數顯示。
浮點數	f	此處對應的引數以[-]mmm.nnnnnn 小數型態形式來顯示。n 是精確度預設小數位數有 6 位。
	e 或 E	此處對應的引數以[-]m.nnnnnnE[+] 指數型式來表示。n 是精確度預設 6 位。
	g 或 G	以輸入值的精確度自動決定使用 e 與 f 來輸出數值。小數點後多餘的 0 會被消去。

② 轉換字串中常用的修飾字元如下表所示：

修飾字元	說明
<	靠左對齊，字串資料預設靠左對齊。
>	靠右對齊，數值資料預設靠右對齊。
^	置中對齊。
0(零)	數值前面欄位若有空白，以 0 補滿。
#	① #o：以 8 進制輸出數值前面會加 0o。 ② #x：以 16 進制輸出數值前面會加 0x。
,	數值加上千位號。
%	數值以百分比顯示。
+(正號)	若為正數，在數值最前面加正號。一般數值預設正數前不加正號，負數前面加上負號。若設定寬度比實際寬度大，資料向右靠齊。

修飾字元	說明
空白	正數前面留一個空白，負數仍顯示負數，負數時此空白為負號所取代；若未加空白，一般正數顯示時不留空白，負數前加負號。

[例] 字串的格式化輸出。 (檔名：format_3.py)

範例	輸出結果	說明
'{:.2f}'.format(0.666666)	0.67	浮點數，顯示兩位小數點。
'{:,}'.format(1000 * 1000)	1,000,000	以逗號分隔的數字格式。
'{:.2%}'.format(0.666666)	66.67%	百分比的數字格式。
'{:.0f}'.format(0.666666)	1	小數點以下四捨五入。
'|{:6}|'.format('字串')	|字串　　|	至少預留 6 位字元的空間，字串會靠左對齊。
'|{:6}|'.format(1000)	|　　1000|	至少預留 6 位字元的空間，數值會靠右對齊。
'|{:>6}|'.format('字串')	|　　字串|	「>」靠右對齊
'|{:<6}|'.format(1000)	|1000　　|	「<」靠左對齊
'{:$^6}'.format(1000)	1000	「^」置中輸出，並且在空白處填滿「$」。
'{0}{{}}'.format('顯示{}')	顯示{}{}	顯示大括弧，可由參數代入或使用「{{}}」。

Python 3.6 版之後新增了格式化字串常值（Formatted String Literal）簡稱為 f-strings，可以直接將運算式嵌入在字串常值中，大大簡化格式化輸出的寫法，其語法如下：

```
print(f'字串{變數名稱:轉換字串 }')
```

[例] 輸出兩個整數相加的值。

```
x,y = 10,15
print(f'{x} + {y} = {x + y}')   # 輸出：10 + 15 = 25
```

[例] 輸出英文姓名(使用 capitalize()函式將第一個字母大寫)。

```
name = 'jack'
print(f'我的名字是 {name.capitalize()}')   # 輸出：我的名字是 Jack
```

📖 簡 例 (檔名：interest.py)

使用者輸入存款金額(整數)、年利率(浮點數)和年數(整數)後，會計算並顯示單利的本利和。輸出時金額使用千分位顯示，年利率顯示到小數二位，年數的寬度設為 3，本利和輸出格式為寬度設為 9 小數，左側空白自動補零，整數部分用千分位顯示。

結果

```
請輸入存款金額：10000        Enter↵

請輸入年利率：0.85      Enter↵

請輸入年數：3  Enter↵

10,000 元年利率 0.85%

    3 年本利和為 010,255.0 元
```

程式碼

檔名：\ex03\ interest.py

```
01  money = int(input('請輸入存款金額：'))
02  rate = float(input('請輸入年利率：'))
03  years = int(input('請輸入年數：'))
04  print(f'{money:,}元年利率{rate:.2f}% \n{years:3}年', end='')
05  print(f'本利和為{money+money*rate/100*years:09,}元')
```

說明

1. 第 1~3 行：使用 input()函式接受輸入的資料，儲存在 money、rate、years 變數中。並分別使用 int()和 float()函式，將輸入的字串資料轉型為整數和浮點數。

2. 單利本利和公式：本金+本金*年利率*年數，其中年利率要轉為百分比所以要除以 100。

3. 第 4 行：以 f 字串進行格式化輸出，輸出格式按照題目所指示，其中「\n」字元會執行換行動作。

4. 第 5 行：以 f 字串進行格式化輸出，格式字串內為運算式，會先進行運算再輸出運算結果，因為年利率為浮點數，所以運算結果會是浮點數，輸出格式為寬度 9 字元，前面自動填零，千分位顯示，小數點顯示一位。

3.3.3 format()函式

format()函式是 Python 內建的函式，可以用來格式化輸出內容，其語法如下：

```
format(value, 格式字串)
```

① value 引數是要格式化的資料，資料型別可以是數值或字串。

② 格式字串引數是指定格式的字串，其用法和前面介紹字串的 format()方法大致相同。

③ format()函式傳回值的資料料型別為字串。

[例] 使用 format()函式格式化輸出：(檔名：format_4.py)

```
print(format(123.45, '.1f'))        #輸出 123.5

print(format('Python', '>8s'))      #輸出　△△Python( △表空格)

print(format('金額', '^6s') + format(12345.678, '012,.2f') + '元')
        #輸出 △△金額△△0,012,345.68 元)
```

3.4　常用的字串方法

　　Python 內建許多字串的方法，幾乎所有常用的字串操作都包含其中。下表中字串方法皆以 s1 及 s2 兩個字串常值為例來說明：

> #檔名：str_fun.py
> s1 = 'python 內建函式可以對字串做字串轉換、字串搜尋、字串分割。'
> s2 = 'hello world!'

方法	功能說明
find	語法：string.find(sub[, start[, end]]) 功能：從左向右搜尋 string 中第一個出現 sub 字串的註標值，如果找不到，則回傳-1。若指定搜尋範圍，只會檢視該範圍；反之從頭搜尋到字串尾端。 簡例：① print(s1.find('字串'))　　　　　#輸出結果 13 　　　② print(s1.find('字串'), 14 , 20)　　#輸出結果 16
rfind	語法：string.rfind(sub[, start[, end]]) 功能：從右向左搜尋字串中第一個出現 sub 字串的註標值，如果找不到，則回傳-1。 簡例：print(s1.rfind('字串'))　#輸出結果 26
startswith	語法：string.startswith(sub[, start[, end]]) 功能：檢查字串是否以 sub 字串開頭，如是則回傳 True；反之回傳 False。 簡例：print(s1.startswith ('字串')) #輸出結果 False
endswith	語法：string.endswith(sub[, start[, end]]) 功能：檢查字串是否以 sub 字串結尾，如是則回傳 True，反之回傳 False。 簡例：print(s1.endswith ('。')) #輸出結果 True
index	語法：string.index(sub[, start[, end]]) 功能：功能與 find()類似，差別在於搜尋不到字串時，會回傳 ValueError 錯誤訊息。 簡例：print(s1.index('字串', 17)) #輸出結果 21

方法	功能說明
rindex	語法：string.rindex(sub[, start[, end]]) 功能：功能與 rfind()類似, 差別在於搜尋不到字串時，會回傳 ValueError 錯誤訊息。 簡例：print(s1.rindex('字串', 0, 17))　#輸出結果 13
count	語法：string.count(sub[, start[, end]]) 功能：統計字串中總共含有幾個該子字串 sub。 簡例：print(s1.count('字串'))　#輸出結果 4
split	語法：string.split(sub[, count]) 功能：由左向右以 sub 分割 string 字串，最多分割 count 次數，傳回值為串列。 簡例：print(s1.split('、',1)) #輸出結果 ['python 內建函式可以對字串做字串轉換', '字串搜尋、字串分割。']
rsplit	語法：string.rsplit(sub[, count]) 功能：由右向左以 sub 分割 string 字串最多分割 count 次數。 簡例：print(s1.rsplit('、', 1)) #輸出結果 ['python 內建函式可以對字串做字串轉換、字串搜尋', '字串分割。']
join	語法：string.join(list) 功能：以 string 作為連接字元，將串列 list 元素連接成一個字串。 簡例：print(','.join(s1.split('、'))) #輸出結果 python 內建函式可以對字串做字串轉換,字串搜尋,字串分割。
replace	語法：string.replace(old,new[, count]) 功能：以 new 字串換置 old 字串。 簡例：print(s1. replace('串','元')) #輸出結果 python 內建函式可以對字元做字元轉換、字元搜尋、字元分割。
capitalize	語法：string.capitalize() 功能：字首換置成大寫，其餘字母變成小寫。 簡例：print(s2. capitalize())　#輸出結果 Hello world!
title	語法：string.title() 功能：標題化，每個單字的字首換置成大寫。 簡例：print(s2. title())　#輸出結果 Hello World!
expandtabs	語法：string.expandtabs(tabsize) 功能：字串內的 Tab 字元轉換成空格(預設值 8 個)。 簡例：print('Hello\tWorld!'.expandtabs(4)) 　　　#輸出結果 HelloΔΔΔWorld!（Δ表空格）
strip	語法：string.strip(sub) 功能：刪除字串開頭和結尾的 sub 字串，如果省略 sub 參數會刪除字串頭尾的空白字元、Tab 字元及換行字元。 簡例：print('\tHello World!\n'.strip())　#輸出結果 Hello World!

方法	功能說明
rstrip	語法：string.rstrip(sub) 功能：刪除字串結尾的 sub 字串，如果省略 sub 參數會刪除字串結尾的空白字元、Tab 字元及換行字元。 簡例：print(s2.rstrip('!')) #輸出結果 hello world
lstrip	語法：string.lstrip(sub) 功能：刪除字串開頭的 sub 字串，如果省略 sub 參數會刪除字串開頭的空白字元、Tab 字元及換行字元。 簡例：print(s2.lstrip('h')) #輸出結果 ello world!
upper	語法：string.upper() 功能：英文字串中所有字母轉換成大寫字母。 簡例：print(s2.upper()) #輸出結果 HELLO WORLD!
lower	語法：string.lower() 功能：英文字串中所有字母轉換成小寫字母。 簡例：print('ABCDEF'.lower()) #輸出結果 abcdef
swapcase	語法：string.swapcase() 功能：英文字串中所有字母，大寫字母轉換成小寫字母，小寫字母轉換成大寫字母。 簡例：print(s2.title().swapcase()) #輸出結果 hELLO wORLD!
max	語法：max(string) 功能：傳回字串中 ASCII 碼最大的字母。 簡例：print(max(s2)) #輸出結果 w
min	語法：min(string) 功能：傳回字串中 ASCII 碼最小的字母。 簡例：print(min(s2)) #輸出結果 空白鍵
len	語法：len(string) 功能：傳回字串的長度即字元數。 簡例：print(len(s2)) #輸出結果 12
center	語法：string.rjust(width[,fillchar]) 功能：字串置中對齊，width 為字串最小輸出空間，fillchar 為填滿空白的字元。 簡例：print(s2.center(18)) #輸出結果△△△hello world!△△△ (△表空格)
rjust	語法：string.rjust(width[,fillchar]) 功能：字串置右對齊，width 為字串最小輸出空間，fillchar 為填滿空白的字元。 簡例：print(s2.rjust(16, '>')) #輸出結果>>>>hello world!
ljust	語法：string.ljust(width[,fillchar]) 功能：字串置左對齊，width 為字串最小輸出空間，fillchar 為填滿空白的字元。 簡例：print(s2.ljust(16, '<')) #輸出結果 hello world!<<<<

方法	功能說明
zfill	語法：string.zfill(width) 功能：字串左側空白處填上 0 直到寬度為 width。 簡例：print(s2.zfill(16))　#輸出結果 0000hello world!
isalnum	語法：string.isalnum() 功能：檢查字串是否只由[0-9][A-Z][a-z]組成，傳回布林值。 簡例：print('3M'.isalnum())　#輸出結果 True
isalpha	語法：string.isalpha() 功能：檢查字串是否只由[A-Z][a-z]組成，傳回布林值。 簡例：print('3M'.isalpha ())　#輸出結果 False
isdigit	語法：string.isdigit() 功能：檢查字串是否只由[0-9]組成，傳回布林值。 簡例：print('3M'.isdigit ())　#輸出結果 False
isspace	語法：string.isspace() 功能：檢查字串是否皆為空白字元組成，傳回布林值。 簡例：print('A or B'.isspace ())　#輸出結果 False
islower	語法：string.islower() 功能：檢查字串是否只由小寫字母組成，非字母字元不影響判斷結果，傳回布林值。 簡例：print('abc 公司'.islower())　#輸出結果 True
isupper	語法：string.isupper() 功能：檢查字串是否只由大寫字母組成，非字母字元不影響判斷結果，傳回布林值。 簡例：print(' U-LIONS 統一獅 '.isupper ())　#輸出結果 True
istitle	語法：string.istitle() 功能：檢查字串內每個單字的的第 1 個字元是否皆為大寫，非字母字元不影響判斷結果，傳回布林值。 簡例：print(s2.istitle ())　#輸出結果 False

3.5　檢測模擬試題解析

題目 (一)

你要以下列字串產生新的序列字串。

```
s1 = '一二 AaBbCcDdEeFf 三四'
```

請回答下列敘述會產生哪一個序列字串？回答時，請在答案區選擇適當的序列字串。

1. (　) print(s1[2:26])

2. (　) print(s1[3:14:2])

答案區	(A) 二 AaBbCcDdEeFf 三四	(B) AaBbCcDdEeFf 三四
	(C) string index out of range	(D) ABCDEF
	(E) 二 abcde	(F) abcdef

說明

1. 第 1 題：因為中、英文字皆是以 1 個元素計算，所以 s1[2:26]是從註標值 2，即第三個字元 A 開始擷取字串。結束註標值大於字串長度，所以截取至字串尾端。因此答案是 (B)。

2. 第 2 題：因為 s1[3:14:2]起始註標為 3，結束註標為 14，遞增值為 2 表示每間隔 1 個元素擷取 1 個元素，所以答案是 (F)，程式檔請參考 test03_1.py。

題目 (二)

您在撰寫資安系統時需要一段程式，該程式接受使用者輸入使用者 ID，並將輸入資料顯示於使用者螢幕上。請問第 02 行要選擇哪一個敘述才能完成這段程式碼？

```
01 print('請輸入 ID：')
02
03 print(userid)
```

(A) userid = input   (B) input(userid)

(C) userid = input()   (D) input('userid')

說明

1. 要取得使用者輸入的文字資料可以使用 input()函式，由第 03 行得知變數名稱為 userid，所以答案是(C)，程式檔請參考 test03_2.py。

題目 (三)

你為東奧執委會撰寫一個 Python 程式，用來輸入三級跳遠的成績。該程式必須允許使用者輸入他們的名字和跳遠的成績。該程式將輸出選手名字和平均成績。輸出必須符合以下要求：

• 選手名字靠右對齊。

• 如果姓名少於 20 個字元，則必須在左側添加額外的空白字元。

• 平均成績的格式為 XX.XX，小數點左右兩邊各顯示二個位數。

請選取正確的程式碼片段以完成程式碼。

```
score1 = score2 = score3 = 0.0
name = input('選手姓名:')
score1 = float(input('輸入第一次跳遠成績:'))
score2 = float(input('輸入第二次跳遠成績:'))
score3 = float(input('輸入第三次跳遠成績:'))
avg = (score1 + score2 + score3) / 3
print('____①____,你的平均成績是:____②____'.format (name, avg))
```

1. 請選擇正確的程式碼放置在①的位置。

(A) {0:20s}　　(B) {0:^20s}　　(C) {0:<20s}　　(D) {0:>20s}

2. 請選擇正確的程式碼放置在②的位置。

(A) {1:5.2f}　　(B) {5.2f}　　(C) {:5.2f}　　(D) {%5.2f}

說明

1. 第 1 題:因為姓名是字串所以要用字串型別字元「s」,題目又要求靠右對齊所以要加上修飾字元「>」,另外寬度至少 20 個字元,所以①的答案是(D) {0:>20s}。

2. 第 2 題:因為平均成績的顯示格式是「XX.XX」,資料型別是浮點數型別字元要使用「f」,總寬度要設為 5(含小數點),小數點位數設為 2,所以②的答案是(A) {1:5.2f},程式檔請參考 test03_3.py。

題目 (四)

您正在撰寫一個函式來讀取資料檔案並將結果列印成格式化資料表。此資料檔案包含股票收盤的相關資訊。每筆記錄都含有股票名稱、收盤價和成交量。

您需要列印資料,以便呈現出類似下面的範例:

```
    水泥股     9.45   10,350
    食品股    50.50    2,235
```

具體而言,列印時必須符合下列需求:

• 股票名稱必須在 8 個空格寬的資料行中靠右對齊列印。

• 收盤價必須在 7 個空格寬的資料行中靠右對齊列印,而且小數點後面最多二位數。

• 成交量必須在 8 個空格寬的資料行中靠右對齊列印,而且以逗點分隔。

您撰寫了以下這段程式碼。加上行號僅為參考之用。

```
01 data = "水泥股,9.45,10350"
02 ary = data.split(",")
03 s1 = "___①___ ___②___ ___③___ "
04 print(s1.format(ary[0],eval(ary[1]),eval(ary[2])))
05 data = "食品股,50.5,2235"
06 ary = data.split(",")
07 print(s1.format(ary[0],eval(ary[1]),eval(ary[2])))
```

請選擇下方清單中適當的程式碼片段填寫至正確位置，以完成第 03 行。

(A) {:>8}　　(B) {:<8}　　(C) {:7.2}　　(D) {:7.2f}　　(E) {:8,}　　(F) {:,}

說明

1. ①的輸出要求是 8 個空格靠右，所以答案是(A)。

2. ②的輸出要求是 7 個空格寬帶二個小數點的浮點數，所以答案是(D)。

3. ③的輸出要求是 8 個空格寬顯示千分位，所以答案是(E)。程式檔請參考 test03_4.py。

題目 (五)

您為學校編寫一個 Python 程式來接受老師輸入學生姓名及成績，並以逗號分隔的格式輸出資料。請使用下列的程式碼來接受輸入。

```
01 name = input('輸入學生姓名：')
02 score = input('輸入成績：')
```

輸出格式必須符合以下要求：

• 學生姓名必須括在雙引號內。

• 成績不用引號或其他字元括起來。

• 每個項目必須用逗點隔開。

你需要完成程式碼以符合要求。下列程式片段可以符合上述要求的請在□內打勾。

(A) □ print('"{0}",{1}'.format(name, score))

(B) □ print("\"{0}\",{1}".format(name, score))

(C) □ print('"' + name + '",' + score)

(D) □ print('"{1:s}",{0:s}'.format(score,name))

說明

全部都可以輸出指定的格式，所以答案是 (A) (B) (C) (D) ，程式檔請參考 test03_5.py。

題目 (六)

請問下列敘述的功能為何？

```
01 userInput = input()
```

(A) 使用者可以在主控台中輸入文字　　(B) 建立 HTML 網頁輸入元素
(C) 顯示所有的電腦輸入裝置　　　　　(D) 顯示使用者輸入的文字訊息

說明

使用 input()函式可以取得使用者輸入的文字資料，所以答案(A)。

題目 (七)

撰寫計算使用者大約年齡的程式，執行時會要求使用者輸入使用者的出生西元年份 (bYear)，和目前的西元年份(year)，然後在訊息(msg)中輸出使用者的大約年齡(ages)。程式碼如下(行號僅供參考)，請審視程式碼後回答下列題目。

```
01 bYear = input("請輸入您出生的西元年： ")

02 year = input("請輸入現在的西元年： ")

03 ages = eval(year) - eval(bYear)

04 msg = "您的年齡為： " + str(ages)

05 print(msg)
```

1. 請問第 01 行中 bYear 的資料型別為何？(A) int　　(B) str　　(C) float　　(D) bool

2. 請問第 03 行中 ages 的資料型別為何？(A) int　　(B) str　　(C) float　　(D) bool

3. 請問第 04 行中 msg 的資料型別為何？(A) int　　(B) str　　(C) float　　(D) bool

說明

1. 第 1 題：因為 input()函式的傳回值為字串，所以第 01 行的 bYear 資料型別為字串，因此答案為(B)。

2. 第 2 題：因為 eval()函式可以將整數或浮點數字串，自動轉型為對應的資料型別，輸入的西元年字串會轉型為整數，所以第 03 行中 ages 的資料型別為整數，因此答案為(A)。

3. 第 3 題：因為 str()函式可以將數值資料轉型為字串，所以第 04 行中 msg 的資料型別為字串，因此答案為(B)。

CHAPTER

4

選擇結構

- 結構化程式設計
- 關係運算式
- 邏輯運算式

- 選擇結構
- 檢測模擬試題解析

4.1 結構化程式設計

Python 是一種高階程式語言,可以同時支援多種撰寫方式,例如:物件導向、命令、函式與程序的編寫方式;Python 也是一種「結構化程式設計」的程式語言。「結構化程式設計」技術是透過程式的模組化和程式的結構化,來簡化程式設計的流程,降低邏輯錯誤發生的機率。這種程式設計的觀念,是由上而下的程式設計,將程式中有獨立功能的程式區段分割出來使成為「模組」(Module),這些模組最後再組合成一個大的完整程式軟體。

「結構化程式設計」採用「循序結構」、「選擇結構」、「重複結構」這三個基本流程架構來設計程式。在前面章節所撰寫的程式,架構是採用由上而下一行接著一行執行的「循序結構」。本章所要介紹的程式流程,是會因條件的不同而執行不同的程式區塊,這種有選擇性的流程架構稱為「選擇結構」。下一章再來介紹「重複結構」,這種流程會在條件式成立的情況下重複執行相同的程式區段。

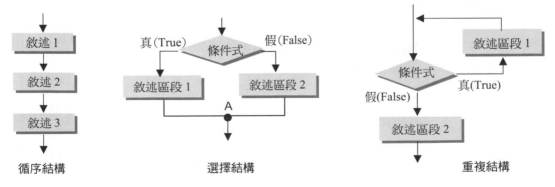

在程式語言中的條件是透過運算式來設定，Python 中能產生條件的運算式有「關係運算式」和「邏輯運算式」。運算式的結果，有條件成立與條件不成立兩種情況，由布林值來記錄運算結果。當條件成立時，運算結果的布林值為「True」(稱為「真」)；當條件不成立時，運算結果的布林值為「False」(稱為「假」)。

 Python 布林(bool)資料型別所提供的值為 True 和 False，但是當布林值進行整數運算時，True 會轉成「1」，False 會轉成「0」，此處要特別注意。

4.2 關係運算子

程式中要將兩個相同型別資料做比較時，這個比較資料的運算式子就稱為「關係運算式」。在一個最簡單的關係運算式中，必須含有兩個用來被比較的相同型別資料稱為「運算元」，也含有用來比較兩個運算元的「關係運算子」。

關係運算式比較後會傳回布林值，就是有 True 和 False 兩種結果，或者稱為「真」和「假」。關係運算式的條件若成立時，則結果會為 True(真)；條件若不成立，則結果會為 False(假)。在程式的選擇結構敘述中，可以使用關係運算式做為條件式，來決定程式的流程。

在 Python 中關係運算子是由「>」(大於)、「<」(小於)或「=」(等於)三個運算子組合成六種狀態，以供設計程式時使用。關係運算子說明如下表：

運算子	說明	簡例
== (相等)	判斷此運算子左右兩邊資料值是否相等。	10 == 10　　⇨ True(真) 15 == 3　　⇨ False(假) 4 + 2 == 1 + 5　⇨ True(真)
!= (不相等)	判斷此運算子左右兩邊資料值是否不相等。	7 != 9　　⇨ True(真) 16 != 16　　⇨ False(假) 2 * 3 != 3 * 2　⇨ False(假)
< (小於)	判斷此運算子左邊的資料值是否小於右邊的資料值。	8 < 9　　⇨ True(真) 15 < 10　　⇨ False(假) 2 < 9 - 6　⇨ True(真)

運算子	說明	簡例	
> (大於)	判斷此運算子左邊的資料值是否大於右邊的資料值。	12 > 10 2 > 3 6 * 2 > 4 * 2	⇨ True(真) ⇨ False(假) ⇨ True(真)
<= (小於等於)	判斷此運算子左邊的資料值是否小於或等於右邊的資料值。	12 <= 13 10 <= 10 10+4 <= 13	⇨ True(真) ⇨ True(真) ⇨ False(假)
>= (大於等於)	判斷此運算子左邊的資料值是否大於或等於右邊的資料值。	12 >= 13 10 >= 10 10 + 4 >= 13	⇨ False(假) ⇨ True(真) ⇨ True(真)

[例] 使用關係運算子並將結果以字串和整數格式顯示： （檔名：operator1.py）

```
01 k=5;
02 i = 'A'>'B';
03 j = ((5+i) == k);
04 k = 5+(100<50)*3+(-20!=20)*2;
05 print("以字串顯示：")
06 print('i=%s, j=%s, k=%s '%(i,j,k))      #顯示 i=False, j=True, k=7
07 print("以整數顯示：")
08 print('i=%d, j=%d, k=%d '%(i,j,k))      #顯示 i=0, j=1, k=7
```

🎙️說明

1. 第 2 行： A 字元的 ASCII 碼為 65，B 字元的 ASCII 碼為 66。'A' 與 'B' 比大小時會以 ASCII 碼值做比較，'A' > 'B' 等於 65 > 66，比較結果為 False(假)，所以 i = False。

2. 第 3 行：5+i 因為 i 是 False 會轉型為 0，所以運算式為 5+0 == 5，比較結果為 True(真)，所以 j =True。

3. 第 4 行：因(100 < 50)結果 False(假)，(-20 != 20) 結果為 True(真)；整個運算式為 k = 5+0×3+1×2 = 7，所以 k = 7。

4. 第 6 行：以字串方式顯示 i、j、k 的值，分別顯示為 False、True 和 7。

5. 第 8 行：以整數方式顯示 i、j、k 的值，分別顯示為 0、1 和 7。

4.3 邏輯運算式

當要把多個關係運算式一起做判斷時，便需要使用「邏輯運算子」來連結運算，這種運算式稱為「邏輯運算式」。邏輯運算式運算後會傳回布林值，就是有 True 和 False 兩種結果，或者稱為「真」和「假」。在程式的選擇結構敘述中，也可以使用邏輯運算式來做為條件式，來決定程式的流程。Python 提供的邏輯運算子如下：

1. **and (且)** 邏輯運算子

   當 and 運算子左右兩邊有 <條件式 A> 和 <條件式 B>，若 <條件 A > 和 <條件 B> 的運算結果皆不為 False(假)，則「A and B」這個邏輯運算式的結果為 True(真)；否則為 False(假)。and 邏輯運算子的運算結果如下表：

A	B	A and B
True	True	True
True	False	False
False	True	False
False	False	False

   [例] 溫度(temper)高於 30 而且不超過 38 的條件式寫法：

   ```
   (temper > 30) and (temper <= 38)
   ```

2. **or (或)** 邏輯運算子

   當 or 運算子左右兩邊的 <條件 A > 和 <條件 B>，只要其中一個條件運算結果為 True(真) 時，則「A or B」這個邏輯運算式的結果為 True(真)，若兩個條件皆為 False(假)時，「A or B」這個條件式的結果才會為 False(假)。or 邏輯運算子的運算結果如下表：

A	B	A or B
True	True	True
True	False	True
False	True	True
False	False	False

   [例] 分數(score)必須介於 0~100 之間，無效分數的條件式寫法：

   ```
   (score < 0) or (score > 100)
   ```

3. **not (相反)** 邏輯運算子

not 運算子是單一的條件式運算，主要是把條件式的結果運算成相反結果，即 True⇨False，False⇨True。not 邏輯運算子的運算結果如下表：

A	not A
True	False
False	True

[例] 練習使用邏輯運算子，並將運算的結果顯示出來： （檔名：operator2.py）

```
01 x=8
02 y=3
03 i = (y==3) and (x<3)
04 j = (x+y==11) or (y>8)
05 k = not((x<=y) and (x>y) or ('A'>'C'))
06 print(f'i={i}, j={j}, k={k}')        #顯示 i=False, j=True, k=True
```

📖 說明

1. 第 3 行：i = (y==3) and (x<3)
    → i = (3==3) and (8<3)
    → i = (True) and (False)
    → i = False

2. 第 4 行：j = (x+y==11) or (3>8)
    → j = (8+3==11) or (3>8)
    → j = (True) or (False)
    → j = True

3. 第 5 行：k = not ((x<=y) and (x>y) or ('A'>'C'))
    → k = not ((8<=3) and (8>3) or False)
    → k = not ((False and True) or False)
    → k = not (False or False)
    → k = not (False)
    → k = True

4. 第 6 行：顯示 i、j、k 的值，會分別顯示為 False、True 和 True。

4.4 選擇結構

由上而下一行接一行逐行執行，即使再執行一次其流程仍不會改變，此種程式架構稱為「循序結構」。但是較複雜的程式會應程式的需求，依照條件式的不同而進行不同的執行流程，而得到不同的結果，這種架構就是「選擇結構」。舉一個日常生活的例子：如果 (if) 今天天氣好就去郊遊，否則 (else) 就待在家裡看電視，就是一種「選擇結構」。Python 提供的 if 選擇結構敘述如下：

1. 單向選擇： if ...
2. 雙向選擇： if ... else ...
3. 巢狀選擇： if ... else ...
4. 多向選擇： if ... elif ... else

選擇結構中會有條件式，依照條件式的不同會執行不同的程式流程。條件式可以使用前面介紹的關係和邏輯運算式來編寫。

4.4.1 單向選擇 if...

所謂「單向選擇」是指當 if 的條件式成立為 True 時，即會執行 if 條件式「:」冒號後面縮排的敘述區段；若 if 的條件式不成立為 False 時，則跳過 if 單向選擇結構，執行縮排敘述區段後的敘述。語法及流程圖如下：

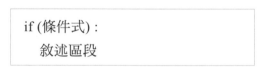

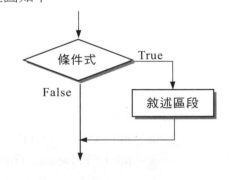

if 後面條件式的左右括號()亦可省略，但條件式加上左右括號較容易閱讀程式。

[例] 求 num 的絕對值。

```
if (num < 0) :          #省略左右括號()亦可寫為 if num < 0 :
    num = -num
```

[例] 成績在 55 分以上未達 60 分者，以 60 分計分。

```
if ((score >= 55) and (score < 60)) :
    score = 60
    print('差強人意,通融過關')
```

Python3.8 中新增「:=」指定表式(Assignment Expressions 或稱指派表示式)，因為符號很像海象臉部的眼睛和長牙，因此被暱稱為海象運算子。指定表式可縮短程式碼加快執行速度，但會降低可讀性，可自行視需求使用。例如：

score = 65
if (score >= 60):
    print('及格')

使用海象運算子時，可以改寫為：

if ((score:= 65) >= 60):
    print('及格')

4.4.2 雙向選擇 if...else...

所謂「雙向選擇」是指當條件式成立時，即執行 if 條件式「:」冒號後面的敘述區段 1；若條件式不成立時，則執行 else「:」冒號後面的敘述區段 2。語法及流程圖如下：

```
if (條件式) :
    敘述區段 1
else :
    敘述區段 2
```

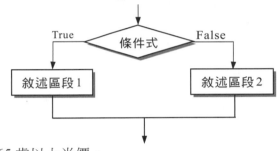

[例] 門票 300 元，若年齡低於 10 歲或 65 歲以上半價。

```
if (age < 10 or age >= 65) :
    price = 150
else :
    price = 300
```

[例] 根據成績及格或不及格，給予不同回饋。

```
if (score > 60) :
    print('及格');
    print('恭喜過關！')
else :
    print('不及格')
    print('明年再會！')
```

注意選擇結構中同一敘述區段的敘述縮排長度要相同，不可以長短不一，執行時會造成錯誤。所以建議使用 Tab 鍵來做縮排，長度一致才不易出錯。要增加縮排可再按一次 Tab 鍵，減少縮排則可按 Backspace 退位鍵。

簡 例 (檔名：password.py)

輸入密碼，若密碼正確，顯示「密碼正確，歡迎光臨」；若密碼不正確，顯示「密碼錯誤，拒絕進入」。

結 果

> 請輸入密碼：gotop168 [Enter↵]
> 密碼正確，歡迎光臨

密碼正確情形

> 請輸入密碼：ting168 [Enter↵]
> 密碼錯誤，拒絕進入

密碼錯誤情形

程式碼

檔名：\ex03\password.py

```
01 pw = input('請輸入密碼:')
02 if (pw=="gotop168") :
03     print('密碼正確，歡迎光臨')
04 else :
05     print('密碼錯誤，拒絕進入')
```

說明

1. 第 1 行：使用 input()輸入函式取得使用者輸入的資料並指定給 pw 變數，input() 函式所讀取的資料為字串型別。

2. 第 2~5 行：使用雙向選擇 if…else…結構檢查 pw 變數值，若正確就執行第 3 行；否則執行第 5 行。

4.4.3 巢狀選擇 if...else...

所謂「巢狀選擇」是指 if 或 else 的敘述區段裡面，還有 if … 或 if … else …選擇結構，巢狀選擇結構就是將雙向選擇延伸成多向選擇。語法及流程圖如下：

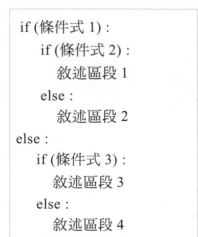

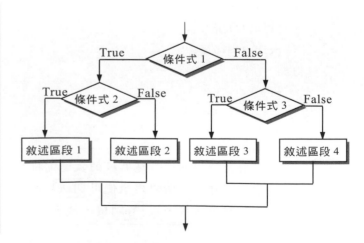

簡例 (檔名：max.py)

給予三個整數，使用巢狀選擇結構來找出三個整數中的最大數。

結果

三個整數分別為 34, 100, -67

比較結果：最大數為 100

程式碼

檔名：\ex03\max.py

```
01 n1=34
02 n2=100
03 n3=-67
04
05 print(f'三個整數分別為 {n1}, {n2}, {n3}')
06 if (n1>n2) :        #判斷 n1 是否大於 n2
07     if(n1>n3) :      #判斷 n1 是否大於 n3
08         max=n1
09     else :
10         max=n3
11 else :
12     if(n2>n3) :      #判斷 n2 是否大於 n3
13         max=n2
14     else :
15         max=n3
16 print()
17 print(f'比較結果：最大數為 {max}')
```

說明

1. 第 1~3 行：指定 n1、n2、n3 的值。

2. 第 6~15 行：為巢狀選擇結構，先判斷 n1 是否大於 n2，若是就判斷 n1 是否大於 n3(第 7~10 行)；否則判斷 n2 是否大於 n3(第 12~15 行)。

3. 第 6~10 行：若 n1 > n2 且 n1 > n3，則執行第 8 行，將 n1 值存入 max 變數中；若 n1 > n2 且 n1 < n3，則執行第 10 行，將 n3 值存入 max 變數中。兩者執行完畢跳到第 16、17 行執行。

4. 第 12~15 行：若 n1 < n2 且 n2 > n3，執行第 13 行，將 n2 值存入 max 變數中；若 n1 < n2 且 n2 < n3，則執行第 15 行，將 n3 值存入 max 變數中。兩者執行完畢跳到第 16、17 行執行。

4.4.4 多向選擇 if...elif...else

當選擇的項目超過兩個，除了可以使用巢狀選擇結構外，也可以使用「多向選擇」結構來處理。其使用方式就是除了在第一個條件使用 if 判斷外，其他條件都使用 elif 來判斷，最後再以 else 來處理剩下的可能性。語法及流程圖如下：

```
if (條件式 1) :
    敘述區段 1
elif (條件式 2) :
    敘述區段 2
......
elif (條件式 N) :
    敘述區段 N
else :
    敘述區段 N+1
```

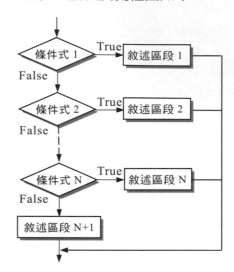

簡例 (檔名：movie.py)

根據最低年齡制定電影分級，電影分級的規則如下：

① 普遍級：0 歲以上皆可欣賞。

② 保護級：6 歲(含)以上皆可欣賞。

③ 輔導級：12 歲(含)以上皆可欣賞。

④ 限制級：18 歲(含)以上皆可欣賞。

⑤ 預設為普遍級。

結果

請輸入年齡(正整數)：24 `Enter↵`
年齡 24 歲最高可看限制級電影

請輸入年齡(正整數)：6 `Enter↵`
年齡 6 歲最高可看保護級電影

程式碼

檔名：\ex03\movie.py

```
01 age=int(input('請輸入年齡(正整數)：'))
02 rating = "普遍級"
03 if age >= 18:
04     rating = "限制級"
05 elif age >= 12:
```

```
06      rating = "輔導級"
07 elif age >= 6:
08      rating = "保護級"
09 else:
10      rating = "普遍級"
11 print(f'年齡{age}歲最高可看{rating}電影')
```

說明

1. 第 1 行：使用 input()函式取得輸入的字串，再使用 int()函式轉成整數，接著將整數指定給 age 變數，此變數代表使用者所輸入的年齡。

2. 第 2 行：設 rating = "普遍級"，來預設電影為"普遍級"。

3. 第 3,4 行：若 age >= 18 條件成立，則改設 rating = "限制級"。

4. 第 5,6 行：若 age >= 12 條件成立，則改設 rating = "輔導級"。

5. 第 7,8 行：若 age >= 6 條件成立，則改設 rating = "保護級"。

6. 第 9,10 行：其餘就設 rating = "普遍級"。

4.5　檢測模擬試題解析

題目 (一)

下列為兩數大小比較的程式碼(行號僅供參考)，請回答下列問題。

```
01 n1 = eval(input("請輸入第一個數字："))
02 n2 = eval(input("請輸入第二個數字："))
03 if n1 < n2:
04      print("第一個數字較小")
05 if n1 >= n2:
06      print("第一個數字較大")
07 if n1 == n2:
08      print("二個數字相等")
09 if n2 = n1:
10      print("二個數字相等")
```

1. 第 04 行的敘述只有當 n1 小於 n2 時才會執行。(A) 正確　(B) 錯誤

2. 第 06 行的敘述只有當 n1 大於 n2 時才會執行。(A) 正確　(B) 錯誤

3. 第 08 行的敘述只有當 n1 等於 n2 時才會執行。(A) 正確　(B) 錯誤

4. 第 09 行的敘述無法正確執行。(A) 正確　(B) 錯誤

說明

1. 第 1 題：第 04 行的敘述只有當第 03 行的條件成立才會執行，所以題目正確因此答案為 (A)。

2. 第 2 題：第 05 行的條件式是 n1 大於等於 n2，所以題目錯誤因此答案為 (B)。

3. 第 3 題：第 07 行的條件式是 n1 等於 n2，所以題目正確因此答案為 (A)。

4. 第 4 題：因為兩數相等的運算子為==而非=，所以第 09 行的敘述無法正確執行，因此答案為(A)。題目相關的程式碼請參考 test04_01.py。

題目 (二)

下列程式碼是根據玩家目前的點數(points)和等級(grade)，來決定玩家的最終點數，請問程式執行後輸出值為何(行號僅供參考)？

```
01 points = 1876
02 grade = 5
03 if points > 2000 and grade >=5:
04      points += 100
05 elif points > 1000 and grade >5:
06      points += 50
07 else:
08      points -=50
09 print(points)
```

(A) 1826　(B) 1876　(C) 1926　(D) 1976

說明

因為 points = 1876 和 grade = 5，所以不符合第 03 行 points > 2000 and grade >=5 的條件，也不符合第 05 行 points > 1000 and grade >5 的條件，所以會執行第 08 行的敘述，所以 points-50 變數值為 1826，所以答案為(A)。題目相關的程式碼請參考 test04_02.py。

題目 (三)

下列為檢查使用者輸入的整數位數，是一位、二位還是超過二位數的程式碼(行號僅供參考)，請回答以下問題來完成程式：

```
01 n = int(input("請輸入一~二位數的整數："))
02
03      digit = "一"
04
```

```
05      digit = "二"
06
07      digit = "大於二"
08 print("%d是%s位數"%(n, digit))
```

1. 請問第 02 行應該填入下列哪段敘述？

(A) if n >-10 and n <10:　　　　　(B) if n >-100 and n < 100:

(C) if n > -10 or n < 10:　　　　　(D) if n > -100 or n < 100:

2 請問第 04 行應該填入下列哪段敘述？

(A) if n > -100 and n < 100:　　　(B) elif n > -100 and n < 100:

(C) if n > -10 and num < 10:　　　(D) elif n > -10 and n < 10:

3. 請問第 06 行應該填入下列哪段敘述？

(A) else:　(B) elif:　(C) elseif:　(D) if:

説明

1. 第 01 行用 input() 函式接受輸入，並用 int() 函式轉成整數存在變數 n 中。

2. 第 1 題：因為第 03 行設 digit = "一"，表示要篩選出一位數整數，敘述應為：
   if n >-10 and n <10:，所以答案為(A)。

3. 第 2 題：因為第 05 行設 digit = "二"，表示要篩選出二位數整數，敘述應為：
   elif n > -100 and n < 100:，所以答案為(B)。

4. 第 3 題：因為是 if 選擇結構剩餘的部分，敘述應為：else:，所以答案為(A)。
   題目相關的程式碼請參考 test04_03.py。

題目 (四)

下列為換算成績等級的程式碼，換算的規則如下：

• 90(含)~100 分為「優」。

• 80(含)~89 分為「甲」。

• 70(含)~79 分為「乙」。

• 60(含)~69 分為「丙」。

• 0(含)~59 分為「丁」。

請回答以下問題來完成程式(行號僅供參考)：

```
01 score = int(input("請輸入分數"))
02
03      grade = '優'
04
05      grade = '甲'
```

```
06
07     grade = '乙'
08
09     grade = '丙'
10 else:
11     grade = '丁'
12 print("成績等級為：", grade)
```

1. 請問第 02 行應該填入下列哪段敘述？

(A) if score <= 90:　　(B) if score >= 90:　　(C) if score > 90:　　(D) if score == 90:

2. 請問第 04 行應該填入下列哪段敘述？

(A) if score >= 80:　　(B) elif score == 80:　　(C) elif score > 80:　　(D) elif score >= 80:

3. 請問第 06 行應該填入下列哪段敘述？

(A) if score >= 70:　　(B) elif score == 70:　　(C) elif score > 70:　　(D) elif score >= 70:

4. 請問第 08 行應該填入下列哪段敘述？

(A) if score >= 60:　　(B) elif score == 60:　　(C) elif score >60:　　(D) elif score >= 60:

說明

1. 第 1 題：因為分數大於等於 90 就屬於優級，第 02 行敘述應為 if score >= 90:，所以答案為(B)。

2. 第 2 題：因為分數 80(含)~89 分為甲級，第 04 行敘述應為 elif score >= 80:，所以答案為(D)。第 3、4 題寫法和第 2 題類似，所以答案都為(D)。題目相關的程式碼請參考 test04_04.py。

題目 (五)

下列為計算單車出租費用的程式碼，費用計算規則如下：

• 出租一天費用是每天 100 元。

• 如果在晚上 10 點後返還，將加收一天額外的費用。

• 如果是在星期天(Sunday)租借，可享八折優惠。

• 如果是在星期三(Wednesday)租借，可享六折優惠。

請回答以下問題來完成程式：(行號僅供參考)：

```
01 onTime = input("單車是否在晚上 10 點前返還？(請填 y 或 n)").lower()
02 days = int(input("請輸入單車出租天數？"))
03 weekday = input("單車是在星期幾出租?(請用英文)").capitalize()
04 money = 100
05 if onTime
06     days += 1
```

```
07 if weekday                :
08     total = (days * money) * 0.8
09 elif weekday                :
10     total = (days * money) * 0.6
11 else:
12     total = (days * money)
13 print("單車的出租費用總計為 : ", int(total), "元")
```

1. 請問第 05 行應該填入下列哪個指令？

(A) != "n":　　(B) == "n":　　(C) == "y":　　(D) = "y":

2. 請問第 07 行應該填入下列哪個指令？

(A) == "Sunday":　　(B) >= "Sunday":　　(C) is "Sunday":　　(D) ="Wednesday":

3. 請問第 09 行應該填入下列哪個指令？

(A) == "Wednesday":　　(B) >= "Wednesday":　　(C) is "Wednesday":　　(D) ="Sunday":

說明

1. 第 1 題：因為晚上 10 點後才返還會加收一天費用，第 05 行敘述應為 if onTime==
   "n":，所以答案為(B)。另外，第 01 行的 lower()函式會將字母轉成小寫。

2. 第 2 題：因為星期天(Sunday)租借將享八折，第 07 行敘述應為 if weekday==
   "Sunday":，所以答案為(A)。另外，第 03 行的 capitalize ()函式會將第一個字母
   大寫其餘字母小寫。

3. 第 3 題：因為星期三(Wednesday)租借將享六折，第 09 行敘述應為 if weekday==
   "Wednesday":，所以答案為(A)。題目相關的程式碼請參考 test04_05.py。

題目 (六)

請由下列敘述區段中選出四個，並依序組合成檢查輸入字串中是否有大小寫字母
的程式。

(A) word = input("請輸入英文單字：")

(B) elif word.upper() == word:
　　　print(word, "全部大寫字母")

(C) else:
　　　 print(word, "是小寫字母")

(D) else:
　　　print(word, "有大和小寫字母")

(E) if word.lower() == word:
　　　print(word, "全部小寫字母")

(F) else:
　　　print(word, "是大寫字母")

1. 要檢查輸入字串中是否有大小寫字母，首先要有輸入的字串，所以第一個敘述為(A) word = input("請輸入英文單字：")

2. 要判斷大小寫字母可使用 if 選擇結構，所以第 2 個敘述區段為(E)。敘述區段 E 用 lower()函式將輸入字串轉成小寫，若和原字串相同表示全部為小寫字母。

3. 判斷出全部小寫字母，接著判斷是否是全部為大寫字母，所以第 3 個敘述區段為(B)。敘述區段 B 以 elif 開頭，用 upper ()函式將輸入字串轉成大寫，若和原字串相同表示全部為大寫字母。

4. 判斷出全部小寫和全部大寫字母後，剩下的就是混合有大和小寫字母，所以第 4 個敘述區段為(D)。敘述區段 D 以 else 開頭，處理選擇結構剩餘的部分。因此答案依序為(A)、(E)、(B)、(D)，題目相關的程式碼請參考 test04_06.py。

題目 (七)

下列為換算成績(0~100)等級的程式碼，換算的規則如下：

- 90(含)~100 分為「優」。
- 80(含)~89 分為「甲」。
- 70(含)~79 分為「乙」。
- 其它分數為「不及格」。

請在以下空格填入適當指令來完成程式(行號僅供參考)，指令的代碼如下：
(A) elif　　(B) if　　(C) for　　(D) else　　(E) or　　(F) and　　(G) not

```
01    ____①____   score  <=100:
02              ____②____   score  >=90:
03                  print('成績等級為優')
04        ____③____   score  >=80:
05                  print('成績等級為甲')
06        ____④____    score  <80   ____⑤____   scrre > 69:
07                  print('成績等級為乙')
08              ____⑥____
09                  print('成績不及格')
10    ____⑦____
11            print('輸入的成績不正確')
```

1. 本題目為巢狀選擇結構，外層選擇結構先過濾 score 分數必須小於等於 100，所以第①題答案為(B) if，第⑦題答案為(D) else。

2. 第 02~09 行為內層選擇結構，第②題先判斷分數必須大等於 90，所以答案為 (B)if。而第③、④題寫法為多向選擇，故答案為(A) elif。第⑤題判斷分數要介於 79~70 之間，故答案為(F) and。第⑥題用來處理分數不及格部份，所以答案為(D) else。題目相關的程式碼請參考 test04_07.py。

題目 (八)

下列為遊樂場門票費用的函式 price()，門票費用的規則如下：

- 未滿 6 歲免費入場。
- 年滿 6 歲以上的當地居民門票為 100 元。
- 6～17 歲的非當地居民門票為 200 元。
- 超過 17 歲的非當地居民門票為 500 元。

請回答以下問題來完成程式(行號僅供參考)：

```
01 def price(age, locate):
02     money = 0
03
04         money = 100
05
06
07             money = 200
08         else:
09             money = 500
10     return money
```

1. 請問第 3 行應該填入下列哪段敘述？

(A) if age >= 6 and locate == True:　　(B) if age >= 6 and age <=17:

(C) if age >= 6 and locate == False:　　(D) if age > 6 and locate == True:

2. 請問第 5 行應該填入下列哪段敘述？

(A) elif age >= 6 and locate == False:　　(B) else age >= 6 and locate == False:

(C) elif age >= 6 or locate == True:　　(D) else age >= 6 or locate == True:

3. 請問第 6 行應該填入下列哪段敘述？

(A) if age >= 6 and locate == True:　　(B) if age >= 6 and locate == False:

(C) if age <= 17:　　(D) if age > 17:

說明

1. 第 01 行敘述是當呼叫 price()自定函式時，會傳入 age(年齡)和 locate(居民)兩個變數值，運算後由第 10 行敘述將 money(門票金額)傳回。函式的相關用法，將在第 7 章再做詳細的說明。

2. 第 1 題：因為第 04 行設 money = 100，表示要篩選出年滿 6 歲以上的當地居民，敘述應為：if age >= 6 and locate == True:，所以答案為(A)。

3. 第 2 題：第 05 行先篩選出年滿 6 歲以上的非當地居民，敘述應為：elif age >= 6 and locate == False:，因此答案為(A)。

4. 第 3 題：第 06 行再篩選出年齡小於 17 歲門票為 200，敘述應為：if age <= 17:，因此答案為(C)。題目相關的程式碼請參考 test04_08.py。

題目 (九)

下列為一個除法函式 divide()，函式中檢查分母不能為零，以及需要分子和分母兩個數值。請回答以下問題來完成程式。

```
01 def divide(num1, num2):
02
03         print('分母不能為零')
04
05         print('需要兩個數值')
06     else:
07         return num1 / num2
```

1. 請問第 02 行應該填入下列哪個敘述？

(A) if num2 == 0:　　(B) if num2 = 0:　(C) if num2 != 0:　(D) if num2 in 0:

2. 請問第 04 行應該填入下列哪個敘述？

(A) elif num1 is None or num2 is None:　　(B) elif num1 is None and num2 is None:

(C) elif num1 = None or num2 = None:　　(D) elif num1 = None and num2 = None:

說明

1. 第 01 行敘述是當呼叫 divide()自定函式時，會傳入 num1(分子)和 num2(分母)兩個變數值，若分母不為零和有兩變數，運算後由第 07 行將相除的結果傳回。

2. 第 1 題：因為第 03 行 print('分母不能為零')，第 02 行敘述應為：if num2 == 0:，所以答案為(A)。

3. 第 2 題：繼續篩選需要分子和分母兩個數值，敘述應為：elif num1 is None or num2 is None:，所以答案為(A)。Python 語言中的 None 代表空(不含任何值)，因為 None 為一種物件，所以可使用 is 運算子，或使用==運算子。題目相關的程式碼請參考 test04_09.py。

題目 (十)

下列為計算方根的函式 get_root()，方根計算的規則如下：

- 函式接受 x、y 兩個參數。
- 如果 x 不是負數，則傳回值為 x ** (1 / y)。
- 如果 x 是負數而且為偶數，則傳回值為"虛數"。
- 如果 x 是負數而且為奇數，則傳回值為 -(-x) ** (1 / y)。

請回答以下問題來完成程式：

```
01 def get_root(x, y):
02
03             root = x ** (1 / y)
04
05
06                 root = "虛數"
07
08                 root = -(-x) ** (1 / y)
09     return root
```

1. 請問第 02 行應該填入下列哪個敘述？

(A) if x >= 0:　(B) if x % 2 == 0:　(C) elif:　(D) else:

2. 請問第 04 行應該填入下列哪個敘述？

(A) if x >= 0:　(B) if x % 2 == 0:　(C) elif:　(D) else:

3. 請問第 05 行應該填入下列哪個敘述？

(A) if x >= 0:　(B) if x % 2 == 0:　(C) elif:　(D) else:

4. 請問第 07 行應該填入下列哪個敘述？

(A) if x >= 0:　(B) if x % 2 == 0:　(C) elif:　(D) else:

說明

1. 第 01 行敘述是當呼叫 get_root()自定函式時，會傳入 x 和 y 兩個變數值，運算後由第 09 行敘述將方根值 root 傳回。

2. 使用巢狀選擇結構，先篩選出 x 大於等於零，若 x 小於零就再篩選出偶數和奇數。第 1 題：要篩選出 x 為正數，敘述應為：if x >= 0:，所以答案為(A)。

3. 第 2 題：處理 x 為負數的部分，敘述應為：else:，因此答案為(D)。

4. 第 3 題：要篩選出 x 為偶數，敘述應為：if x % 2 == 0:，所以答案為(B)。

5. 第 4 題：繼續處理 x 為奇數的部分，敘述應為：else:，因此答案為(D)。題目相關的程式碼請參考 test04_10.py。

CHAPTER

5

重複結構

- 何謂迴圈
- for 迴圈
- while 迴圈
- continue 與 break

- 巢狀迴圈
- 無窮迴圈
- 檢測模擬試題解析

5.1　for 迴圈

5.1.1 何謂迴圈

結構化的程式是以循序(sequence)、選擇(selection)及重複(repetition)三種基本邏輯架構所組成。上一章已經學習了「選擇結構」，本章將繼續學習「重複結構」也稱為迴圈。

程式流程如果執行到重複結構時，會一直重複迴圈敘述，直到某一特定條件不成立，或是一集合體中的所有元素都已巡訪過，程式流程才會脫離迴圈，繼續循序向下執行。換句話說，重複結構就是我們只需撰寫一次，就可以連續多次執行的程式碼區塊。

5.1.2 range 函式

range()是 Python 的內建函式，功能是產生一個整數串列，語法如下：

```
方法 1
    range(終值)
方法 2
    range(初值, 終值[, 間隔值])
```

說明

1. **初值**：是串列的初始值，為非必要參數。如果省略初值時，則預設串列初值為 0。

2. **終值**：是串列的終止值，此為必要參數不可省略。

3. **間隔值**：是串列的間隔值，該值可以為正值、負值或者省略。如果省略時，則預設間隔值為 1。假如間隔值是負值，則串列是遞減序列。

[例] 建立 0 ～ 9 串列

```
range(10)
```

[例] 建立 1 ～ 6 串列

```
range(1, 7)
```

[例] 建立 2、4、6、8、10 串列

```
range(2, 11, 2)
```

5.1.3 for 敘述

for 迴圈通常配合串列來運作，迴圈執行時會依序取出串列元素，指定給迴圈變數，一直到串列內無元素為止。for 迴圈敘述要以「:」冒號為結尾，迴圈區塊要往後縮排。如果迴圈區塊只有一行程式碼時，迴圈區塊可以接續在冒號後面。語法如下：

```
for 迴圈變數  in 串列:
    迴圈區塊
```

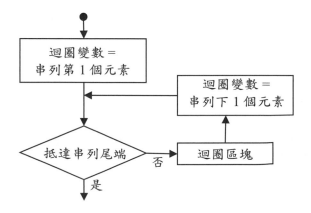

[例] 使用 for 迴圈，撰寫一輸出字串的程式。（檔名：for_1.py）

```
01 for x in 'Python':
02     print(x)  # Python 以直行輸出
```

 說明

1. 本例是以字串為串列，串列元素內容為['P', 'y', 't', 'h', 'o', 'n']，for 迴圈會依序取出字元指定給變數 x。

2. 因為迴圈區塊只有一行敘述，所以亦可撰寫於 for 敘述之後。寫法如下：

```
01 for x in 'Python': print(x)
```

[例] 使用 for 迴圈，撰寫一計算 1～10 之間所有整數加總，並且輸出計算結果的程式。(檔名：for_2.py)

```
01 sum = 0
02 for x in range(1, 11):
03     sum += x
04 print(sum) # 輸出 55
```

說明

1. 第 2 行：產生元素內容為 1、2、3、…、8、9、10 的串列。

2. 第 4 行：如果向右縮排和第 3 行對齊的話，表示這兩行皆屬於迴圈區塊，所以每一次迴圈都會輸出一次計算結果。由此可知程式碼的縮排，會影響到程式流程。

```
03     sum += x
04     print(sum) # 無縮排,會輸出 1、3、6、…、36、45、55
```

3. 多行迴圈程式碼的縮排必須要對齊，如果沒有對齊，程式將無法正確執行。如下：

```
02 for x in range(1, 11):
03     sum += x
04   print(sum) # 縮排未對齊,所以無法執行
```

縮排時請按 Tab 鍵，會縮排固定的距離。如果要取消縮排時，則按 ⇧ Shift + Tab 鍵。

5.1.4 for...else 敘述

for 迴圈還可以加上 else 敘述與 else 敘述區塊。當 for 迴圈正常結束後，程式流程會執行 else 敘述區塊一次，同樣的 else 敘述要以冒號為結尾，敘述區塊要往右縮排。語法如下：

```
for 迴圈變數 in 串列:
    for 迴圈區塊
else:
    else 敘述區塊
```

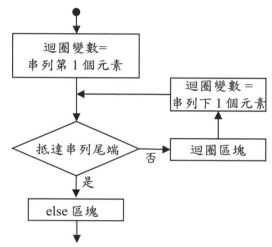

[例] 使用 for...else 迴圈，撰寫一個輸出字串內容的程式。程式要求：最後輸出「字串輸出完畢!」。(檔名：for_3.py)

```
01 for x in 'Python':
02     print(x)
03 else:
04     print('字串輸出完畢!')
```

 說明

1. 第 1、2 行：for 迴圈會逐行輸出字串內之字元。

2. 第 3、4 行：如果 for 迴圈正常結束，程式流程會執行 else 區塊輸出「字串輸出完畢!」字串。

5.2 while 迴圈

5.2.1 while 敘述

while 迴圈在迴圈開始前，會先檢查條件式是否成立，如果不成立，程式流程會略過迴圈區塊，向下繼續執行。反之，程式流程會在迴圈內循環，直到條件式的結果不成立，才會脫離迴圈。語法如下。

```
while (條件式):
    while 迴圈區塊
```

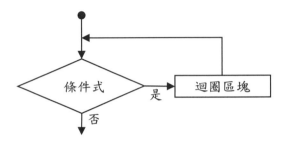

[例] 使用 while 迴圈，計算 1+2+ … +9+10=？ (檔名：while_1.py)

```
01 i = 1
02 sum = 0
03 while(i <= 10):
04     sum += i
05     i += 1
06 print(sum)
```

說明

1. 第 3~5 行：為 while 迴圈，i 初值為 1，符合 i<=10 的條件式，所以會執行 4、5 行的迴圈區塊。直到 i 的變數值為 11，不符合 i<=10 的條件式，會脫離迴圈，執行第 6 行敘述。

2. 第 5 行：i 的變數值加 1，如果省略此行，i 的變數值將不會有不符合 i<=10 的情形，永遠不會脫離迴圈。所以，撰寫 while 迴圈程式時，必須要有不符合條件式的情形，程式才能正確執行。

5.2.2 while...else 敘述

　　while 迴圈也可以加上 else 區塊，此時如果 while 迴圈正常結束，或因條件式不成立而略過迴圈區塊時，皆會執行 else 區塊。語法如下。

```
while (條件式):
    迴圈區塊
else:
    else 區塊
```

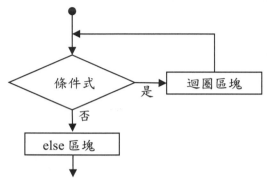

[例] 使用 while...else 迴圈，撰寫一個倒數 10～1 的程式，倒數完畢後顯示「時間到!」字串。 (檔名：while_2.py)

```
01 i = 10
02 while(i > 0):
03     print(i)
04     i -= 1
05 else:
06     print('時間到!')
```

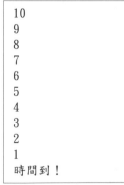

```
10
9
8
7
6
5
4
3
2
1
時間到!
```

 說明

　　第 1~6 行：為 while 迴圈，i 初值為 10，符合 i>0 的條件式，所以會執行 3、4 行迴圈區塊。直到 i 的變數值為 0，不符合 i>0 的條件式，就會執行 else 區塊的第 6 行敘述。

5.3 continue 與 break

在某些情況下，我們可能有中斷迴圈或放棄其後敘述的需求，這時候就要使用 continue 或 break 敘述。因為這兩個敘述有強制性，換句話說，程式流程遇到這兩個敘述，流程會無條件轉移。所以在使用 continue 與 break 敘述時，必需配合選擇結構，以條件式來控制程式流向。

5.3.1 continue 敘述

如果在迴圈區塊中，在某些條件下，要忽略其後的敘述，跳回迴圈開頭繼續執行，這時候就要使用 continue 敘述。continue 敘述的語法和流程如下：

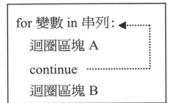 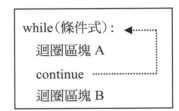

[例] 試以 continue 敘述撰寫一程式，程式要求如下：

1. 接受使用者輸入含有數字字元的字串。
2. 以迴圈輸出該字串，輸出時只顯示數字字元，其他字元則忽略不顯示。。

(檔名：continue.py)

```
01 s = input("請輸入字串：")
02 for ch in s:
03     if (ch > '9' or ch < '0'):
04         continue
05     print(ch, end='')
06 print()
```

請輸入字串：gotop168 Enter↵
168

 說明

1. 第 2 行：for 迴圈會逐一取出字串中的字元給變數 ch。

2. 第 3~5 行：當迴圈變數 ch 大於字元'9'或小於字元'0'，表示該字元並不是數字字元，此時程式流程會執行第 4 行，然後略過第 5 行跳回到迴圈開頭。反之，會執行第 5 行輸出該字元，再繼續迴圈流程。

5.3.2 break 敘述

在迴圈區塊中,當程式流程遇到 break 敘述時,會忽略其後的敘述,直接脫離迴圈,向下繼續執行。假如有 else 區塊,因為 else 區塊被視為迴圈的一部分,所以同樣會被跳過。break 敘述的語法和流程如下:

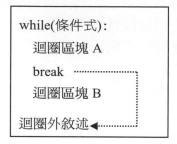

[例] 試撰寫一程式,程式會一直等待使用者輸入帳號,直到使用者輸入的帳號是「gotop」才會跳出迴圈,結束程式。　(檔名:break.py)

```
01 while True:
02     s = input('請輸入帳號:')
03     if(s == 'gotop'):
04         break
05     print('帳號錯誤!')
06 print('帳號正確!')
```

說明

1. 第 1~5 行:為 while 迴圈,迴圈的條件式是 True,表示每次檢視迴圈的條件式時,所得結果皆會是成立,所以迴圈會不斷執行,這就是稍後章節會介紹的「無窮迴圈」。

2. 假如使用者輸入的帳號是「gotop」時,會執行第 4 行的 break 敘述,然後脫離迴圈執行第 6 行敘述。反之,會執行第 5 行敘述輸出錯誤訊息,然後繼續迴圈流程。

3. 第 4 章曾介紹 Python 3.8 新增的海象運算子:=,也可以運用於 while 迴圈會使程式碼較為簡潔,上面的程式可以改寫為如下:

```
01 while (s := input('請輸入帳號:')) != 'gotop':
02     print('帳號錯誤!')
03     continue
04 print('帳號正確!')
```

5.4　巢狀迴圈與無窮迴圈

5.4.1 巢狀迴圈

　　若迴圈內還有迴圈，一層一層由外而內即構成「巢狀迴圈」(Nested Loop)，也可以稱為「多重迴圈」。無論是 for 或 while 迴圈，或是同時使用都可以構成巢狀迴圈。撰寫巢狀迴圈程式時，要特別注意縮排程式才能正確執行。

[例] 試以巢狀迴圈顯示如右圖之直角三角形。　(檔名：n_loop.py)

```
01 for x in range(1, 6):
02     for y in range(1, 6 - x):
03         print(' ', end='')
04     for y in range(1, x + 1):
05         print('*', end = '')
06     print()
07 print()
```

```
    *
   **
  ***
 ****
*****
```

說明

1. 第 1 行：將 x 當成外層迴圈的控制變數(1~5)，表示外迴圈會執行 5 次。
2. 第 2~6 行：外迴圈區塊，迴圈區塊中包含 2 個同階層的內迴圈區塊，執行第 6 行敘述時，會進行換行列印。
3. 第 2~3 行：第 1 個內迴圈區塊，負責輸出半形空白。
4. 第 4~5 行：第 2 個內迴圈區塊，負責輸出半形星號。

5.4.2 無窮迴圈

　　假使迴圈的條件式永遠為 True(真)，會形成無窮迴圈，程式流程會周而復始的執行迴圈區塊。因此撰寫無窮迴圈內的迴圈區塊時，必需有改變條件的敘述，或者使用 break 作為脫離迴圈的出口。假如前面的範例 while_1.py，不小心寫成以下的程式碼，就會造成無窮迴圈。

[例] 如下簡例為無窮迴圈的程式。　(檔名：while_3.py)

```
01 i = 1
02 sum = 0
03 while(i <= 10):
04     sum += i
05 i += 1
06 print(sum)
```

🎙 說明

1. 第 5 行：因為沒有和第 4 行對齊，所以迴圈區塊只有第 4 行不包含第 5 行。執行期間 i 值不會變化，迴圈條件式判斷結果永遠皆為 True(真)，迴圈會持續執行下去，形成無窮迴圈。

2. 程式執行時若發生執行時間異常，且無反應，就有可能程式陷入無窮迴圈。這時在 Spyder 整合環境下，可按 ❌ 鈕關閉目前的 Console 視窗，或是右側的 ■ 按鈕中斷程式執行。

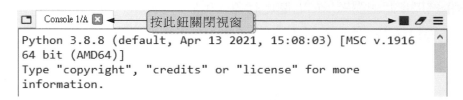

💻 簡 例 (檔名：loop.py)

綜合本章所學習的重複結構來列印九九乘法表。

💻 結 果

```
1*1=1    1*2=2    1* 3=3   1*4=4    1*5=5    1*6=6    1*7=7    1*8=8    1*9=9
2*1=2    2*2=4    2*3=6    2*4=8    2*5=10   2*6=12   2*7=14   2*8=16   2*9=18
3*1=3    3*2=6    3*3=9    3*4=12   3*5=15   3*6=18   3*7=21   3*8=24   3*9=27
4*1=4    4*2=8    4*3=12   4*4=16   4*5=20   4*6=24   4*7=28   4*8=32   4*9=36
5*1=5    5*2=10   5*3=15   5*4=20   5*5=25   5*6=30   5*7=35   5*8=40   5*9=45
6*1=6    6*2=12   6*3=18   6*4=24   6*5=30   6*6=36   6*7=42   6*8=48   6*9=54
7*1=7    7*2=14   7*3=21   7*4=28   7*5=35   7*6=42   7*7=49   7*8=56   7*9=63
8*1=8    8*2=16   8*3=24   8*4=32   8*5=40   8*6=48   8*7=56   8*8=64   8*9=72
9*1=9    9*2=18   9*3=27   9*4=36   9*5=45   9*6=54   9*7=63   9*8=72   9*9=81
```

💻 程式碼

檔名：\ex05\loop.py

```python
01 for i in range(10):
02     if(i <= 0):
03         continue
04     j = 1
05     while 1:
06         print(i, '*', j, '=', i*j, end='\t')
07         j = j + 1
08         if(j > 9):
09             break
10     print()
```

說明

1. 第 1 行：將 i 當成外層迴圈的控制變數，變數範圍由 0～9。

2. 第 2、3 行：假如迴圈變數小於等於 0 則離開本次迴圈，回到外層迴圈開頭，i 值加 1。

3. 第 5 行：內層迴圈條件式為 1，表示內層迴圈是無窮迴圈。

4. 第 6～9 行：迴圈流程如下：

   ① 列印出 i * j 的值。

   ② j 累加 1。

   ③ 假如 j 大於 9 就結束內層迴圈，否則繼續迴圈。

5. 第 10 行：換行列印。

5.5　檢測模擬試題解析

題目 (一)

小明撰寫了以下的程式碼。請您檢視這段程式碼(行號僅供參考)之後，回答小明的提問。

```
01 product = 2
02 n = 5
03 while(n != 0):
04     product *= n
05     print(product)
06     n -= 1
07     if n == 3:
08         break
```

請問這一個程式碼片段會列印幾行？

(A) 0　　　　　　　(B) 1　　　　　　(C) 2　　　　　(D) 3

說明

1. 迴圈執行過程：

敘述＼迴圈	n != 0	n 值	product	輸出	n -= 1	n == 3
初始值		5	2			
第 1 圈	成立	5	5 * 2 = 10	10	4	不成立
第 2 圈	成立	4	10 * 4 = 40	40	3	成立

2. 由上表可知迴圈共執行 2 次 print(product)敘述，因此答案：(C)。程式碼請參考 test05_1.py。

題目 (二)

金山銀行要求您修改符合下列需求的程式碼：

• 允許使用者不斷輸入一串數字。

• 輸出每一串數字的總位數。

這程式有所缺漏，你要如何完成這個程式？

```
01 n = "12345"
02     ①     n != "-1":
03    x = 0
04      ②    c     ③     n:
05       x = x + 1
06    print(x)
07    n = input("請輸入數字或輸入-1 結束程式：")
```

請選取符合需求的程式片段來修訂程式(行號僅供參考)。

① (A) for   (B) if   (C) while
② (A) for   (B) if   (C) while
③ (A) and   (B) or   (C) in   (D) not

說明

1. 因為迴圈必需一直執行到使用者輸入「-1」為止，所以①的答案是 (C)。
2. 第 04 行使用 for 迴圈取出字串內所有的字元，所以②的答案是(A)，③的答案是 (C)。程式碼請參考 test05_2.py。

題目 (三)

您正在為小學孩童建立一套互動式乘法表電腦輔助教學程式。其中有一個名為 tables 的函式，該函式計算並顯示從 2 到 12 的所有乘法表組合。

```
01 # 顯示 2 - 12 乘法表
02 def tables():
03       ①
04          ②
05         print (x, '*', y, '=', x * y, end = '\t')
06       print()
07 # main
08 tables()
```

請選擇適當的程式碼片段，完成這段程式碼(行號僅供參考)。

① (A) for x in range(13):

(B) for x in range(2, 13):

(C) for x in range(2, 12, 1):

(D) for x in range(12):

② (A) for y in range(13):

(B) for y in range(2, 12, 1):

(C) for y in range(2, 13):

(D) for y in range(12):

說明

1. 因為外層迴圈的 x 變數值是由 2~12，第 3 行程式碼應該為「for x in range(2, 13):」，所以① 的答案是 (B)。

2. 因為內層迴圈的 y 變數值是由 2~12，第 4 行程式碼應該為「for y in range(2, 13):」，所以② 的答案是 (C)。程式碼請參考 test05_3.py。

題目 (四)

你正在撰寫檢核身分證字號產生器的程式，請您撰寫符合下列需求的程式碼：

• 允許使用者不斷輸入身分證字號。

• 輸入的身分證字號如果尾數是 4，則脫離迴圈。

```
01        ①        (1):
02        x = input('請輸入身份證字號:')
03        if x[-1] != '4':
04            print('身份證字號正確')
05                ②
06        print('身份證字號不正確')
07            ③
```

請選擇適當的程式碼片段，完成這段程式碼(行號僅供參考)。

① (A) for   (B) if   (C) while

② (A) continue   (B) break   (C) pass

③ (A) continue   (B) break   (C) pass

說明

1. 第 1 行：程式片段是一個無窮迴圈，所以① 的答案是(C) 。

2. 第 5 行：檢核結果正確，程式可持續進行，所以② 的答案是(A)。

3. 第 7 行：尾數為「4」，中斷迴圈執行，所以③ 的答案是(B)。程式碼請參考 test05_4.py。

題目 (五)

您正在撰寫一個程式，使用星號顯示出 F 字形。該字形高度為五行，其中第一行和第三行列印出四個星號，而第二行、第四行和第五行各有一個星號，如右圖所示。

```
****
*
****
*
*
```

```
01 result_str = ""
02 for row in range(1, _____①_____):
03     for col in range(1, _____②_____):
04         if (row == 1 or row == 3):
05             result_str = result_str + '*'
06         elif col == 1:
07             result_str = result_str + '*'
08     result_str = result_str + '\n'
09 print(result_str)
```

請選擇適當的數值，完成這段程式碼(行號僅供參考)。

① (A) 4   (B) 5   (C) 6   (D) 7

② (A) 4   (B) 5   (C) 6   (D) 7

說明

1. 字的高度為 5，外迴圈要執行 5 次，所以① 的答案是(C) 6。

2. 字的寬度為 4，內迴圈最多要執行 4 次，所以② 的答案是(B) 5。程式碼請參考 test05_5.py。

題目 (六)

你正在編寫一個 Python 程式，該程式接受使用者輸入一個正整數，程式會顯示從 2 到該數之間的所有質數。(行號僅供參考)

```
01 p = 2
02 x = int(input('請輸入一個正整數：'))
03         ①
04     for i in range(2, p):
05             ②
06             flag = False
07                 ③
08     if flag == True:
09         print(p, end=' ')
10                 ④
```

請選擇正確程式碼，填入編號區來完成這個函式。每個程式碼都可以使用一次、多次或者不使用。

編號	程式碼片段
(A)	break
(B)	continue
(C)	p = p + 1
(D)	while p <= x: flag = True
(E)	flag = True while p <= x:
(F)	if p / i == 0:
(G)	if p % i == 0:

説明

1. 第 3 行：必須使用迴圈由 2 到輸入值，逐一檢查是否為質數，並預設 flag 為 True 表預設為質數，所以① 的答案是 (D)。

2. 第 5 行：質數是只能被 1 和本身整除的整數，因為 1 一定能整除所以不用檢查。整除的意思是餘數為零，所以② 的答案是 (G)。

3. 第 7 行：如果餘數為零表示不是質數，在第 6 行設 flag 為 False，然後 break 敘述跳離迴圈，以節省程式執行時間，所以③ 的答案是 (A)。

4. 第 10 行：要再檢查下一個整數，p 變數值要加 1，所以④ 的答案是 (C)，程式碼請參考 test05_6.py。

串列

- 何謂串列
- 一維串列
- 使用迴圈操作串列
- 串列常用的函式與方法
- 串列的排序
- 二維串列
- 檢測模擬試題解析

6.1 何謂串列

　　當一個資料常值要儲存於記憶體時，便需要指定一個變數來存放。但若有 100 個相似的資料要儲存時，必須使用 100 個變數來存放，這 100 個變數放在程式敘述中，要維護時是相當麻煩的。若這些變數的用途有關聯，這時候我們可以使用「串列」(List)來取代變數。串列又稱為「清單」，在其它程式語言被稱為「陣列」(Array)。

　　串列是儲存資料的容器，是一組經過編號的變數，在記憶體中占用連續的記憶體位址。好像一列台車，每個車斗都有標記連續的編號，若要從某個車斗取得或放置物品，只要告知車斗的編號，很快地就能找到該車斗。若將一列台車比喻為一個串列，則台車上的每個車斗我們稱之為「元素」(element)或稱為「串列項目」，台車編號就是元素的註標值。欲存取串列中某個記憶體的資料內容時，只要告知註標值就會由存放在記憶體中的串列起始位址往下數，即可存取該記憶體的內容。

　　譬如：下圖是名稱為 score 的串列，含有 score[0]~score[49] 共 50 個串列元素，存放學生成績的整數資料。所有串列元素一起存放在連續的記憶體空間，若要存取串列中的資料，只要告知是第幾個資料(即註標值)，便會自動計算該資料的實際位置。

至於串列中是第幾個元素的表示方式，是在該串列名稱後面的中括號內，填入該變數所對應的數字編號稱為「註標」(index) 或稱「索引值」。譬如 ary[3] 表示串列名稱為 ary 串列中的第四個元素(註標由 0 開始)。所以設計程式時，若碰到需要連續輸入、處理或輸出相關資料，則使用串列取代變數，只要改變串列中括號內的數字編號即可，如此可減輕對變數逐一命名的困擾，在程式中串列元素配合迴圈使用可縮短程式的長度，使得程式變得精簡且可讀性高。

若串列中只有一組註標，稱為一維串列；有兩組註標，稱為二維串列；有三組註標，稱為三維串列；以此類推…。

6.2 一維串列

6.2.1 一維串列的建立

一維串列的建立方式是以 [ ] 運算子來存放元素資料，元素間再用逗號分隔，語法為：

> 串列名稱 = [元素 1, 元素 2, 元素 3, …]

[例] 建立串列名稱 score，其元素內容分別為 83、79、90、87 整數資料。

```
score = [83, 79, 90, 87]
```

串列名稱　　　元素資料

　說明

1. 串列中各個元素資料的型別可以相同，也可以不相同。
   例：score = [72, 98, 86, 76]　　　　　　# 元素皆為整數資料型別
   例：animal = ['cat', 'dog', 'monkey', 'tiger']　　# 元素皆為字串資料型別
   例：data = ['Mary', 45, True]　　　　　　# 元素存放的資料型別不相同

2. 串列建立時，也可以不含元素資料。
   例：list1 = [ ]　　　　　　　　　　　　# 建立的 list1 串列是空串列

6.2.2 串列的讀取與存放

利用 [ ] 運算子填入註標，便可對串列存取其對應的元素內容；若是使用 [start:end]，便是存取註標 strat 起至註標 end-1 的串列元素。要注意的是，串列中第一個元素的註標是 0，第二個元素的註標是 1，以此類推…。

一. 讀取串列元素

讀取串列元素的語法為：

> 語法 1： 串列名稱[註標]
> 語法 2： 串列名稱[start:end:step]

1. **語法 1**：可以讀取註標值所對應的串列元素，註標不能超過範圍，否則程式執行時會產生錯誤。

2. **語法 2**：讀取 strat 起到 end-1 註標之間的串列元素，step 為間隔值。若 strat 省略，預設值為 0；若 end 省略，則預設值為串列長度；若 step 省略，則預設值為 1。

[例] 建立串列 lst1，並進行相關的串列元素讀取操作。(檔名：list1.py)

```
01 lst1 = [11, 22, 33, 44, 55, 66, 77, 88, 99]
02 print(lst1)            # 印出 [11, 22, 33, 44, 55, 66, 77, 88, 99]
03 print(lst1[0])         # 印出 11
04 print(lst1[3])         # 印出 44
05 print(lst1[2:6])       # 印出 [33, 44, 55, 66]
06 print(lst1[:6])        # 印出 [11, 22, 33, 44, 55, 66]
07 print(lst1[0:9])       # 印出 [11, 22, 33, 44, 55, 66, 77, 88, 99]
08 print(lst1[1:9:2])     # 印出 [22, 44, 66, 88]
09 print(lst1[1::2])      # 印出 [22, 44, 66, 88]
10 print(lst1[-1])        # 印出 99
11 print(lst1[-9])        # 印出 11
12 print(lst1[-6:-3])     # 印出 [44, 55, 66]
13 print(lst1[:-2])       # 印出 [11, 22, 33, 44, 55, 66, 77]
14 print(lst1[10])        # 錯誤，註標超過範圍
```

說明

1. 第 2 行：印出 lst1 串列所有元素內容。

2. 第 3~4 行：串列中的第一個元素註標是 0，第二個元素的註標是 1，以此類推…。

3. 第 5~9 行：使用 [start:end:step]，便是存取註標 strat 起，到註標 end-1 的串列元素，step 為間隔值。

4. 第 10~13 行：註標可以為負值，串列倒數第一個元素為 -1，串列倒數第二個元素為 -2，以此類推…。lst1[:-2] 與 lst1[0:-2] 相同。

5. 第 14 行：註標不能超過範圍，否則程式執行時會產生錯誤。

二. 存放串列元素

串列在建立時已存放有元素的初值，但如同變數一樣，所存放的元素值可以再改變內容，其改變元素內容的語法為：

串列名稱 [註標] = 資料

[例] 建立串列 lst2，並進行相關的串列元素存放操作。(檔名：list2.py)

```
01 lst2 = ['one', 'two', 'three', 'four', 'five', 'six']
02 lst2[3] = '四'          # lst2[3]的內容由'four'更改為'四'
03 print(lst2[3])          # 印出 四
04 print(lst2)             # 印出 ['one', 'two', 'three', '四', 'five', 'six']
```

6.3   使用迴圈操作串列

6.3.1 使用 for … range() 迴圈

for … range() 迴圈可以用 range() 函式的遞增或遞減方式指定串列的註標，進而循序讀取串列的元素內容。其中 range() 函式的最大值便是串列的長度，而串列的長度可以由 len() 函式取得。

[例] 建立串列 lst3，並使用 len() 函式取得 lst3 串列的長度。(檔名：list3.py)

```
01 lst3 = [23, 45, 51, 67, 89, 100]
02 x = len(lst3)              # x ← 6
03 print(x)                   # 印出 6
```

串列的長度取得後，可以設定給 range() 函式範圍的最大值。接著 for … range() 迴圈便可以來控制串列的註標，循序讀取指定範圍的串列元素。

[例] 建立串列 lst4，使用 for … range() 迴圈循序讀取指定範圍的串列元素。
(檔名：list4.py)

```
01 lst4 = [11, 22, 33, 44, 55, 66, 77, 88, 99]
02 for i in range(len(lst4)):         # len(lst4) = 9
03     print(lst4[i], end = ' ')      # 印出 11 22 33 44 55 66 77 88 99
04 print()
05 for j in range(1, 4):
06     print(lst4[j], end = ' ')      # 印出 22 33 44
07 print()
```

```
08 for k in range(5, len(lst4)):
09     print(lst4[k], end = ' ')     # 印出 66 77 88 99
10 print()
11 for m in range(len(lst4)-1, 5-1, -1):
12     print(lst4[m], end = ' ')     # 印出 99 88 77 66
13 print()
14 for g in range(0, len(lst4), 2):
15     print(lst4[g], end = ' ')     # 印出 11 33 55 77 99
```

說明

1. 第 2~3 行：讀取 lst4[0]~lst4[8] 的元素內容，其中 len(lst4) = 9。

2. 第 5~6 行：讀取 lst4[1]~lst4[3] 的元素內容。

3. 第 8~9 行：讀取 lst4[5]~lst4[8] 的元素內容。

4. 第 11~12 行：讀取 lst4[8]、lst4[7]、lst4[6]、lst4[5] 的元素內容。

5. 第 14~15 行：讀取 lst4[0]、lst4[2]、lst4[4]、lst4[6]、lst4[8] 的元素內容。

6.3.2 使用 for … in 串列迴圈

使用 for … in 串列迴圈可以讀取串列的元素內，其語法為：

for 變數 in 串列：

[例] 建立串列 season，並以使用 for … in 串列迴圈讀取 season 串列的元素內容。
(檔名：list5.py)

```
01 season = ['spring', 'summer', 'autumn', 'winter']
02 for item in season:
03     print(item, end = ' ')          # 印出 spring summer autumn winter
```

說明

第 2~3 行：進入 for … in 串列迴圈時，第一次 item 的值會是『spring』，第二次 item 的值會是『summer』，第三次 item 的值會是『autumn』，第四次 item 的值會是『winter』。當讀取到串列最後一個元素資料時後，程式流程便會離開迴圈，執行迴圈的下一個敘述。

6.3.3 串列生成器

建立串列時搭配 range() 函式，可以指定串列的元素內容，簡例如下：

[例] 建立串列 arr，並使其 arr[0] = arr[1] = … = arr[5] = 8。

　　(檔名：list6.py)

```
01 arr = [8 for x in range(6)]
02 for item in arr:
03     print(item, end = ',')        # 印出 8,8,8,8,8,8,
```

說明

1. 第 1 行：若是要使 arr 串列的 arr[0]、arr[2]～arr[9] 之元素內容皆為 'abc'，則程式敘述為 arr = ['abc' for x in range(10)]。

2. 第 1 行：若是要使 arr 串列的 arr[0]、arr[2]～arr[9] 之元素內容皆為空字串，則程式敘述為 arr = ['' for x in range(10)]。

[例] 建立串列 lst，並使其 lst[0]=0, lst[1]=1, lst[2]=2, lst[3]=3, lst[4]=4。

　　(檔名：list7.py)

```
01 lst = [y for y in range(5)]
02 for item in lst:
03     print(item, end = ',')        # 印出 0,1,2,3,4,
```

說明

第 1 行：若程式敘述改為 lst = [(y+10) for y in range(5)] 時，則 lst[0]=10、lst[1]=11、lst[2]=12、lst[3]=13、lst[4]=14。

簡例 (檔名：max.py)

使用串列儲存使用者連續輸入的 5 個整數，再從串列中找出最大數。

結果

```
請依序輸入 5 個整數...
輸入第 1 個元素內容：34      Enter↵
輸入第 2 個元素內容：-23     Enter↵
輸入第 3 個元素內容：62      Enter↵
輸入第 4 個元素內容：2       Enter↵
輸入第 5 個元素內容：-15     Enter↵

最大值為 62
```

程式碼

檔名：\ex06\max.py

```
01 lst = [0 for x in range(5)]
02 print('請依序輸入 5 個整數...')
03 for i in range(5):
04     print(f'輸入第 {i+1} 個元素內容:', end = '')
05     lst[i] = eval(input())
06
07 max = lst[0]
08 for item in lst:
09     if max < item :
10         max = item
11
12 print()
13 print(f'最大值為 {max}')
```

說明

1. 第 1 行：建立 lst 串列，內含 5 個元素，每個元素預設值為整數 0。

2. 第 3~5 行：用鍵盤連續輸入 5 個整數，並依序存放入 lst 串列元素中，取代預設值。

3. 第 7 行：max 變數用來存放串列元素中的最大值，先指定 lst 串列第一個元素值給 max。

4. 第 8~10 行：從 lst 串列所有項目元素中逐一比較，將最大的數值指定給 max 變數存放。

6.4 串列的函式與方法

6.4.1 串列的內建函式

在串列中經常被應用的內建函式，如下表所示：

函式	使用說明 (若 lst1 = [10,20,30,40,50])
len()	計算串列的長度，可取得串列元素的數目。 例：num = len(lst1)　　　　# num ← 5
sum()	進行串列中所有元素值的加總。 例：total = sum(lst1)　　　　# total ← 150

函式	使用說明 (若 lst1 = [10,20,30,40,50])
max()	取得串列中元素的最大值。 例：big = max(lst1)　　　　　　　# big ← 50
min()	取得串列中元素的最小值。 例：small = min(lst1)　　　　　　　# small ← 10

6.4.2 串列的方法

在串列中經常被應用的方法，如下表所示：

方法	使用說明 (若 lst1 = [10,20,30,40,50])
append(value)	新增串列元素，將 value 附加到串列最後一個元素的後面。 例：lst1.append(66)　　　　　　# lst1 = [10,20,30,40,50,66]
insert(index,value)	在串列註標 index 處插入一個值為 value 的元素。 例：lst1.insert(2,77)　　　　　　# lst1 = [10,20,77,30,40,50]
pop()	刪除串列最後一個元素。 例：lst1.pop()　　　　　　　　　　# lst1 = [10,20,30,40]
pop(index)	刪除串列註標 index 處的元素。 例：lst1.pop(3)　　　　　　　　　# lst1 = [10,20,30,50]
remove(value)	刪除串列中第一個值為 value 的元素。 例：lst1.remove(20)　　　　　　# lst1 = [10,30,40,50]
index(value)	取得串列中第一個值為 value 的元素註標。 例：n1 = lst1.index(30)　　　　# n1 ← 2
count(value)	取得串列中出現值為 value 的元素數目。 例：n2 = lst1.count(30)　　　　# n2 ← 1
del	刪除串列指定註標的元素。 例：lst2 = [11,22,33,44,55,66,77] 　　del lst2[3]　　# 刪除註標 3 元素 ⇨ lst2 = [11,22,33,55,66,77] 　　del lst2[1:5]　# 刪除註標 1~4 元素 ⇨　lst2 = [11,66,77] 　　del lst2[1:5:2]　# 刪除註標 1~4 元素，間隔 1 個元素 　　　　　　　　　# lst2 = [11,33,55,66,77] 　　del lst2[:]　　　# 刪除所有元素 ⇨ lst2 = []
clear()	刪除串列所有的元素。 例：lst1.clear()　　　　　　　　　# lst1 = [] , 與 del lst1[:] 相同

6.4.3 串列的運算子

在串列中經常使用的運算子，如下表所示：

運算子	使用說明 (若 lst1 = [10,20,30,40])
in	判斷指定的資料是否存在於串列中。 例：tf = 40 in lst1　　　# tf ← True 例：tf = 95 in lst1　　　# tf ← False
not in	判斷指定的資料是否不存在於串列中。 例：tf = 40 not in lst1　　# tf ← False 例：tf = 95 not in lst1　　# tf ← True
=	將串列的記憶體位址指定給另一個變數,此時兩者占用同一串列內容。 例：data1 = lst1　# data1 和 lst1 都是 [10,20,30,40] 此時當 data1 中的元素改變，lst1 也會跟著改變。 例：data1[2] = 33　# data1 和 lst1 都是 [10,20,33,40]
+	連結兩個串列元素。 例：lst2 = [66,77,88] 　　lst3 = lst1 + lst2　# lst3 = [10,20,30,40,66,77,88]
*	複製串列元素。 例：lst4 = 2 * lst1　　# lst4 = [10,20,30,40,10,20,30,40] 　　lst5 = lst1 * 3　　# lst5 = [10,20,30,40,10,20,30,40,10,20,30,40]

6.4.4 串列與字串

　　一個長字串可以用切割字元(如：空格、逗號、分號、句號…等)進行字串分割，被切割後的子字串，可建立字串串列，而被切割的子字串便為字串的元素。而字串串列的元素，也可用連結字元連接成一個長字串。

一. 字串的分割

將一個長字串根據切割字元，切割建立成字串串列的語法如下：

字串串列 = 字串.split(切割字元)

[例] 分割一個長字串 st1，被切割後的子字串建立成 arr1 串列。(檔名：split.py)

```
01 st1 = '人之初,性本善,性相近,習相遠'
02 arr1 = st1.split(',')
03 print(arr1)                # 印出 ['人之初', '性本善', '性相近', '習相遠']
```

 說明

第 2 行：切割字元為逗號『,』，切割字元必須存在於被分割的字串中。

二. 字串的連結

將字串串列的元素使用連結字元，連接成一個長字串的語法如下：

> 字串 = 連結字元.join(字串串列)

[例] 將 arr2 字串串列元素連接成一個長字串 st2。(檔名：join.py)

```
01 arr2 = ['苟不教', '性乃遷', '教之道', '貴以專']
02 st2 = ' '.join(arr2)
03 print(st2)                 # 印出 苟不教 性乃遷 教之道 貴以專
```

說明

第 2 行：連結字元為一個空格。連結字元會成為連結字串的一部分。

簡例 (檔名：dynamic.py)

建立空串列後，使用者可輸入整數決定元素的數量，再依序輸入元素的內容。

結果

```
請輸入 lst 串列的元素數量：5  Enter↵

請依序填入各元素的內容...
輸入第 1 個元素內容：34  Enter↵
輸入第 2 個元素內容：56  Enter↵
輸入第 3 個元素內容：78  Enter↵
輸入第 4 個元素內容：90  Enter↵
輸入第 5 個元素內容：12  Enter↵

lst 串列的元素內容：
34 56 78 90 12
```

程式碼

檔名： \ex06\dynamic.py

```
01 lst = []
02 count = eval(input('請輸入 lst 串列的元素數量：'))
03
04 print('請依序填入各元素的內容...')
05 for i in range(count):
06     print(f'輸入第 {i+1} 個元素內容：' , end = '')
07     num = eval(input())
08     lst.append(num)
09
```

```
10 print('lst 串列的元素內容：')
11 for x in lst:
12     print(x, end = ' ')
```

說明

1. 第 1,2 行：本例先建立一個 lst = [] 空串列，而串列的長度再由使用者依需求輸入並指定 count 變數存放。

2. 第 5~8 行：使用 for … range() 迴圈循序新增串列元素，來存放使用者所輸入的資料。

3. 第 10~12 行：使用 for … in 串列 迴圈，將 lst 串列中的元素內容一一顯示出來。

6.5 串列的排序

串列的「排序」(Sorting)就是將串列元素的多項資料，由小而大遞增或由大而小遞減來排列。

6.5.1 串列元素由小到大排列

串列的元素，可以按資料值由小到大的排列方式，重新安排元素順序。語法為：

> 串列名稱.sort()

[例] 建立串列名稱 score，再對該串列的元素做由小到大的排序。(檔名：sort.py)

```
01 score = [72, 98, 86, 76, 63]
02 score.sort()
03 print(score)              # 印出 [63, 72, 76, 86, 98]
```

6.5.2 串列元素反轉排列

串列的元素，可以按反方向重新排列元素的順序。語法為：

> 串列名稱.reverse()

[例] 建立串列名稱 animal，再對該串列的元素做由反轉排列。(檔名：reverse.py)

```
01 animal=['dog','cat','monkey','fox','tiger']
02 animal.reverse()
03 print(animal)          # 印出 ['tiger', 'fox', 'monkey', 'cat', 'dog']
```

說明

　　串列元素若先以 sort() 方法做由小到大的排序，再以 reverse() 方法做反轉排列，就可以做到對串列元素做由大到小的排序。

6.5.3 複製串列排序

　　使用 sort()方法排序串列，是採就地排序方式，串列經排序後會失去原有的排列順序。若要有排序後的結果，又要保有排序前的原貌，就得使用 sorted() 函式來複製串列並排序。語法為：

> 串列名稱 2 = sorted(串列名稱 1, reverse = True|False)

1. 「串列名稱 1」代表排序前的原串列，「串列名稱 2」代表排序後的串列。

2. 若 reverse = True，進行由大到小排序；若 reverse = False，進行由小到大排序。

[例] 建立串列名稱 animal，對 animal 串列的元素做由小到大的排序，排序結果複製給 data 串列，而 animal 留有原順序的排列。(檔名：sorted.py)

```
01 animal = ['dog','cat','monkey','fox','tiger']
02 data = sorted(animal, reverse = False)
03 print(f'animal = {animal}') # animal=['dog','cat','monkey','fox','tiger']
04 print(f'data = {data}')    # data = ['cat','dog','fox','monkey','tiger']
```

6.5.4 氣泡排序法

　　使用 sort()方法排序串列，固然很方便，但無法得窺串列元素間依序排列的原理及完整過程。在各種程式語言所使用的串列(陣列)元素的排序方法中，以氣泡排序法最常見。氣泡排序法是採用兩相鄰串列元素的元素值做比較，使元素的元素值由左而右排列時。若是做遞增排列時，元素值較小者排前面，元素值較大者排後面。處理的方式是由左而右進行兩兩比較，當左邊元素的元素值比右邊元素的元素值大時，即進行交換工作。在第一次排列時，元素值最大的元素會移到最右邊；第二次排列時，元素值第二大的元素移到最右邊算過來的第二位；以此類推…。最後，元素值最小的元素會排列在最左邊。

　　氣泡排序法的排列次數，是串列元素個數減 1。而每次排列的比較次數，是參加排序的元素數減 1。每一次排列比較後，會有一個元素值被放至正確的元素位置。例如有五個元素的串列以氣泡排序法排列，會需要排列 4 次(5-1)，比較次數為 10 次(4+3+2+1)。

以 a = [4, -15, 20, 13, -6] 整數串列為例，說明遞增排列的氣泡排序法原理，如下：

1. 第一次排列：

   串列 5 個元素中，兩相鄰元素值互相比較，比較後調整位置小者放前面、大者放後面，總共會比較 4 次，最後找出最大數 20 放至最後面的 a[4] 元素內。

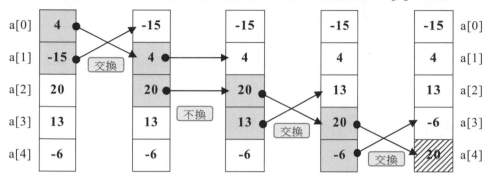

2. 第二次排列：

   前面 4 個元素中，兩相鄰元素值互相比較，比較後調整位置小者放前面、大者放後面，總共會比較 3 次，最後找出第二大數 13 放至倒數第二個的 a[3] 元素內。

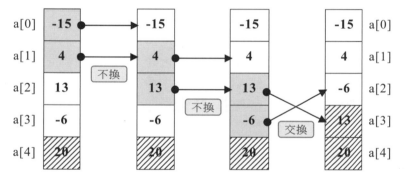

3. 第三次排列：

   前面 3 個元素中，兩相鄰元素值互相比較，比較後調整位置小者放前面、大者放後面，總共會比較 2 次，找出第三大數 4 會被放至 a[2] 元素內。

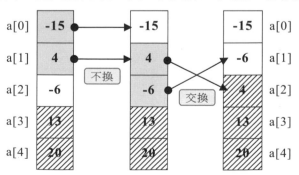

4. 第四次排列：

前面 2 個元素中，兩相鄰元素值互相比較，比較後調整位置小者放前面、大者放後面，總共會比較 1 次，其第四大數 -6 會被放至 a[1] 元素內，而最小的數會被放至 a[0] 元素內。

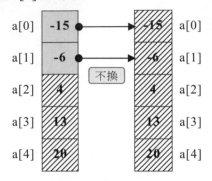

💻 簡 例 (檔名：bubble.py)

將 a = [4, -15, 20, 13, -11] 整數串列，使用氣泡排序法由小到大遞增逐次排列，並顯示驗證每一次排列的結果。

💻 結 果

```
排 序 前：a[0]= 4  a[1]=-15  a[2]= 20  a[3]= 13  a[4]=-11
第 1 次排列：a[0]=-15  a[1]= 4  a[2]= 13  a[3]=-11  a[4]= 20
第 2 次排列：a[0]=-15  a[1]= 4  a[2]=-11  a[3]= 13  a[4]= 20
第 3 次排列：a[0]=-15  a[1]=-11  a[2]= 4  a[3]= 13  a[4]= 20
第 4 次排列：a[0]=-15  a[1]=-11  a[2]= 4  a[3]= 13  a[4]= 20
```

💻 程式碼

檔名：\ex06\bubble.py

```
01 a = [4, -15, 20, 13, -11]
02 print('排 序 前 : ', end = '')
03 for i in range(5):
04     print(f'  a[{i:d}]={a[i]:3d}', end = '  ')
05
06 for loop in range(1, 5):
07     for index in range(0, (5-loop)):
08         if a[index] > a[index+1] :
09             temp = a[index]
10             a[index] = a[index+1]
11             a[index+1] = temp
12     print()
13     print(f'第 {loop} 次排列: ' , end = '')
14     for j in range(5):
15         print(f'  a[{j:d}]={a[j]:3d}', end = '  ')
```

說明

1. 第 1 行：建立一個 a 整數串列，元素值為 [4, -15, 20, 13, -11]。

2. 第 3~4 行：顯示 a 串列排序前各元素的內容。

3. 第 6~15 行：執行氣泡排序法，共進行了四次排列。

4. 第 7~11 行：每一次排列的元素內容比較運算，將較大的數值移至註標較大的元素。其中第 9~11 行的敘述可改寫為：

```
a[index],a[index+1] = a[index+1],a[index]
```

5. 第 13~15 行：每一次的排列比較完畢，將該次排列的結果顯示以供驗證。

6.6   二維串列

二維串列的註標有兩組，第一組註標稱為「列」(row)，第二組註標稱為「行」(column)。凡是能以表格方式呈現的資料，都可以使用二維串列，如：座位表、課表…。二維串列中若每一列的個數都相同，就構成了一個矩陣串列。二維串列的建立語法：

> 串列名稱 = [[元素 00, 元素 01, 元素 02, …], [元素 10, 元素 11, 元素 12, …],
>   [元素 20, 元素 21, 元素 22, …], ……………]

[例] 建立宣告一個名稱為 lst 的二維串列，其串列大小為 3 列 4 行，元素存放整數資料。取得 lst 串列元素內容，使用 len() 測得串列大小。(檔名：2list.py)

```
01 lst = [[4,8,5,9],[13,16,19,15],[28,25,29,24]]
02 print(lst)              # 印出 [[4,8,5,9],[13,16,19,15],[28,25,29,24]]
03 n1 = len(lst)           # n1←3
04 print(lst[1])           # 印出 [13,16,19,15]
05 n2 = len(lst[1])        # n2←4
06 print(lst[1][2])        # 印出 19
```

說明

1. 第 1 行：所建立的二維串列元素內容如下表所示。

	第 1 行[0]	第 2 行[1]	第 3 行[2]	第 4 行[3]
第 1 列[0]	4	8	5	9
第 2 列[1]	13	16	19	15
第 3 列[2]	28	25	29	24

2. 第 3 行：用 len(lst) 函式取得 lst 串列的大小，會取得 lst 串列第一維的大小，而第一維的串列元素內容為三列串列，分別為 lst[0]、lst[1]、lst[2]，故會傳回 3 指定給 n1 變數。

3. 第 4 行：lst[1] 為 lst 串列的第 2 列串列(如上表)，其 lst[1] 串列內容為 [13,16,19,15]。

4. 第 5 行：用 len(lst[1]) 函式取得 lst[1] 串列的大小，而該串列的含有 lst[1][0]、lst[1][1]、lst[1][2]、lst[1][3] 四個元素。

5. 第 6 行：lst 串列的元素內容分別如下：

   lst[0][0] = 4 、 lst[0][1] = 8 、 lst[0][2] = 5 、 lst[0][3] = 9
   lst[1][0] = 13、 lst[1][1] = 16、 lst[1][2] = 19、 lst[1][3] = 15
   lst[2][0] = 28、 lst[2][1] = 25、 lst[2][2] = 29、 lst[2][3] = 24

簡 例 (檔名：readList.py)

使用迴圈從已初始化的串列中讀取所有元素的資料。

結 果

```
lst = [[4, 8, 5, 9], [13, 16, 19, 15], [28, 25, 29, 24]]

lst[0][0]= 4   lst[0][1]= 8   lst[0][2]= 5   lst[0][3]= 9
lst[1][0]=13   lst[1][1]=16   lst[1][2]=19   lst[1][3]=15
lst[2][0]=28   lst[2][1]=25   lst[2][2]=29   lst[2][3]=24
```

程式碼

檔名：\ex06\readList.py

```
01 lst = [[4,8,5,9],[13,16,19,15],[28,25,29,24]]
02 print('lst =', end = ' ')
03 print(lst)
04 for i in range(len(lst)):
05     print()
06     for j in range(len(lst[i])):
07         print(f'lst[{i}][{j}]={lst[i][j]:2d}', end = '   ')
```

說明

1. 第 1 行：建立 lst 串列，元素內容同上例。

2. 第 4~7 行：用 len(lst) 函式取得 lst 串列第一維的大小，因第一維元素為 lst[0]、lst[1]、lst[2]，故 len(lst) = 3，所以 for 外層迴圈的 i 變數依序為 0、1、2。

3. 第 6~7 行：當 i = 0 時，len(lst[0]) = 4，故 for 內層迴圈的 j 變數依序為 0、1、2、3。當 i = 1 時，len(lst[1]) = 4，故此次 for 內層迴圈的 j 變數仍依序為 0、1、2、3。當 i = 2 時，len(lst[2]) = 4，j 變數仍依序為 0、1、2、3。

[例] 用串列生成器建立二維串列 arr，使其內容為[[0, 0], [0, 0], [0,0], [0, 0]]。

（檔名：list8.py）

```
01 A = [0 for x in range(2)]
02 print(A)                      # 印出 [0,0]
03 arr = [A for y in range(4)]
04 print(arr)                    # 印出 [[0,0],[0,0],[0,0],[0,0]]
```

🎤 說明

1. 第 1 行：使用串列生成器建立一維串列，並使元素內容為 [0, 0]。

2. 第 3 行：以已建立的一維串列 A 的元素註標做為 arr 串列的元素行註標，而 0~3(4-1) 為列註標。即使
   arr = [A[0], A[1], A[2], A[3]] = [[0, 0], [0, 0], [0, 0], [0, 0]]。

3. 若 A = [(x+1) for x in range(2)] ; arr = [A for y in range(4)]，
   則 A = [1, 2]，arr = [[1, 2], [1, 2], [1, 2], [1, 2]]。

4. 若 arr = [[x for x in range(2)] for y in range(4)]，則 arr = [[0, 1], [0, 1], [0, 1], [0, 1]]。

5. 若 arr = [[(2*x+1) for x in range(2)] for y in range(4)]，
   則 arr = [[1, 3], [1, 3], [1, 3], [1, 3]]。

💻 簡例 （檔名：score.py）

下表為四位考生參加資優評選的成績，請完成空白部分的數據。

編號	語文	數理	智力	總分
1	87	64	88	
2	93	72	86	
3	80	88	89	
4	79	91	90	
平均				

🖥 結果

```
編號 語文  數理  智力  總分
========================
  1   87   64   88   239
  2   93   72   86   251
  3   80   88   89   257
  4   79   91   90   260
平均  84.8 78.8 88.2
```

🖥 程式碼

檔名：\ex06\score.py

```python
01 no = [1,2,3,4]                                              # 編號
02 score = [[87,64,88],[93,72,86],[80,88,89],[79,91,90]]      # 成績
03 print('編號   語文    數理    智力    總分')
04 print('=================================')
05 for i in range(len(no)):
06     print(f'{no[i]:2d}', end = '      ')
07     hSum = 0
08     for j in range(len(score[i])):
09         print(f'{score[i][j]:3d}', end = '      ')
10         hSum += score[i][j]
11     print(f'{hSum:3d}')
12
13 print('平均', end = '    ')
14 for j in range(3):
15     vSum = 0
16     for i in range(len(no)):
17         vSum += score[i][j]
18     print(f'{vSum/len(no):4.1f}', end = '     ')
```

🎙 說明

1. 第 1 行：使用一維串列 no 存放編號。

2. 第 2 行：使用二維串列 score 存放 語文、數理、智力 三科目成績。

3. 第 5~11 行：使用兩層 for 迴圈將 score 二維串列元素的內容顯示。內層迴圈用 hSum 變數累加每一個編號(水平列)各科的成績總分，並在內層迴圈結束後顯示出來。

4. 第 14~18 行：使用兩層 for 迴圈計算每一科(垂直行)的分數總和 vSum。在內層迴圈結束後，用 vSum/len(no) 計算該垂直行的分數平均並顯示出來。

6.7 檢測模擬試題解析

題目 (一)

下列程式片段執行時輸出值為何？

```
01 list1 = [1, 3]
02 list2 = [2, 4]
03 list3 = list1 + list2
04 list4 = list3 * 2
05 print(list4)
```

(A) [6, 14]　　　　　　　(B) [[1, 3], [2, 4], [1, 3], [2, 4]]

(C) [1, 3, 2, 4, 1, 3, 2, 4]　　(D) [[1, 3, 2, 4], [1, 4, 2, 4]]

說明

1. 答案：(C)，程式碼請參考 test06_1.py。

2. 第 3 行：list3 = [1, 3 , 2, 4]。

3. 第 4 行：list4 = [1, 3, 2, 4] * 2 = [1, 3, 2, 4, 1, 3, 2, 4]

題目 (二)

請評估下列程式片段。

```
01 nList = [1, 2, 3, 4, 5]
02 aList = ["a", "b", "c", "d", "e"]
03 print(nList is aList)
04 print(nList == aList)
05 nList = aList
06 print(nList is aList)
07 print(nList == aList)
```

回答下面問題：

① 執行第 03 行 print 後顯示的內容為何？　(A) True　(B) False

② 執行第 04 行 print 後顯示的內容為何？　(A) True　(B) False

③ 執行第 06 行 print 後顯示的內容為何？　(A) True　(B) False

④ 執行第 07 行 print 後顯示的內容為何？　(A) True　(B) False

說明

1. 答案：① (B)，② (B)，③ (A)，④ (A)。程式碼請參考 test06_2.py。

2. 第 5 行：nList = aList，即使 nList = ['A', 'B', 'C', 'D', 'E', 'F']。

題目 (三)

線上文具行銷公司開發一個 Python 程式。程式必須逐一讀取產品清單(idList)，當找到指定產品清單編碼時就結束讀取。

請在下列程式碼的填空中，選取符合需求的程式片段。(行號僅供參考)

```
01 idList = [0, 1, 2, 3, 4, 5, 6, 7, 8, 9, 10]
02 findId = 0
03 _____①_____ (findId < 11):
04     print(idList[findId])
05     if idList[findId] == 8:
06         _____②_____
07     else:
08         _____③_____
```

① (A) while   (B) for   (C) if   (D) break

② (A) while   (B) for   (C) if   (D) break

③ (A) continue   (B) break   (C) findId += 1   (D) findId = 1

說明

1. 答案：① (A)，② (D)，③ (C)。程式碼請參考 test06_3.py。

2. 第 5 行：找到特定產品清單編碼為 8 時結束，就用 break 跳出迴圈不再尋找。

題目 (四)

請在下列程式碼(行號僅供參考)的空格中，選取符合需求的程式片段，使程式正確執行。

```
01 nList = [1, 2, 3, 4, 5, 6]
02 aList = ['A', 'B', 'C', 'D', 'E', 'F']
03 _____①_____
04     print('nList 串列和 aList 串列的值相同')
05 _____②_____
06     print('nList 串列和 aList 串列的值不相同')
```

① (A) if nList = aList :   (B) if nList == aList :   (C) if nList += aList :

② (A) else :   (B) elif :   (C) elseif :

說明

答案：① (B)，② (A)。程式碼請參考 test06_4.py。

題目 (五)

老師要將所有成績不及格的學生，根據下列公式調整成績：

新的成績＝目前成績 × 105％＋2 分

在程式碼中會將學生成績讀取到 scoreList 的串列中，逐一讀取成績後將不及格的分數套用加分公式。在下列程式碼的空格中，選取符合需求的程式片段。

```
# scoreList 串列資料從學生成績資料庫取得
              ①
  if scoreList[index] >= 60:
              ②
    scoreList[index] = int(scoreList[index] * 1.05) + 2
```

① (A) for index in range(len(scoreList) + 1):

(B) for index in range(len(scoreList) - 1):

(C) for index in range(len(scoreList)):

(D) for index in scoreList:

② (A) exit()　　(B) continue　　(C) break　　(D) end

說明

答案：① (C)，② (B)。程式碼請參考 test06_5.py。

題目 (六)

評估下列程式碼(行號僅供參考)時，發現第 03 行及第 05 行有錯誤。

```
01 idList = [0, 1, 2, 3, 4, 5, 6, 7, 8, 9, 10]
02 findId = 0
03 while (findId < 11)
04     print(idList[findId])
05     if idList[findId] = 8:
06         break
07     else:
08         findId += 1
```

① 請問應該在第 03 行使用哪個程式片段？

(A) while (index < 11) :　　　(B) while [index < 11]

(C) while (index < 8) :　　　(D) while [index < 8]

② 請問應該在第 05 行使用哪個程式片段？

(A) if idList[findId] == 8　　　(B) if idList[findId] == 8:

(C) if idList(findId) = 8:　　　(D) if idList(findId) != 8

說明

答案：① (A)，② (B)。程式碼請參考 test06_6.py。

題目 (七)

學校要求您為統計學生成績造成問題的部份程式碼偵錯。已經宣告的變數如下：

```
scoreList = [65, 54, 74, 48]
num, total = 0, 0
```

下列程式碼有兩個錯誤：

```
for index in range(len(scoreList)-1):
    num += 1
    total += scoreList[index]
avg = total // num
print("學生成績總和為: ", total)
print("學生平均成績為: ", avg)
```

請在錯誤的程式碼中，選取符合需求的程式片段來修訂程式。

```
for index in range        ①
    num += 1
    total += scoreList[index]
avg =         ②
print("學生成績總和為: ", total)
print("學生平均成績為: ", avg)
```

① (A) (size(scoreList)):　　　(B) (size(scoreList) - 1):

　　(C) (len(scoreList) + 1):　　(D) (len(scoreList)):

② (A) total / num　　(B) total ** num　　(C) total * num

說明

1. 答案：① (D)，② (A)。程式碼請參考 test06_7.py。

2. scoreList 串列(清單)的長度(元素數目)可由 len(scoreList) 敘述取得。

3. 使用 total//num 求成績平均值會得到捨去小數的整數，若要保留小數須使用 / 運算子來計算。

函 式

- 何謂函式
- 內建函式
- 自定函式
- 引數的傳遞方式
- 引數傳遞使用串列
- 全域變數與區域變數
- 檢測模擬試題解析

7.1　何謂函式

在撰寫程式時，常會碰到一些具有特定功能而又重複出現的程式片段，將這樣的程式片段獨立出來，必要時只要給予一些參數就能呼叫執行使用，像這樣的獨立出來的程式片段就可以成立一個單獨的程式單元，我們將這種單元稱為「函式」(Function) 或稱為「方法」(Method)。

函式分為兩類：系統內建函式、使用者自定函式。系統內建函式(簡稱「內建函式」)是編譯系統設計好可立即呼叫使用的函式庫，如：輸出入函式、串列函式、字串函式…等。使用者自定函式(簡稱「自定函式」)，是程式設計者在撰寫程式時應程式需求自己定義出來的函式。

內建函式我們只要會使用，知道給予什麼參數就可傳回所要的結果，不必瞭解函式的內部設計情形，也無法做更改。自定函式是程式設計者無中生有產生的，隨時可以調整更改。設計好的自定函式有下列好處：

1. 函式可以重複使用，大程式只需要著重在系統架構的規劃，功能性或主題性的工作交給函式處理，程式碼可較精簡。

2. 若是較大程式軟體，可依功能切割成多個程式單元，再交由多人共同設計。如此不但可縮短程式開發的時間，也可以達到程式模組化的目的。

3. 將相同功能的程式敘述片段寫成函式，只需做一次，有助於提高程式的可讀性，也讓程式的除錯及維護更加容易。

7.2 內建函式

Python 語言的編譯器提供一個已定義好的函式集合稱為「標準函式庫」，在標準函式庫裡有輸出入函式、數值函式、字串函式、檔案輸出入函式、時間函式、亂數函式…等。本章先介紹數值函式、時間函式、亂數函式，其餘函式在其它章節會陸續介紹使用。

7.2.1 數值函式

下表為常用的數值函式：

函式	使用說明
abs(n)	取得 n 的絕對值。
	例：num = abs(-8) # num ← 8
round(n)	取得 n 四捨六入後的整數值。當小數第一位數字是 5 時，若前一位數字是偶數則捨去；若前一位數字是奇數則進位。
	例：num = round(12.6) # num ← 13
	例：num = round(12.4) # num ← 12
	例：num = round(12.5) # num ← 12, 因 2 是偶數
	例：num = round(11.5) # num ← 12, 因 1 是奇數
int(n)	將 n 轉換成整數(小數部分直接捨去)。
	例：num = int(12.35) # num ← 12
float(n)	將 n 轉換成浮點數。
	例：num = float(12) # num ← 12.0
hex(n)	將 n 轉換成十六進位數字。
	例：num = hex(254) # num ← 0xfe
oct(n)	將 n 轉換成八進位數字。
	例：num = oct(12) # num ← 0o14
divmod(n, m)	取得 n 除以 m 的商和餘數。
	例：(x, y) = divmod(23, 5) # x ← 4, y ← 3
	例：ret = divmod(23, 5) # ret[0] ← 4, ret[1] ← 3
pow(n, m)	取得 n 的 m 次方。
	例：num = pow(5, 3) # num ← 125
chr(n)	取得 Unicode 編碼 n 的字元。
	例：s = chr(20013) # s ← '中'
ord(s)	取得 s 字元的 Unicode 編碼值。
	例：n = ord('中') # n ← 20013

上列所列舉的數值函式，是一般常用的方式。但 round()、pow() 函式另有進一步比較複雜的用法。

一. round() 函式

round() 函式是以四捨六入的方式將浮點數轉換成整數值，但也可以指定要轉換的小數位數，使轉換成小數位數較小的浮點數。語法如下：

```
round(n, m)
```

 說明

1. 參數 n 是用來被轉換的浮點數，參數 m 是指定轉換結果的小數位數。

   例：num = round(12.365, 1)　　　# num ← 12.4

   例：num = round(12.367, 2)　　　# num ← 12.37

   例：num = round(12.364, 2)　　　# num ← 12.36

2. 參數 m 省略，則預設的轉換結果為整數。

二. pow() 函式

pow() 函式用來做指數運算，但也可以計算餘數。語法如下：

```
pow(n, m, k)
```

 說明

三個參數的運算意義是，n 的 m 次方結果再除以 k 的餘數。

例：mod = pow(4, 3, 10)　　　# mod ← 4

例：mod = pow(10, 2, 9)　　　# mod ← 1

簡例 (檔名：divmod.py)

學年結束，老師將剩餘班費 6359 元，平均歸給學生 28 人，則每位學生可分到多少錢，仍剩多少元。

結果

> 班費剩餘 6359 元, 學生有 28 人
> 每人均分得 227 元
> 班費仍剩餘 3 元

程式碼

檔名：\ex07\divmod.py

```
01 money = 6369
02 person = 28
```

```
03 print(f'班費剩餘 {money} 元，學生有 {person} 人')
04 (div, mod) = divmod(money, person)
05 print (f'每人均分得 {div} 元')
06 print (f'班費仍剩餘 {mod} 元')
```

第 4 行：使用 divmod() 內建函式，取得班費均分的金額 div，以及仍有剩餘的錢數 mod。

7.2.2 math 套件函式

數值的內建函式不止上一小節那些函式，還有定義在 math 套件中的數值函式，如：sin()、exp()、log()…。不過要使用套件內的函式，必須在使用前匯入套件名稱，匯入套件的敘述如下：

```
import 套件名稱
```

[例] 匯入 math 套件名稱

```
import math
```

當程式中有用到 math 套件函式時，如 sin() 函式，則在函式前要加上套件名稱，敘述如下：

```
math.sin(參數)
```

下表為常用的 math 套件函式：

函式	使用說明
pi	圓周率常數 π。 例：num = math.pi　　　　　# num ← 3.141592653589793
e	數學常數。 例：num = math.e　　　　　# num ← 2.718281828459045
ceil(n)	取得大於 n 的最小整數。 例：num = math.ceil(4.7)　　# num ← 5
floor(n)	取得小於 n 的最大整數。 例：num = math.floor(4.7)　　# num ← 4
fabs(n)	取得浮點數 n 的絕對值。 例：num = math.fabs(-24.67)　# num ← 24.67
sqrt(n)	取得 n 的平方根。 例：num = math.sqrt(100)　# num ← 10.0

函式	使用說明
exp(n)	取得 e^n。 例：num = math.exp(1)　　　　　# num ← 2.718281828459045
log(n)	取得 $\log_e(n)$。 例：num = math.log(10)　　　　　# num ← 2.302585092994046
log(n, b)	取得 $\log_b(n)$。 例：num = math.log(125, 5)　　　# num ← 3
sin(n)	取得弳度為 n 的正弦函式值。 例：num = math.sin(math.pi/6)　# num ← 0.5
cos(n)	取得弳度為 n 的餘弦函式值。 例：num = math.cos(math.pi/3)　# num ← 0.5
tan(n)	取得弳度為 n 的正切函式值。 例：num = math.tan(math.pi/4)　# num ← 1
asin(n)	取得反正弦函式的弳度值。 例：num = math.asin(0.5)　　　# num ← 0.5235987755982989, $\pi/6$
acos(n)	取得反餘弦函式的弳度值。 例：num = math.acos(0.5)　　　# num ← 1.0471975511965976, $\pi/3$
atan(n)	取得反餘弦函式的弳度值。 例：num = math.atan(1)　　　　# num ← 0.7853981633974483, $\pi/4$

　　套件名稱在匯入時，可以另外取較簡短或有特殊意義的別名，例如將 math 套件另外取別名為 M，其匯入敘述如下：

```
import math as M
```

　　當程式中有用到 math 套件函式時，例如 sqrt() 函式，則在函式前要加上套件別名 M，敘述如下：

```
M.sqrt(參數)
```

簡例 (檔名：math01.py)

給予半徑 100，計算出圓面積及圓周長。

結果

半徑為 100 的圓, 面積為 31415.93, 圓周長為 628.32

程式碼

檔名：\ex07\math01.py

```
01 import math as M
02 r = 100
03 a = r*r*M.pi
```

```
04 l = 2*r*M.pi
05 print(f'半徑為{r}的圓，面積為{a:.2f}，圓周長為{l:.2f}')
```

說明

1. 第 1 行：匯入 math 套件名稱，並使用別名 M。

2. 第 3,4 行：M.pi 為圓周率常數 π。

import 指令還有其它語法，可以在程式中使用函式時，不用再加上套件名稱或別名，語法如下：

> from 套件名稱 import *

[例] 匯入 math 套件名稱，並使用 sqrt() 函式。(檔名：math02.py)

```
01 from math import *
02 num = sqrt(49)                    # num ← 7.0
```

說明

1. 第 1 行：使用 * 表示匯入 math 套件的所有函式，所以可使用 math 套件內的任何函式。

2. 第 2 行：使用 sqrt() 函式時，不用加上套件名稱，如 math.sqrt()。

3. 匯入套件時，若指定只能使用某函式，如 sqrt()，其匯入時敘述為

   ```
   from math import sqrt
   ```

   這種情況，在程式中若有使用 math 套件時，只能使用 sqrt() 函式。

4. 匯入套件指定函式時， 也可以使用別名，例如如下敘述：

   ```
   from math import sqrt as squareRoot
   ```

   則此時使用 sqrt(49) 和 squareRoot(49) 是一樣的效果。

7.2.3 random 套件函式

亂數函式主要用來產生不同的數值，多用於電腦、統計學、模擬、離散數學、抽樣、作業研究、數值分析、決策等各領域。亂數函式的原型定義在 random 套件中。random 套件有許多函式提供給使用者使用，如 choice()、randint()、random()…。程式若有使用亂數函式時，必須在使用前匯入 random 套件名稱，匯入敘述如下：

```
import random
```

下表為常用的亂數套件函式：

函式	使用說明
randint(n1, n2)	從 n1 到 n2 之間隨機產生一個整數。 例：random.randint(1, 10)　　# 由 1~10 產生一個整數，如：6
randrange(n1,n2,n3)	從 n1 到 (n2-1) 之間每隔 n3 的數，隨機產生一個整數。 例：random.randrange(0, 6, 2)　# 由 0,2,4 產生一個整數，如：4
random()	從 0 到 1 之間隨機產生一個浮點數。 例：random.random() 　　　# 由 0.00000000000000001 ~ 0.99999999999999999 之間 　　　　產生一個浮點數，如：0.834657283069456
uniform(f1, f2)	從 f1 到 f2 之間隨機產生一個浮點數。 例：random.uniform(1, 10) 　　　# 由 1.0000000000000001 ~ 9.9999999999999999 之間 　　　　產生一個浮點數，如：5.2934203283061023
choice(s)	1. 從 s 字串中隨機取得一個字元。 例：random.choice('abc12') 　　　# 由'abc12'中產生一個字元，如：'c' 2. 從 s 串列中隨機取得一個元素。 例：random.choice([2,4,6,8,9]) 　　　# 由[2,4,6,8,9]串列中取得一個元素，如：4
sample(s, n)	1. 從 s 字串中隨機取得不重複的 n 個字元。 例：random.sample('abc123', 2) 　　　# 由'abc123'中產生 2 個字元，如：['2', 'b'] 2. 從 s 串列中隨機取得不重複的 n 個元素。 例：random.sample([2,4,6,8,9], 3) 　　　# 由[2,4,6,8,9]串列中產生 3 個元素，如：[8, 2, 6] 例：random.sample(range[1,49], 7) 　　　# 由數列 1~49 中產生 7 個不重複的整數。
shuffle(串列)	使串列重新排列。 例：lst = [1,2,3,4,5] 　　　random.shuffle(lst)　　# 使串列 lst 重新排列 　　　print(lst)　　　　　　# 印出新排列的串列，如：[3,1,2,5,4]

若要將 random 套件名稱在程式匯入時取別名為 R，其匯入敘述如下：

```
import random as R
```

簡例 (檔名：randint01.py)

　使用亂數套件函式，隨機產生 5 個 1~10 之間的整數。

結 果

```
第 1 個亂數：3
第 2 個亂數：9
第 3 個亂數：4
第 4 個亂數：3
第 5 個亂數：8
```

程式碼

檔名：\ex07\randint01.py

```
01 import random as R
02
03 for i in range(5):
04     rnd = R.randint(1, 10)
05     print(f'第 {i+1} 個亂數 : {rnd}')
```

說明

1. 第 1 行：匯入 random 亂數套件名稱。

2. 第 3~5 行：使用迴圈隨機產生 5 個 1~10 之間的整數，所產生的整數會有重複出現的情形。

簡 例 (檔名：randint02.py)

使用亂數套件函式及串列，隨機產生 6 個 18~35 之間不會重複的整數。

結 果

```
第 1 個亂數：27
第 2 個亂數：33
第 3 個亂數：18
第 4 個亂數：28
第 5 個亂數：24
第 6 個亂數：30
```

程式碼

檔名：\ex07\randint02.py

```
01 import random as R
02 max = 35            # 整數最大值
03 min = 18            # 整數最小值
04 num = 6             # 亂數的數量
05 arr = [0 for x in range(num)]    # 存放所產生的亂數
```

```
06  # arr = R.sample(range(min,max), num)
07  n = 0                        # 串列註標
08  while (n < num):
09      isRepeat = False           # 亂數沒重複
10      rnd = R.randint(min, max)   # 產生一個亂數
11      for v in arr:               # 讀取串列中元素值
12          if rnd == v:
13              isRepeat = True     # 亂數有重複
14      if not isRepeat:            # 如果沒有重複
15          arr[n] = rnd            # 存放所產生的亂數到串列中
16          n += 1
17
18  for i in range(num):
19      print(f'第 {i+1} 個亂數 : {arr[i]}')
```

🎙️ 說明

1. 第 2~5 行：是因題目需求所做的設定。使用 arr 串列來存放將產生的亂數。

2. 第 10 行：從 min~max 之間整數取得一個亂數暫時存放在 rnd 變數中。

3. 第 11~13 行：逐一讀取 arr 串列的元素值，來與 rnd 變數值做比對。若有相同則 isRepeat 為 True，表示取得的 rnd 亂數值有重複；若逐一比對皆沒有相同，表示取得的 rnd 亂數值沒有重複，則 isRepeat 繼續為 False(已在第 9 行設定)。

4. 第 14~16 行：如果 isRepeat 不為 True，則將產生的不重複 rnd 亂數值存放入指定註標 n 的串列元素中。

5. 第 6 行：如果使用 sample()函式，可以取代第 5~16 行的敘述區段。

7.2.4 time 套件函式

時間函式是利用時間變化來協助程式進行，以及取得時間、日期…等有關的設計。時間函式的原型定義在 time 套件中，time 套件提供許多函式給使用者使用，例如 clock()、sleep()、time()…。程式若有使用時間函式時，必須在使用前匯入 time 套件名稱，匯入敘述如下：

```
import time
```

套件名稱在匯入時可以另外取別名，如將 time 套件取別名為 T，匯入敘述如下：

```
import time as T
```

一. time() 函式

time() 函式是取得電腦目前的時間，即自 1970-01-01 00:00:00 起到目前為止，所經過的秒數。

[例] 取得電腦目前的時間。(檔名：time01.py)

```
01 import time as T          # 匯入 time 套件名稱,另取別名為 T
02 num = T.time()
03 print(num)                # 輸出 1632880093.2768238
```

 說明

1. 第 2 行：Python 的時間最小單位是 tick，tick 時間長度為微秒 (百萬分之一秒)。因此 time() 函式傳回的秒數是精確到小數 7 位的浮點數。

2. 第 3 行：所印出的時間是從 1970-01-01 00:00:00 起到目前的總秒數。

二. ctime() 函式

ctime() 函式是取得電腦目前所在時區的日期、時間資料，資料型別為字串。

[例] 取得電腦目前所在時區的日期、時間字串資料。(檔名：time02.py)

```
01 import time as T          # 匯入 time 套件名稱,另取別名為 T
02 st = T.ctime()
03 print(st)                 # 輸出 Wed Sep 29 09:49:46 2021
```

說明

1. 第 2 行：ctime() 函式的傳回資料是英文字串，傳回值的格式為
   '星期 月份 日 時:分:秒 西元年'。

2. 第 3 行：所印出的時間是目前電腦所在時區的日期、時間資料。

三. localtime() 函式

localctime() 函式可傳回目前電腦所在時區的日期、時間資訊，這些資訊成員及成員的內容表列如下：

成員	內容
tm_year	西元年
tm_mon	月份（1~12）
tm_mday	日（1~31）
tm_hour	時（0~23）
tm_min	分（0~59）

成員	內容
tm_sec	秒（0~59）
tm_wday	星期(0~6)，0：星期一，1：星期二，…，6：星期日
tm_yday	該年的第幾天(0~366)
tm_isdst	日光節約時間(0：無日光節約時，1：有日光節約時)

[例] 顯示電腦目前時區的「年-月-日 時:分:秒」資料。（檔名：time03.py）

```
01 import time as T
02 timer = T.localtime()
03 year = timer.tm_year
04 moon = timer.tm_mon
05 day = timer.tm_mday
06 hour = timer.tm_hour
07 minu = timer.tm_min
08 sec = timer.tm_sec
09 print(f'{year}-{moon}-{day} {hour}:{minu}:{sec}')
```

🎙 說明

1. 第 2 行：localctime() 函式取得目前電腦所在時區的日期、時間資訊，指定給 timer 物件。此時這 timer 物件就擁有 tm_year、tm_mon、tm_mday… 等成員的資訊。

2. 第 3~8 行：使用「物件.成員」的格式可以取得物件中指定成員的內容。如：timer.tm_year 就是取得 timer 物件中 tm_year 成員的內容。

3. 第 9 行：將所要的資訊以客製的格式「年-月-日 時:分:秒」輸出顯示，例如顯示「2021-9-29 9:52:4」。

四. sleep() 函式

sleep() 函式可在程式執行的期間，使暫停一段時間。語法如下：

```
時間套件名稱(或別名).sleep(n)          # n 的單位為秒
```

[例] 設定電腦執行期間暫停 5 秒，顯示暫停前後的電腦時間，並計算暫停前後的時間差距。（檔名：time04.py）

```
01 import time as T
02 t1 = T.time()
03 print(f'暫停前電腦時間:{t1}')          # 輸出 暫停前電腦時間:1633771167.1599407
04 T.sleep(5)                            # 設定電腦暫停執行 5 秒
05 t2 = T.time()
06 print(f'暫停後電腦時間:{t2}')          # 輸出 暫停後電腦時間:1633771172.1613321
```

```
07 print(f'程式暫停了{t2-t1:.7f}秒')    # 輸出 程式暫停了 5.0013914 秒
```

說明

1. 第 2、5 行：皆是傳回自 1970-01-01 00:00:00 起到目前所經過的總秒數時間 t1、t2，只是這兩個傳回動作 t1、t2 中間有暫停過 5 秒(第 4 行)的時間。

2. 第 7 行：印出 t1、t2 的時間差，會略多於 5 秒，多出來的是電腦執行處理第 3 ~ 5 行敘述所花費的時間。

7.2.5 datetime 套件函式

上一小節的 time 套件所處理的日期/時間資料，其資料型別為「time.struct_time」。而 datetime 套件所處理的日期/時間資料之資料型別為「datetime.datatime」。使用前匯入 datetime 套件名稱，匯入敘述如下：

```
import datetime
```

套件名稱在匯入時可以另外取別名，如 DT，匯入敘述如下：

```
import datetime as DT
```

一. 取得日期／時間

datetime 套件具有屬性 year(西元年)、month、day、hour、minute、second、microsecond(微秒，0.000001 秒)來讀取日期/時間的個別內容。

簡 例 (檔名：datetime01.py)

顯示現在日期(年、月、日) 和 目前時間(時、分、秒)

結 果

```
2021-10-01 09:41:17.688769
現在日期：2021 年 10 月 1 日
目前時間：9 時 41 分 17 秒
```

程式碼

檔名： \ex07\datetime.py

```
01 import datetime as DT
02 t1 = DT.datetime.now()
03 print(t1)
04 print(f'現在日期 : {t1.year} 年 {t1.month} 月 {t1.day} 日')
05 print(f'目前時間 : {t1.hour} 時 {t1.minute} 分 {t1.second} 秒')
```

說明

1. 第 2 行：t1 是日期/時間的物件變數，其資料型別為「datetime.datatime」。而 now()方法可以取得電腦的目前日期/時間。

2. 第 3 行：將取得目前日期/時間的 t1 變數值資料顯示出來。

3. 第 4 行：year、month、day 是 t1 物件的 年、月、日屬性。故 t1.year 存放著目前西元年 2021、t1.month 存放著目前月份 10、t1.day 存放著目前日期 1。

4. 第 5 行：hour、minute、second 是 t1 物件的 時、分、秒屬性。

二. 設定日期／時間

針對特殊的日期/時間要記錄起來，可以使用下列語法設定：

物件變數 = datetime.datetime(year、month、day、hour、minute、second)

上面語法至少要設定前面 year、month、day 三個屬性，後面屬性若沒設定則預設值為 00:00:00。

[例] 設定阿姆斯壯登上月球的日期。(檔名：datetime02.py)

```
01 import datetime as DT
02 setTime = DT.datetime(1969,7,20)
03 print(setTime)                # 輸出 1969-07-20 00:00:00
```

三. 格式化字串輸出

使用 datetime 套件的物件屬性內容可以依需求做格式化的字串輸出，如下例：

[例] 格式化顯示目前日期(年/月/日 星期),其中月份使用縮寫英文、星期幾使用英文全寫。(檔名：datetime03.py)

```
01 import datetime as DT
02 nowTime = DT.datetime.now()
03 print('{:%Y/%b/%d  %A}'.format(nowTime))    # 輸出 2021/Oct/01  Friday
04 print(f'{nowTime:%Y/%b/%d  %A}')            # 輸出 2021/Oct/01  Friday
05 print(nowTime.strftime("%Y/%b/%d  %A"))     # 輸出 2021/Oct/01  Friday
```

 說明

1. 第 3、4、5 行：皆是 datetime 套件物件做格式化的字串輸出的方式。

2. 格式化輸出使用的%字元參數及轉換成字串的使用說明，表列如下：

%字元參數	轉換成字串的使用說明
%Y	西元年份,如:'2021'
%y	西元年份不含世紀,如:'21' 代表西元 2021 年
%B	月份使用完整英文,如:'October'
%b	月份使用縮寫英文,如:'Oct' 代表十月
%m	月份使用數字('00' ~ '12'),如:'10' 代表十月
%d	所在月份的第幾天('00' ~ '31')
%A	星期幾使用完整英文,如:Friday
%a	星期幾使用完整英文,如:'Fri' 代表星期五
%w	星期幾使用數字,如:'5' 代表星期五,'0' 代表星期日
%H	時 使用 24 小時制('00' ~ '23')
%I	時 使用 12 小時制('00' ~ '12')
%M	分 ('00' ~ '59')
%S	秒 ('00' ~ '59')
%p	呈現 'AM' 或 'PM')

7.3 自定函式

「自定函式」是程式設計者依需求自行定義開發設計。自行定義的函式是一段獨立的程式碼敘述集合區塊,這個敘述區塊稱為 Function(函式),建立時要賦予函式名稱。在其它程式敘述只要透過呼叫該函式名稱,就可以使用該函式敘述的功能。

7.3.1 函式的建立

Python 定義函式時,是使用 def 來建立函式名稱,所建立的函式可以傳入多個引數,完成函式執行時也可產生多個傳回值。建立自定函式主體的語法如下:

```
def 函式名稱( 引數 1, 引數 2, …… ) :
    程式區塊
    return 傳回值 1, 傳回值 2, ……
```

1. 函式名稱:函式名稱的命名方式比照識別字的命名規則。在同一個程式中,自定函式的名稱不可以重複定義使用,也不可以和內建函式的名稱相同。

2. 引數:引數又稱為參數,可以傳入一個、二個或多個,也可以不傳入引數。在此的引數稱為虛引數,是接收來自呼叫端的程式敘述傳遞過來的資料。呼叫端程式敘述傳入的資料稱為實引數。若傳入之引數是二個以上,引數間要用逗點「,」隔間開。若不傳入引數,這時引數列只留有一個空的 ( )。

3. 傳回值：執行函式的敘述區段從事某項功能或任務時，有時會傳回一個或多個結果，這就是傳回值。而傳回值可以是資料、可以是變數、也可以是運算式，但回傳值最終會是資料常值的結果。使用 return 敘述就可以傳回資料結果，若函式的任務是沒有傳回值時，則 return 敘述可省略。

[例] 定義一個函式主體，函式名稱為 average，傳入兩個整數引數 n1、n2，傳回值是兩的引數的平均值，傳回值使用 a 浮點數變數。(檔名：function01.py)

```
01 def average(n1, n2):
02     a = (n1 + n2) / 2
03     return a
```

說明

第 3 行：傳回值使用變數 a，也可以使用運算式 (n1 + n2) / 2，此種情況可以省略第 2 行敘述。即本行可改為：

return (n1 + n2) / 2

7.3.2 函式的呼叫

當在主程式或函式中用敘述呼叫另一個函式去執行一個工作時，我們將前者稱為「呼叫敘述」，後者稱為「被呼叫的函式」(就是上一小節的函式定義主體)。若前者呼叫敘述小括號內有引數，我們稱為「實引數」(Actual Parameter)，被呼叫函式名稱後面小括號內的引數稱為「虛引數」(Formal Parameter)。呼叫敘述呼叫函式的寫法有兩種，一種有傳回值，另一種沒有傳回值：

一. 有傳回值的函式呼叫

> 變數 1, 變數 2, …… = 函式名稱(引數 1, 引數 2, ……)

1. 使用指定運算子「=」，會將等號右邊執行的結果指定給等號左邊的變數。函式可傳回一個或多個結果。

2. 引數：在此的引數稱為實引數，是傳遞給所呼叫函式使用的資料。實引數的數量、資料型別，必須和被呼叫函式的虛引數一致。引數若是兩個以上，引數間使用逗號「,」隔開，實引數可以為變數、串列元素、串列，也可以是常值或運算式。引數列若為 0 個時，( ) 仍需要保留不可省略。

3. 電腦將實引數傳出給被呼叫函式(函式主體)的虛引數，傳入的虛引數將所得到的資料帶入函式主體內，經過運算處理後，在被呼叫函式的最後透過 return 敘述傳回一個或多個結果資料給呼叫敘述端的變數。被呼叫函式端的傳回值數量、資料型別，必須和呼叫敘述端的變數一致。

簡 例 (檔名：function02.py)

定義一個可以計算兩整數平均值並可傳回計算結果的自定函式，並完成整個呼叫自定函式的過程。

結 果

```
輸入第 1 個整數：11    Enter↵
輸入第 2 個整數：6     Enter↵
11 和 6 兩整數平均為：8.5
```

程式碼

檔名： \ex07\function02.py

```python
01 def average(n1, n2):
02     a = (n1 + n2) / 2
03     return a
04
05 print('輸入第 1 個整數：' , end='')
06 num1 = eval(input())
07 num2 = eval(input('輸入第 2 個整數：'))
08 avg = average(num1, num2)
09 print(f'{num1} 和 {num2} 兩整數平均為：{avg:.1f}', end = '')
```

說明

1. 第 1~3 行：是 average() 自定函式定義主體，可傳回一個結果。

2. 第 5~6 行：一問一答的敘述可寫成一行，如第 7 行。

3. 第 8 行：呼叫 average(num1, num2) 自定函式，將函式傳回值指定給 avg 變數。實引數 num1 和 num2，會分別傳給 average() 自定函式的 n1 和 n2 虛引數，運算後經由 return a 敘述傳回結果。

簡 例 (檔名：function03.py)

定義一個可以計算等差數列的和與末項的自定函式，呼叫函式前使用者須輸入數列的首項、公差、項數，呼叫函式後印出數列的和及數列的末項。

結 果

```
輸入數列的首項：3    Enter↵
輸入數列的公差：2    Enter↵
輸入數列的項數：5    Enter↵
等差數列的末項為 11，和為 35.0
```

📖 程式碼

檔名：\ex07\function03.py

```
01 def progress(a1, d, n):
02     an = a1 + (n-1) * d          # 末項
03     sn = n * (a1 + an) / 2       # 和
04     return an, sn
05
06 a1 = eval(input('輸入數列的首項：'))
07 d = eval(input('輸入數列的公差：'))
08 an = eval(input('輸入數列的項數：'))
09 an, sn = progress(a1, d, an)
10 print(f'等差數列的末項為 {an}，和為 {sn}', end = '')
```

🎤 說明

1. 第 1~4 行：是等差數列 progress() 自定函式定義主體，可傳入的參數為數列首項 a1、數列公差 d、數列項數 n，傳回值為數列的末項 an 及數列的和 sn。

2. 第 6~8 行：呼叫 progress() 自定函式前，使用者輸入數列首項、數列公差、數列項數 三個引數資料。

3. 第 9 行：呼叫 progress() 自定函式，傳回數列的末項及數列的和。

二. 沒有傳回值的函式呼叫

> 函式名稱(引數 1, 引數 2, ……)

　　沒有傳回值的函式呼叫，只是將呼叫敘述端的實引數傳給被呼叫函式端的虛引數。接著，虛引數將所得到的資料帶入函式內經過運算處理後，直接將結果在函式內輸出顯示，不傳回到原來的呼叫敘述。

💻 簡例 (檔名：function04.py)

　　定義一個能傳入字元和字元數的自定函式，該函式的任務是將所傳入的字元，以所傳入的字元數在函式定義主體內顯示出來，沒有傳回值。呼叫時，實引數分別使用變數、常值、運算式來傳入。

💻 結果

```
AAAAAAAAAAAA
$$$$$$$$$$$$$$
BBBBBBBBBBBBBBBB
```

📱 程式碼

檔名：\ex07\function04.py

```
01 def printChar(ch, n):
02     for i in range(n):
03         print (f'{ch}', end = '')
04     print()
05
06 ch1 = 'A'
07 n1 = 12
08 printChar(ch1, n1)          # 實引數使用變數
09 printChar('$', 15)          # 實引數使用常值
10 printChar('B', n1+4)        # 第二個實引數使用運算式
```

🎤 說明

1. 第 1~4 行：printChar()函式可正常執行結束，因為沒有傳回值，所以不需要 return 敘述。

2. 第 8~10 行：皆為沒有傳回值的函式呼叫情形。

> NOTE　呼叫函式時實引數必須和函式端的虛引數相對應，如果改用關鍵字引數
> (Keyword Argument)，就不需要依照位置排列，語法為：
> 函式名稱(引數名稱 1=引數值 1, 引數名稱 2=引數值 2, ……)
> 例如上例可以用 printChar(n=15, ch='$')來呼叫，執行結果會依然正確。

7.3.3 引數的預設值

當自定函式建立時設計需要傳入引數，而呼叫該函式時沒有傳遞引數或傳遞的實引數數量少於虛引數數量，在這種情況下一般是會產生錯誤的。

[例] 引數數量不一致的函式錯誤呼叫。(檔名：triangle01.py)

```
01 def triangle(B, H):
02     A = B * H / 2
03     return A
04
05 base = 10
06 area = triangle(base)
07 print(area)
```

說明

1. 第 1 行的 triangle()函式宣告主體之虛引數有兩個，分別是 B(底)和 H(高)。而第 6 行呼叫 triangle()函式時的實引數只有一個 base(底)。故本程式執行時會產生錯誤。

要避免造成上面錯誤的情形，只要在宣告函式主體時，將虛引數用 = 運算子指定預設值即可。若呼叫該函式時沒有傳遞引數或傳遞的實引數數量少於虛引數的數量時，虛引數的預設值就派上用場了。

簡例 (檔名：triangle02.py)

求三角形面積函式主體建立時，兩個虛引數底與高皆指定預設值。當呼叫該函式時，分別以不傳遞實引數、只傳遞一個實引數或傳遞兩個實引數，來觀察呼叫函式的執行情況。

結果

```
三角形的底為 10, 高為 5
三角形的面積為 25.0

三角形的底為 10, 高為 6
三角形的面積為 30.0

三角形的底為 6, 高為 6
三角形的面積為 18.0
```

程式碼

檔名： \ex07\triangle02.py

```
01 def triangle(B = 6, H = 6):
02     print()
03     print(f'三角形的底為{B}, 高為{H}')
04     A = B * H / 2
05     return A
06
07 base = 10
08 high = 5
09 area1 = triangle(base, high)
10 print(f'三角形的面積為 {area1}')
11
12 base = 10
13 area2 = triangle(base)
14 print(f'三角形的面積為 {area2}')
```

```
15
16 area3 = triangle()
17 print(f'三角形的面積為 {area3}')
```

🎙️ 說明

1. 第 1~5 行：為三角形 triangle()函式的主體，建立時兩個虛引數 B(底)與 H(高)皆設定預設值，傳回值為經計算後的三角形面積。

2. 第 7~10 行：呼叫 triangle()函式，傳遞兩個實引數。故函式執行時，兩個虛引數皆承接傳入的實引數，即 B=base=10、H=high=5，回傳值為 10*5/2=25.0。

3. 第 12~14 行：呼叫 triangle()函式，只傳遞一個實引數。故函式執行時，使用第一個虛引數承接傳入的實引數，即 B=base=10，第二個虛引數使用預設值，即 H=6，回傳值為 10*6/2=30.0。

4. 第 16,17 行：呼叫 triangle()函式，但沒有傳遞實引數。故函式執行時，使用虛引數的預設值，即 B(底)=6, H(高)=6，回傳值為 6*6/2=18.0。

7.4 引數的傳遞方式

函式間的資料除了可使用 return 敘述傳回資料外，資料還可以透過引數來傳遞，引數的傳遞方式有「傳值呼叫」(call by value) 和「參考呼叫」(call by reference)兩種。

一. 傳值呼叫

函式呼叫時，若採用「傳值呼叫」。在呼叫自定函式時，呼叫敘述中的實引數傳入資料給自定函式的虛引數，無論在自定函式內虛引數內容是否有變數，都不影響原呼叫敘述實引數的值內容。因引數傳遞用傳值呼叫時，編譯器會複製一份實引數的值給虛引數使用，兩者占用不同的記憶體位址。當虛引數的位址資料異動時，不會影響到實引數的位址資料，也就是引數間的資料傳遞是單行道，即

　　　呼叫敘述實引數的資料內容　→　自定函式虛引數

到目前為止，我們在本書所接觸到有關函式呼叫的例子，都是傳值呼叫。

二. 參考呼叫

函式呼叫時，若採用「參考呼叫」。編譯器會將實引數和虛引數所占用的記憶體位址設為一樣，如此引數間的資料傳遞是雙向道，即

　　　呼叫敘述實引數的資料內容　↔　自定函式虛引數

當呼叫敘述中的實引數傳入資料給自定函式的虛引數，若自定函式內虛引數內容有改變，則原呼叫敘述實引數的內容也跟著變動。傳遞的資料如果是整個串列，其傳遞引數的方式就是屬於參考呼叫。

7.5 引數傳遞使用串列

串列也可以做為引數在函式之間被傳遞。若函式之間傳遞的引數為串列元素，則其引數傳遞的方式是屬於傳值呼叫。若函式之間傳遞的引數是整個串列，則其引數傳遞的方式為參考呼叫。

7.5.1 傳遞串列元素

函式之間的引數如果是使用串列元素傳遞，就與使用變數傳遞的情況一樣，皆為傳值呼叫。

■ 簡例 (檔名：callByValue.py)

建立 Triple() 函式，使傳入的引數變成三倍。觀察函式呼叫前、呼叫時、呼叫後，其相對的實引數與虛引數之間變化情況。

■ 結果

```
呼叫 Triple() 函式前 ------
x = 10     A[1] = 4

執行 Triple() 函式 ------
x = 30     y = 12

呼叫 Triple() 函式後 ------
x = 10     A[1] = 4
```

■ 程式碼

檔名：\ex07\callByValue.py

```
01 def Triple(x, y):
02     x = x * 3
03     y = y * 3
04     print('執行 Triple() 函式 ------')
05     print(f'x = {x}     y = {y}')
06     print()
07
08 x = 10
```

```
09 A = [2, 4, 6, 8]
10 print('呼叫 Triple() 函式前 ------')
11 print(f'x = {x}      A[1] = {A[1]}')
12 print()
13 Triple(x, A[1])
14 print('呼叫 Triple() 函式後 ------')
15 print(f'x = {x}      A[1] = {A[1]}')
```

🎙️ 說明

1. 第 13 行：呼叫 Triple() 函式時，實引數為 x, A[1]，而呼叫前 x=10, A[1]=4。

2. 第 1 行：執行 Triple()函式本體時，傳入引數值使虛引數 x← 10, y ← 4。

3. 第 2,3 行：使 x = 10*3 = 30， y = 4*3 = 12。

4. 第 15 行：呼叫 Triple() 函式後，因屬傳值呼叫，虛引數不會傳出，故實引數 x, A[1]仍維持為呼叫函式前的值，即 x = 10, A[1] = 4。

7.5.2 傳遞整個串列

若函式之間的引數使用整個串列傳遞時，則為參考呼叫。此種情況在呼叫敘述中的實引數必須使用要傳入的串列名稱，因串列名稱是編譯器分配給串列占用記憶體的起始位址。而在被呼叫函式對應的虛引數，也會是一個串列。

💻 簡例 (檔名：callByRef.py)

建立 Triple() 函式，傳入的引數為串列名稱，並傳入的串列各元素變成三倍。觀察函式呼叫前、呼叫時、呼叫後，其相對的串列實引數與串列虛引數之間的變化情況。

💻 結果

```
呼叫 Triple() 函式前 ------
串列 arr = [2, 4, 6, 8, 10]

執行 Triple() 函式 ------
串列 lst = [6, 12, 18, 24, 30]

呼叫 Triple() 函式後 ------
串列 arr = [6, 12, 18, 24, 30]
```

程式碼

檔名：\ex07\callByRef.py

```
01 def Triple(lst):
02     for i in range(len(lst)):
03         lst[i] = lst[i] * 3
04     print('執行 Triple() 函式 ------')
05     print(f'串列 lst = {lst}')
06     print()
07
08 arr = [2, 4, 6, 8, 10]
09 print('呼叫 Triple() 函式前 ------')
10 print(f'串列 arr = {arr}')
11 print()
12 Triple(arr)
13 print('呼叫 Triple() 函式後 ------')
14 print(f'串列 arr = {arr}')
```

說明

1. 第 12 行：呼叫 Triple() 函式時，實引數為串列 arr。而呼叫函式前串列 arr 的值為 [2, 4, 6, 8, 10]。

2. 第 1 行：呼叫函式執行 Triple()函式本體時，虛引數為 lst 變數。此時傳入 arr 串列的位址，lst 就成為串列且位址和 arr 相同，所以 lst ← arr = [2, 4, 6, 8, 10]。

3. 第 2、3 行：使 lst 串列元素值皆變為三倍，即使 lst = [6, 12, 18, 24, 30]。

4. 第 14 行：呼叫 Triple() 函式後，因串列引數屬參考呼叫，虛引數會回傳給實引數，故實引數 arr ← lst = [6, 12, 18, 24, 30]。

7.6 全域變數與區域變數

變數可供多個函式共同使用時，就稱為「全域變數」(Global Variable)。變數的有效時間一直到程式結束為止，全域變數必須被建立在所有函式的外面。

在函式內建立的變數，稱為「區域變數」(Local Variable)。此類變數的有效範圍僅在該函式內，離開該函式時此類變數便由記憶體中被釋放掉消失了，下次再執行該敘述區段時，系統會重新配置記憶體給此類變數使用。

7.6.1 變數覆蓋

若全域變數與函式內的區域變數使用到相同名稱的變數,則在函式內會產生「變數覆蓋」的現象。其實這兩個同名稱的變數,在記憶體內是占用不同的位址,互不影響。當程式流程執行到函式時,就使用這個區域所建立的變數,大範圍的全域變數會保留其值,等程式流程離開這較小範圍的函式時,這個區域變數便會消失。待程式流程回到較大範圍程式時,全域變數會仍用原保留的值繼續運作。

簡 例 (檔名:global01.py)

建立兩個全域變數、兩個區域變數,其中有一個變數名稱相同。觀察程式執行時它們的有效範圍,並留意變數覆蓋時發生的情況。

結 果

```
----- 變數(全域) -----
v1 = 100, v2 = 200

----- 變數(全域,區域) -----
v1 = 31, v2 = 200, v3 = 33

----- 變數(全域) -----
v1 = 100, v2 = 200
```

程式碼

檔名: \ex07\global01.py

```
01 def subpro():
02     v1 = 31
03     v3 = 33
04     print('----- 變數(全域,區域) -----')
05     print(f'v1 = {v1}, v2 = {v2}, v3 = {v3}')
06     print()
07
08 v1 = 100
09 v2 = 200
10 print('----- 變數(全域) -----')
11 print(f'v1 = {v1}, v2 = {v2}')
12 print()
13 subpro()
14 print('----- 變數(全域) -----')
15 print(f'v1 = {v1}, v2 = {v2}')
16 #print(f'v1 = {V1}, v2 = {v2}, v3 = {v3}')   # 錯誤敘述
```

1. 第 8,9 行：建立全域變數 v1、v2。

2. 第 11 行：印出呼叫函式 subpro() 前的變數 v1 = 100、v2 = 200，兩者皆是全域變數。

3. 第 2、3 行：建立區域變數 v1 = 31、v3 = 33。其中區域變數 v1 會覆蓋全域變數 v1。原全域變數 v1 會被保留著，待離開函式後再繼續使用。

4. 第 5 行：印出呼叫函式 subpro() 時的變數，其中
   v1(區域變數) = 31、v2(全域變數) = 200、v3(區域變數) = 33。

5. 第 15 行：印出呼叫函式 subpro() 後的變數 v1 = 100、v2 = 200，此時暫時被覆蓋的 v1 恢復使用。

6. 第 16 行：在函式內建立的 v3 變數，離開函式時即從記憶體中被釋放，已不存在，所以在主程式中不能再使用。

7.6.2 global 宣告變數

若在函式內使用到全域變數，又要避免發生「變數覆蓋」的現象，則該全域變數在該函式內須用 global 來宣告。如此這個變數無論在大範圍的主程式或在這小範圍的函式，在記憶體內是占用相同的位址。當程式流程執行這個函式時或離開這個函式時，這個變數皆一直保留其值。

簡例 (檔名：global02.py)

建立兩個全域變數、一個區域變數，其中一個全域變數要在函式內繼續使用且用 global 宣告。請觀察程式執行時變數值的變化。

結果

```
----- main -----
n = 100, m = 200
---- subpro -----
n = 110, m = 20
----- main -----
n = 110, m = 200
---- subpro -----
n = 120, m = 20
----- main -----
n = 120, m = 200
```

程式碼

檔名：\ex07\global02.py

```
01 def subpro():
02     global n
03     n = n + 10
04     m = 20
05     print('---- subpro -----')
06     print(f'n = {n}, m = {m}')
07
08 n = 100
09 m = 200
10 print('----- main -----')
11 print(f'n = {n}, m = {m}')
12
13 subpro()
14 print('----- main -----')
15 print(f'n = {n}, m = {m}')
16
17 subpro()
18 print('----- main -----')
19 print(f'n = {n}, m = {m}')
```

說明

1. 第 8,9 行：建立全域變數 n、m。

2. 第 11 行：印出呼叫函式 subpro() 前的變數 n = 100、m = 200，兩者皆是全域變數。

3. 第 2,3 行：用 global 宣告 n 變數，表示 n 全域變數在該函式內仍可繼續延用。
   當第一次呼叫函式時(第 13 行)，n=100，要離開函式時，n=n+10=110。
   當第二次呼叫函式時(第 17 行)，n=110，要離開函式時，n=n+10=120。

4. 第 4 行：建立區域變數 m=20，會覆蓋全域變數 m。

7.7　遞迴

函式間也可以相互呼叫，除了呼叫別的函式外，也可呼叫自己本身，這種函式呼叫自己的方式稱為「遞迴」。遞迴是一種應用極廣的程式設計技術，在函式執行的過程不斷地的呼叫函式自身，但每一次呼叫，皆會產生不一樣的效果，直到遇到終止再呼叫函式自身的條件或效果時，才會停止遞迴離開函式。如果遞迴的函式內沒有設定終止呼叫的條件，則這樣的函式會形成無窮遞迴。

遞迴在數學或電玩遊戲上常被使用，例如：數列、階乘、費氏數列、輾轉相除法、排列、組合、堆疊、河內塔、八個皇后、老鼠走迷宮⋯。有些程式雖然使用 for、while⋯等重複結構也能處理，但使用遞迴函式會較為簡潔易懂。以「階乘」為例，正整數的階乘是所有小於及等於該數 n 的正整數的積，用 n! 表示。階乘的通式為 n! = n * (n-1) * (n-2) * ⋯ * 2 * 1，例如：5! = 5 * 4 * 3 *2 *1 = 120。

簡例 (檔名：factorial.py)

使用階乘函式計算 n! = 1 * 2 * 3 * (n-1) * n 的結果，其中 n 由使用者輸入。n 的輸入值必須大於等於 1。

結果

```
n = 6  Enter↵
6! = 720
```

程式碼

檔名：\ex07\factorial.py

```
01 def d(n):
02     if n <= 1:
03         return 1
04     else:          # n > 1
05         return n * d(n-1)
06
07 while True:
08     n = eval(input('n = '))
09     if (n >= 1):
10         break
11     else:
12         print('輸入資料不符，請重新輸入...')
13
14 fac = d(n)
15 print (f'{n}! = {fac}')
```

說明

1. 第 1~5 行：建立 d(n) 遞迴函式。該函式被呼叫 d(6) 的流程如下所示：

d(6)

→ return 6 * d(5)

→ return 6 * 5 * d(4)

→ return 6 * 5 * 4 * d(3)

→ return 6 * 5 * 4 * 3 * d(2)

→ return 6 * 5 * 4 * 3 * 2 * d(1)

→ return 6 * 5 * 4 * 3* 2 * 1

→ return 720 (回傳值)

2. 第 7~12 行：篩選使用者的輸入值是否符合 (n >= 1) 的條件。

3. 第 14 行：呼叫 d(6) 的遞迴計算結果，回傳指定給 fac 變數。

7.8　檢測模擬試題解析

題目 (一)

下列程式片段執行時輸出值為何？(行號僅供參考)

```
01 import datetime
02 dd = datetime.datetime(2021, 11, 7)
03 print('{:%B-%d-%y}'.format(dd))
```

(A) 11-07-21　　(B) 11-07-2021　　(C) [November-07-21]　　(D) [2021-Nov-07]

說明

1. 答案為(C)，程式碼請參考 test07_1.py。

2. 第 03 行：%B 表使用完整英文月份，%d 表所在月份的第幾天，%y 表不含世紀的西元年份。

題目 (二)

您正在開發遊戲程式，要產生符合下列需求的隨機整數數字：

• 此數字是 3 的倍數。

• 最小的數字是 3。

• 最大的數字是 60。

請問哪兩個程式碼片段將符合需求？

(A) from random import randint

　　print(randint(1, 20)*3)

(B) from random import randint

　　print(randint(0, 20)*3)

(C) from random import randrange

　　print(randrange(3,63,3))

(D) from random import randrange

　　print(randrange(0,63,3))

說明

1. 答案：(A)(C)，程式碼請參考 test07_2.py。

2. randint(1, 20) 會產生一個 1,2,3, … ,18,19,20 之間的隨機整數，所以 randint(1, 20)*3 會產生一個 3,6,9, … ,54,57,60 之間的隨機整數。

3. randrange(3,63,3) 會從 3 到 (63-1) 之間隨機產生一個間隔為 3 的整數。

題目 (三)

設計一個程式讓使用者猜測 1~6 之間的整數，但最多只能猜三次。程式碼如下：

```
01 from random import randint
02 ans = randint(1, 6)
03 times = 1
04 print("在 1~6 整數之間猜測一個數字，最多猜三次。")
05 _____①_____
06     guess = int(input("請猜一個整數 ? "))
07     if guess > ans:
08         print("錯誤！所猜的數字 太大了。")
09     elif guess < ans:
10         print("錯誤！所猜的數字 太小了。")
11     else:
12         print("答對了！")
13 _____②_____
14 _____③_____
```

此程式必須允許使用者猜三次，若猜到正確的數字就停止。請填入以下程式片段的代碼，完成第 05、13 和 14 行的敘述。(行號僅供參考)

(A) break　　(B) times += 1　　(C) times = 2　　(D) pass

(E) while times < 3　　(F) while times < 3:　　(G) while times <= 3:

說明

答案：① (G)、② (A)、③ (B)。程式碼請參考 test07_3.py。

題目 (四)

某保健公司建立一個程式，會根據客戶所記錄的珍珠奶茶杯數，傳送所攝取熱量訊息，其中包含兩個函式。程式碼如下：(行號僅供參考)

```
01              ①
02      name = input('請輸入姓名： ')
03      return name
04              ②
05      total_cal = num * calories
06      return total_cal
07 cups = int(input("請輸入一天喝幾杯珍珠奶茶？"))
08 calCup = 160
09 user = input_name()
10 calories = calc(cups, calCup)
11 print(user + " 你攝取了", calories, "大卡")
```

① 請問第 01 行的程式片段為何？

(A) def input_name():　(B) def input_name(user):　(C) def input_name(name):

② 請問第 04 行的程式片段為何？

(A) def calc ():　(B) def calc(num, calories):　(C) def calc(num, calCup):

說明

1. 答案：① (A)，② (B)。程式碼請參考 test07_4.py。

2. 第 01~03 行：為第一個函式。在第 2 行建立的變數 name，其變數值由使用者輸入，故本函式不需要有引數傳入。

3. 第 04~06 行：為第二個函式。在第 5 行建立的變數 total_cal，需要兩變數 num 和 calories 相乘運算，故本函式需要有該兩個引數傳入。

題目 (五)

撰寫一個 add_score()函式來增加學生分數，函式傳回值是原始分數(score)加上加分(add)，此函式具有下列需求：

• 如果沒有針對 add 指定任何值，則 add 的預設值為 1。

• 如果 rest 為 False 表學生全勤，則加分加倍。

```
01 def add_score(score, rest, add):
02      if rest == False:
03          add *= 2
04      score = score + add
```

```
05      return score
06 stuScore = 75
07 add = 2
08 newScore = add_score(stuScore, True, add)
```

依據上述程式碼(行號僅供參考)，請回答下列問題為 正確 或 錯誤？

① 為了符合需求，必須將第 01 行變更為

def add_score(score, rest, add = 1):

(A) 正確　　(B) 錯誤

② 第 01 行以預設值定義任何參數之後，括號內的所有參數也必須使用預設值來定義。

(A) 正確　　(B) 錯誤

③ 如果你不變更第 01 行，而且僅使用兩個參數來呼叫此函式，第三個參數的值將為 None。

(A) 正確　　(B) 錯誤

④ 第 03 行也會修改在第 06 行宣告之變數 add 的值。

(A) 正確　　(B) 錯誤

> 說明

1. 答案：① (A)，② (A)，③ (B)，④ (B)。程式碼請參考 test07_5.py。

2. 故第①、②題，函式內的參數可以指定預設值，以防止呼叫敘述所傳入的參數不足。

3. 第③題，若第三個參數須設定預設值，否則程式執行到第 03 行會發生錯誤。

4. 第④題，本函式屬傳值呼叫，第 06 行的 add 變數和第 03 行的 add 變數分別占據不同記憶體位址空間，彼此互不影響。

題目 (六)

撰寫一個程式來隨機指派編號(no)範圍 1~50，和分配團隊(group)以進行夏令營活動。請在下列程式碼中選取正確的程式碼片段以完成程式。(行號僅供參考)

```
01 import random
02 noUsed = [1]
03 no = 1
04 groups = ["黑熊", "藍鵲", "梅花鹿", "山羊"]
05 count = 0
06 print("歡迎參加夏令營活動")
```

```
07  name = input("請輸入您的姓名（輸入 q 結束）？ ")
08  while name != 'q' and count < 50:
09      while no in noUsed:
10      _____①_____
11      print(f"{name},你的編號是{no}")
12      noUsed.append(no)
13      _____②_____
14      print(f"您編入 {group} 隊")
15      count += 1
16      name = input("請輸入您的姓名（輸入 q 結束）？ ")
```

① (A) no = random(1, 50)　　　　　　　(B) no = random.randint(1, 50)

　 (C) no = random.shuffle(1, 50)　　　　(D) no = random.random(1, 50)

② (A) group = random.choice(groups)　　(B) group = random.randrange(groups)

　 (C) group = random.shuffle(groups)　　(D) group = random.sample(groups)

説明

1. 答案：① (B)，② (A)。程式碼請參考 test07_6.py。

2. 第 09~12 行：編號有 1~50 號隨機取得一個號碼 no，已被取過的號碼記錄在 noUsed 串列中。第 09~10 行用來抽取尚未被使用的號碼。

3. 第 13 行：從 groups 串列中隨機取得一個團隊元素。

題目 (七)

建立一個函式，將傳入函式的數字當做浮點數值(fload)操作。此函式須執行下列工作：

- 函式的傳回值是浮點數的絕對值。
- 函式的傳回值是整數，浮點數的小數部分要捨棄。

請問您可以使用下列哪兩個 math 套件的函數？

(A) math.fabs(f)　　　(B) math.floor(f)　　　(C) math.fmod(f)　　　(D) math.frexp(f)

説明

1. 答案：(A)(B)。

2. fabs()函式可以取得浮點數的絕對值，而 floor()函式可以取得整數值。

題目 (八)

請檢閱下列程式。(行號僅供參考)

```python
01 def pcStore(kind, brand, mobile = "none"):
02     #顯示 3C 產品的相關資訊
03     print(f"\n 您已選擇了 {kind} 類別。")
04     if mobile == "none":
05         print(f"在 {kind} 類別中您選擇了 {brand} 品牌。")
06     else:
07         print(f"在 {kind} 類別中您選擇了 {brand} 品牌，支援 {mobile}。")
08     print(f"\n {kind} 可以使您生活更便利 !")
09
10 kind = input("請問要購買 筆電、桌機、平板或手機 哪一類的 3C 產品? ")
11 brand = input("請問是喜歡 華碩、宏碁、蘋果、或小米 哪種品牌 ? ")
12 if kind == "手機" or kind == "平板":
13     mobile = input("請問要支援 5G、4G 或 3G ? ")
14     pcStore(kind, brand, mobile)
15 else:
16     pcStore(kind, brand)
17 pcStore(mobile = "4G", brand = "華碩", kind = "手機")
18 pcStore("筆電", brand = "宏碁")
```

依據上述程式碼，請回答下列問題為 正確 或 錯誤？

① 此函式會傳回一個值。

　(A) 正確　　(B) 錯誤

② 第 14 和 17 行的函式呼叫無效。

　(A) 正確　　(B) 錯誤

③ 第 16 和 18 行的函式呼叫會產生錯誤。

　(A) 正確　　(B) 錯誤

說明

1. 答案：① (B)，② (A)，③ (B)。程式碼請參考 test07_8.py。

2. pcStore()函式沒有傳回值。

3. 第 14、16、17、18 行的函式呼叫皆為有效的呼叫方式，其中第 17 行是採用關鍵字引數。

題目 (九)

學生們要參加國小的班親會活動，下列函式可以告訴學生參加活動的場地：

```python
def getRoom(student, year):
    #為學生分配場地
    if year == 1:
        print(f"\n{student.title()}, 請到 第一會議室 報到")
    elif year == 2:
        print(f"\n{student.title()}, 請到 第二會議室 報到")
    elif year == 3:
        print(f"\n{student.title()}, 請到 視聽教室 報到")
    elif year == 4:
        print(f"\n{student.title()}, 請到 禮堂 報到")
    elif year == 5:
        print(f"\n{student.title()}, 請到 音樂教室 報到")
    else:
        print(f"\n{student.title()}, 請到 風雨操場 報到")
```

```python
name = input("請輸入您的姓名：")
grade = 0
while grade not in (1,2,3,4,5,6):
    grade = int(input("請輸入年級：(1~6) ？ "))
```

請問下列哪兩個函式呼叫是正確的？

(A) getRoom (name, year = grade)

(B) getRoom (student, year)

(C) getRoom ("Guido Rossum", 3)

(D) getRoom (year=6, name=" Guido Rossum ")

說明

答案：(A)(C)。程式碼請參考 test07_9.py。

元組、字典、集合

- 元組
- 字典

- 集合
- 檢測模擬試題解析

8.1　元組

8.1.1 何謂元組

　　元組(tuple)簡單的來說就是由多個元素所組成的群組,元組的成員可以由不同型別的資料型別來組成。元組宣告後就不可以更改,其序列是固定的;讀取元組內含的元素時,使用的註標即建立時的順序。元組與之前介紹的串列結構相同,只是元素個數及元素值都不能改變,所以希望能保護資料時,就可採用元組。

8.1.2 元組的宣告

　　元組宣告時是以「,」逗號,區隔各個元素。語法如下:

方法 1
元組 = 元素 A, 元素 B, 元素 C, …
方法 2
元組 = (元素 A, 元素 B, 元素 C, …) #以()小括號括住所有元素。

1. 宣告空元組時,一定要使用方法 2 不可省略小括號。

    ```
    tuple1 =       #錯誤宣告
    tuple2 = ()    #宣告空元組
    ```

2. 宣告只有一個元素的元組時,需要在元素之後加上逗號。

    ```
    tuple1 = 25,
    tuple2 = (25,)
    ```

8.1.3 元組常用的函式

下表為元組常用的函式，可用來進行比較元組、元組轉換串列、傳回元組中最大值或最小值…等相關元組的進階操作。

函式	功能說明
sum()	功能：傳回元組內所有元素的總合，num 值為指定參與計算的整數引數，若未指定則預設值為 0。 語法：sum (tuple, [num]) 簡例：t1 = (10, 20, 30) 　　　print(sum (t1, 40))　#輸出結果 100
max()	功能：傳回元組內元素最大者。 語法：max (tuple) 簡例：t1 = (10, 20, 30) 　　　print (max (t1))　　#輸出結果 30
min()	功能：傳回元組內元素最小者。 語法：min (tuple) 簡例：t1 = (10, 20, 30) 　　　print (min (t1))　　#輸出結果 10
tuple()	功能：將串列轉換成元組。 語法：tuple (list) 簡例：list1 = [10, 20, 30] 　　　print (tuple (list1))　#輸出結果 (10, 20, 30)
list()	功能：將元組轉換成串列。 語法：list (tuple) 簡例：tuple1 = (10, 20, 30) 　　　print (list (tuple1))　#輸出結果 [10, 20, 30]
len()	功能：回傳元組的元素個數。 語法：len (tuple) 簡例：tuple1 = (10, 20, 30) 　　　print (len (tuple1))　#輸出結果 3
count()	功能：回傳元組中指定元素值的出現次數。 語法：tuple.count (元素值) 簡例：tuple1 = (10, 20, 30) 　　　print (tuple1.count (20))　#輸出結果 1
sorted()	功能：將元組中元素遞增排後回傳，回傳值為串列型別。 語法：排序後串列 = sorted(tuple) 簡例：tuple1 = (20, 10, 30) 　　　print (sorted(tuple1))　#輸出結果 [10, 20, 30]

8.1.4 元組基本操作

元組在程式中可以進行簡單的操作，以下用實例配合說明，來瞭解元組的基本操作。

[例] 元組基本操作。　　(tuple_1.py)

```
01 tuple1 = ('東','南','西')
02 print(tuple1)                #輸出 ('東','南','西')
03 East,South,West = tuple1
04 print(South)                        #輸出 南
05 tuple2 = tuple1 + ('北',)
06 print(tuple2)                #輸出 ('東', '南', '西', '北')
07 tuple1,tuple2 = tuple2,tuple1
08 print(tuple1)                #輸出 ('東', '南', '西', '北')
09 print(tuple2)                #輸出 ('東', '南', '西')
10 print(len(tuple1))           #輸出 4
11 del(tuple2)
12 print(tuple2)                #輸出 錯誤訊息
13 list1 = list(tuple1)         #元組轉換成串列
14 list1.append('東北')
15 print(list1)                 #輸出 ['東', '南', '西', '北', '東北']
16 tuple1 = tuple(list1)        #串列轉換成元組
17 print(tuple1)                #輸出 ('東', '南', '西', '北', '東北')
18 print(tuple1[0])             #輸出 東
19 print('東北' in tuple1)      #輸出 True
20 for t in tuple1:
21     print(t, end=',')        #輸出 東,南,西,北,東北,
```

說明

1. 第 3 行：元組內含的元素 '東'、'南'、'西'，依序指定給 East、South、West 變數。

2. 第 4 行：印出 South 變數。

3. 第 5 行：元組無法新增新元素，只能產生新的元組，用「+」可以連接舊元組和新元素。

4. 第 7 行：兩個元組互換。

5. 第 10 行：以 len() 取得元組內含元素數。

6. 第 11~12 行：以 del() 刪除元組 tuple2，第 12 行執行時會產生錯誤，因為 tuple2 已不存在。

7. 第 13~17 行：元組和串列可以互相轉換。第 13 行將元組轉成串列，第 14 行新增元素到串列，第 16 行將串列轉換成元組。

8. 第 18 行：使用 [註標值] 可以讀取指定註標值的元組中元素值。

9. 第 19 行：使用 in 運算子可以檢查資料是否為元組的元素。

10. 第 20~21 行：使用 for … in 重複結構，可以逐一讀取元組中元素值。

簡 例

請撰寫程式從二維元組中讀取購物清單，清單內的資料分別是品名、數量及單價。顯示清單上的資料並計算小計，最後計算總計。

結 果

品　名	數　量	單　價	小　計
香蕉	34	2	68
芭樂	28	3	84
水梨	50	2	100
總　計：			252

程式碼

檔名：\ex08\shop.py

```
01 data = (('香蕉', 34, 2), ('芭樂', 28, 3), ('水梨', 50, 2))
02 total = []
03 print ('品  名\t數  量\t單  價\t小  計')
04 for t1 in data:
05     name,s1,s2 = t1
06     total.append(s1 * s2)
07     print(f'{name:>4}{s1:8}{s2:8}{total[-1]:8}')
08 print(f'總  計:{sum(total):23}')
```

說明

1. 第 1 行：data 為二維元組，每個元組包含有品名、數量和單價。

2. 第 2 行：建立一個空串列來儲存每一個項目的小計。

3. 第 4~7 行：使用 for … in 重複結構，逐一讀取串列元素值：

   ① 第 5 行：將元組內的元素指定給 name、s1、s2 變數。例如第一圈 name 變數值為 '香蕉'、s1 等於 34、s2 等於 2。

   ② 第 4~5 行可以合併成：for (name, s1, s2) in data:

   ③ 第 6 行：計算該項目的小計，並且附加在串列的最後面。

④ 第 7 行：使用格式化輸出每一個單項資料。

4. 第 8 行：以 sum()函式計算總合，並格式化輸出。

8.2 　字典

8.2.1 何謂字典

字典(dict)的每個元素是用冒號「:」分隔，冒號之前是鍵(Key)，冒號之後是值(Value)，換言之是由「鍵:值」組成一個元素。元素間用逗號「,」分隔，所有元素被「{}」大括號包圍，即完成字典型別。字典顧名思義，就像我們使用的字典，可以根據英文單字查詢到中文解釋。例如 book 對應到「書本」，如果用字典語法可以寫成 {'book':'書本'}。真實的字典是依規則排序以方便查詢，但是 Python 中字典的元素是無序列儲存的，其語法如下：

字典 = {鍵 1:值 1, 鍵 2:值 2, …}

1. 鍵必須是唯一而且不可變的，而鍵可以使用的型別為數值、字串或元組。

2. 值可以是任何資料型別，除了常用型別外，串列、元組、字典…等也可以。

8.2.2 字典基本操作

字典在程式中可以進行元素的新增、修改及刪除等操作，語法如下：

功能	語法說明
修改	語法：字典[鍵] = 新值
刪除	語法：del 字典[鍵]　　#刪除字典中某一元素 語法：del 字典　　　　#刪除整個字典
新增	語法：字典[新鍵] = 值

[例] 字典基本操作。(dict_1.py)

```
01 dict1 = {'一月':'正月','二月':'花月','三月':'梅月'}
02 print(dict1)  #輸出 {'一月': '正月', '二月': '花月', '三月': '梅月'}
03 print(dict1['三月'])   #輸出 梅月
04 dict1['一月'] = '端月'
05 print('一月是', dict1['一月'])   #輸出 一月是 端月
06 del dict1['一月']
07 print(dict1)  #輸出  {'二月': '花月', '三月': '梅月'}
```

```
08 dict1['一月'] = '正月'
09 print(dict1)  #輸出  {'二月': '花月', '三月': '梅月', '一月': '正月'}
10 print('1月' in dict1)  #輸出  False
11 del dict1
12 print(dict1)
```

說明

1. 第 1、2 行：建立字典型別並列印其內容。

2. 第 3 行：查詢鍵等於「三月」的內容值。

3. 第 4、5 行：修改鍵等於「一月」的內容值。

4. 第 6、7 行：刪除鍵等於「一月」的元素。

5. 第 8、9 行：新增一元素，鍵是「一月」，值為「正月」。

6. 第 10 行：查詢鍵是否存在字典中。如果存在就回傳「True」，反之則回傳「False」。

7. 第 11、12 行：第 11 行刪除整個字典，第 12 行執行時會產生錯誤訊息。

8.2.3 字典進階操作

Python 的字典型別內建許多方法，方便我們進行進階操作。

方法	功能說明　　（程式檔：dict_2.py）

dict	功能：建立一個新字典。
	語法：dict (元組或串列)
	簡例：dict1 = dict((('一月','正月'),('二月','花月')))
	　　　print(dict1) #輸出結果 {'一月': '正月', '二月': '花月'}
	　　　dict1 = dict([['一月','正月'],['二月','花月']])
	　　　print(dict1) #輸出結果 {'一月': '正月', '二月': '花月'}
	說明：運用 dict()函式轉換元組和串列為字典，傳入資料必須成對，前者轉換成字典的鍵，後者轉換為值。

fromkeys	功能：建立一個新字典。
	語法：dict. fromkeys (元組或串列[, 預設值])
	簡例：dict2 = dict.fromkeys(('四月','五月'))
	　　　print(dict2) #輸出結果 {'四月': None, '五月': None}
	　　　dict2 = dict.fromkeys(['一月','四月'],'端月')
	　　　print(dict2) #輸出結果 {'一月': '端月', '四月': '端月'}
	說明：以 fromkeys 轉換元組或串列為字典的鍵，所有鍵的值為第二個參數，若省略第二參數，預設為「None」。

方法	功能說明　　　（程式檔：dict_2.py）
keys	功能：傳回字典中所有的鍵。 語法：字典. keys () 簡例：print((dict1.keys())))　#輸出結果 dict_keys(['一月', '二月']) 說明：顯示 dict1 字典中所有的鍵。
values	功能：傳回字典中所有的值。 語法：字典. values () 簡例：print(tuple(dict1.values()))　#輸出結果 ('正月', '花月') 說明：顯示 dict1 字典中所有的值。
items	功能：傳回字典中所有的元素。 語法：字典. items () 簡例：print(list(dict1.items())) 　　　　#輸出結果 [('一月', '正月'), ('二月', '花月')] 說明：顯示 dict1 字典中所有的元素。
get	功能：傳回字典中指定鍵所對應的值。 語法：字典. get (key[,value]) 簡例：print(dict2.get('三月'))　#輸出結果 None 說明：get 用來查詢「三月」是否為字典的鍵，如果有就傳回其對應的值； 　　　如果不是則傳回第二個參數，若省略第二參數，預設為「None」。

setdefault	功能：傳回字典中指定鍵所對應的值，如果該鍵不存在會新增該鍵。
	語法：字典. setdefault (key[,value])
	簡例：print(dict2.setdefault('一月', '梅月')) #輸出結果 端月
	　　　print(dict2) #輸出結果 {'一月': '端月', '四月': '端月'}
	　　　print(dict2.setdefault('三月', '梅月')) #輸出結果 梅月
	　　　print(dict2)
	　　　#輸出結果 {'一月': '端月', '四月': '端月', '三月': '梅月'}
	說明：setdefault 和 get 的功能類似，其差異點是如果鍵不存在 setdefault
	　　　會新增以 key 為鍵的新元素。而第二個參數設定為該元素的值，若
	　　　省略第二參數，預設值為「None」。

pop	功能：傳回字典中指定鍵所對應的值，並刪除該元素。 語法：字典. pop (key[,value]) 簡例：dict1.pop('10 月','NONE') 　　　dict1.pop('四月') 　　　print(dict1) #輸出結果 {'一月': '端月', '二月': '花月', '三月': '梅月'} 說明：使用 pop 時，如果鍵存在，回傳其值，之後刪除此元素；如果鍵不 　　　存在，回傳第二參數，此時如果第二參數省略會產生錯誤訊息。若 　　　字典內無元素則會產生錯誤訊息。

方法	功能說明 （程式檔：dict_2.py）
popitem	功能：隨機傳回字典中的元素，並刪除該元素。 語法：字典. popitem() 簡例：print(dict1.popitem())　#輸出結果 ('三月', '梅月') 說明：使用 popitem 不用參數，因為這方法會隨機傳回一個元素，再刪除該元素。該留意的是如果使用於空字典，會產生錯誤訊息。
update	功能：以 dict2 中的元素，更新 dict1。 語法：dict1. update(dict2) 簡例：dict1.update(dict2) 　　　print(dict1) 　　　#輸出{'一月':'端月','二月':'花月','四月':'端月','三月':'梅月'} 說明：update 會將 dict2 與 dict1 合併，假使 dict2 有 dict1 不存在的鍵，則新增該元素到 dict1；反之以 dict2 的值覆蓋 dict1 該元素的值。
clear	功能：清除字典內所有元素。 語法：字典. clear () 簡例：dict1.clear() 　　　print(dict1) #輸出結果 {} 說明：clear 會刪除字典內所有元素，使其成為僅保留名稱的空字典。

📝 簡 例 (檔名：search.py)

使用者可以輸入貨號，查詢品名和售價。如果該貨號不存在，則可以新增資料。

📄 結 果

```
請輸入貨號：A003
貨號：A003 品名：冰棒 售價：20 元
```

```
請輸入貨號：A002
貨號：A002 不存在
請輸入品名：豆干
請輸入售價：15
貨號：A002 品名：豆干 售價：15 元
```

📄 程式碼

檔名：\ex08\search.py

```python
01 datas = {'A001':['汽水',25],'A005':['公主麵',10],
02          'A006':['口香糖',8],'A003':['冰棒',20]}
03 num=input('請輸入貨號：')
04 if num not in datas:
05     print(f'貨號：{num} 不存在')
06     name=input('請輸入品名：')
07     money=int(input('請輸入售價：'))
08     datas[num]=[name,money]
09 d = datas.get(num)
```

```
10 print(f'貨號：{num} 品名：{d[0]} 售價：{d[1]}元')
```

 說明

1. 第 1、2 行：datas 為字典，例如 'A001' 為鍵，對應的值為 ['汽水',25] 串列。

2. 第 4~8 行：以輸入的貨號使用鍵進行查詢，如果不存在時：

    ① 第 6、7 行：使用者輸入的品名和售價依序指定給 name 和 money 變數。

    ② 第 8 行：新增一筆字典元素。

3. 第 9 行：使用 get 方法取得字典中鍵所對應的值。

8.3 集合

8.3.1 何謂集合

集合(set)儲存的是無序列的元素，而且儲存時會自動移除重複的元素，所以在集合中是不存在重複的元素。建立集合的語法如下：

> 方法 1
>
>   集合型別 = {元素 1,元素 2,…}
>
> 方法 2
>
>   集合型別 = set((元素 1,元素 2,…))

1. 使用 **方法 1** 建立集合時，其中的元素可以使用的型別為數值、字串和元組。若是 **方法 2** 則還可以使用串列，字典。例如：

```
s1 = {1, 2, 3, 1, 2}        #集合元素為 1、2、3，重複者會被刪除
s2 = {'A', (2, 3), 4}       #集合元素為'A'、(2, 3)、4
s3 = set(range(1, 11))      #集合元素為 1 ~ 10
s4 = set({1:'A', 2:'B', 3:'C'}) #集合元素為 1、2、3
```

2. 如果要建立空集合時，一定要使用 **方法 2** 寫法如下：

```
s = set()           #空集合。
```

8.3.2 集合的基本操作

集合內的元素可以新增刪減，其基本操作語法如下：

功能	語法說明
新增	語法：集合.add(元素)
刪除	語法：集合.remove(元素)

功能	語法說明
新增	語法：集合.update(參數) 說明：參數可以是元素或是串列、元組或字典。
刪除	語法：集合.discard(元素) 說明：同 remove，其差異是 remove 會產生錯誤訊息，discard 則不會。
刪除	語法：集合.pop() 說明：隨機刪除集合中的一個元素。

[例] 集合基本操作。　(set_1.py)

```
01 set1 = {'Anastasia'}
02 print(set1)   #{'Anastasia'}
03 set1 = set('Anastasia')
04 print(set1)   #{'n', 't', 'i', 'a', 'A', 's'}
05 set1 = set({'貓':'cat','狗':'dog'})
06 print(set1)   #{'貓', '狗'}
07 set1 = set('嘻嘻哈哈')
08 print(set1)   #{'嘻', '哈'}
09 set1.add('笑嘻嘻')
10 print(set1)   #{'笑嘻嘻', '嘻', '哈'}
11 set1.remove('笑嘻嘻')
12 print(set1)   #{'嘻', '哈'}
13 set1.discard('笑嘻嘻')
14 set1.update('笑嘻嘻')
15 print(set1)   #{'笑', '嘻', '哈'}
16 set1.remove('笑嘻嘻')   #錯誤訊息
17 set1.pop()
18 print(set1)   #{'嘻', '哈'}
```

🎤 說明

1. 第 1、3、5 行建立集合，第 1 行參數 Python 視為字串，第 3 行參數當成串列，所以產生的集合不同。第 5 行參數是字典，只會收集字典的鍵為集合。

2. 第 9、14 行：新增元素到 set1，第 9 行參數是字串，而 14 行是串列，其產生集合也有所差異。

3. 第 11、13、16、17 行：皆是由 set1 刪除元素，第 13、16 行刪除的元素已不存在，但是使用 remove 會發生錯誤訊息；第 17 行會隨機刪除一個元素。

8.3.3 集合的運算

Python 可以對兩個集合進行聯集、交集、差集和互斥等運算，下表為集合運算常用的方法。

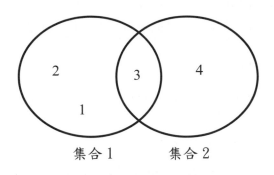

<table>
<tr><td>2</td><td>3</td><td>4</td></tr>
</table>

集合 1　　　集合 2

運算	語法說明
聯集	語法：集合 1 | 集合 2 　　　集合 1.union(集合 2) 簡例：print(set1 | set2)　# {1, 2, 3, 4} 說明：兩個集合中所有的元素。
交集	語法：集合 1 & 集合 2 　　　集合 1. intersection (集合 2) 簡例：print(set1 & set2)　# {3} 說明：兩個集合中皆有的元素。
差集	語法：集合 1 - 集合 2 　　　集合 1. difference (集合 2) 簡例：print(set1 - set2)　# {1, 2} 說明：屬於集合 1 但不屬於集合 2 的元素組成的集合。
互斥	語法：集合 1 ^ 集合 2 　　　集合 1. symmetric_difference (集合 2) 簡例：print(set1 ^ set2)　# {1, 2, 4} 說明：集合 1 和集合 2 的元素組成的集合，但不包含兩集合皆有的元素。
子集合	語法：集合 1 <= 集合 2 　　　集合 1.issubset(集合 2) 簡例：set1 = {1,2} 　　　set2 = {1,2,3} 　　　print (set1 <= set2)　# True 說明：判斷集合 1 是否為集合 2 的子集合。

運算	語法說明
超集合	語法：集合 1 >= 集合 2 　　　集合 1.issuperset(集合 2) 簡例：print(set1 >= set2)　# False 說明：判斷集合 2 的所有元素，是否都包含在集合 1 中。

簡例 (檔名：group.py)

學校有熱門音樂社和流行音樂社兩個社團，社團的參加人員名單，可能有重複登錄，又有同時參加兩個社團的情形。現在兩社團要合併成一個社團，請統計兩社團正確的人數，合併後的人數，以及重複參加的同學名單。

結果

> 熱門音樂社原來人數：8 人　正確人數：6 人
> 流行音樂社原來人數：10 人　正確人數：9 人
> 重複參加社團名單：　{'趙六', '張三', '王一'}
> 合併後社團人數：12 人

程式碼

檔名：\ex08\group.py

```
01 g1=['林二','王一','張三','趙六','王一','李四','張三','陳五']
02 g2=['鄭十','趙六','劉千','廖八','柯七','張三','王一','呂九','柯七','蔡百']
03 s1 = set(g1)
04 print(f'熱門音樂社原來人數：{len(g1)}人　正確人數：{len(s1)}人')
05 s2 = set(g2)
06 print(f'流行音樂社原來人數：{len(g2)}人　正確人數：{len(s2)}人')
07 s3 =s1.intersection(s2)
08 print(f'重複參加社團名單：{s3}')
09 s4 =s1.union(s2)
10 print(f'合併後社團人數：{len(s4)}人')
```

說明

1. 第 1、2 行：g1、g2 分別為兩社團參加同學姓名的串列。

2. 第 3~6 行：將串列指定給集合時，重複的元素會自動刪除。使用 len()函式就可以得知元素個數，也就是參加學生人數。

3. 第 7 行：使用集合的 intersection 方法，可以取得兩個集合的交集，也就是同時參加兩個社團的名單。

4. 第 9 行：使用集合的 union 方法，可以取得兩個集合的聯集，也就是合併後的社團名單。

簡例 (檔名：guess.py)

請撰寫一程式完成下列項目。

① 可以使用的號碼為 1~7 之間的整數。

② 電腦以亂數隨機挑選兩個不重複的數字。

③ 使用者猜測電腦挑選的號碼，使用者有三次猜測的機會。

結果

```
請輸入第 1 個號碼：1
請輸入第 2 個號碼：2
答錯了

請輸入第 1 個號碼：3
請輸入第 2 個號碼：4
答對了
```

程式碼

檔名：\ex08\guess.py

```python
01 from random import randint
02 pc = set()
03 while (len(pc) < 2):
04     pc.add(randint(1, 7))
05 count = 3
06 while (count):
07     you = set()
08     while (len(you) < 2):
09         x = int(input (f'請輸入第 {len(you) + 1} 個號碼：'))
10         if (x <= 7 and x > 0):
11             you.add(x)
12     if (pc == you):
13         print('答對了')
14         break
15     print('答錯了')
16     count -= 1
```

說明

1. 第 2 行：建立名為 pc 的空集合，集合物件有元素不重複的特性，適合儲存不可重複的資料。

2. 第 3~4 行：迴圈會執行到集合物件的長度等於 2 為止。

3. 第 5 行：題目允許使用者猜測 3 次，所以宣告計數變數 count，初始值設為 3。

4. 第 6~16 行：while 迴圈會執行至計數變數 count 為 0，或是在第 12 行的的條件式中判斷為真，在第 14 行跳離迴圈。

5. 第 7 行：建立名為 you 的空集合，使用者所猜測的數值儲存在這個集合物件之中。

6. 第 10 行：判斷輸入值是否在接受範圍之中，如果超出接受範圍，則放棄該筆輸入值。

8.3.4 元組、字典和集合的比較與使用時機

以上簡單的介紹 Python 所內建的複合資料型別，初學者應該對於資料型別有了初步的認識。至於該使用那種資料型別來儲存資料，第一個考量以資料型別來決定。如果資料有兩個以上，且包含唯一的關鍵字，那麼字典型別是絕佳的選擇。另外串列、元組及集合這三者極為相似；串列因為限制少，使用起來比較方便但效率會低於其他型別。如果資料有前後順序的時間因素，或者有可能會重複時，無序、無重複的集合型別就不在考慮範圍。又例如資料如果有增減的需求，元組就無法達成要求。第二個考量則是該資料型別所內建的函式和方法，是否能對資料進行處理，例如集合型別可以有效率的進行聯集、交集等運算。

如此反覆篩選必能選擇一個適當的資料型別，撰寫出簡潔有效率的資料處理程式。

8.4 檢測模擬試題解析

題目 (一)

下列是輸入整數來查詢對應英文單字的程式碼，但執行結果並不正確，請回答下列問題，來找出可能的錯誤。(行號僅供參考)

```
01 engs = {1: 'One', 2: 'Two', 3: 'Three'}
02 num = input('請輸入整數：')
03 if not num in engs:
04     print('抱歉查詢不到')
05 else:
06     print('英文為：' + engs[num])
```

① 第 01 行敘述的 engs 字典中，儲存哪兩種資料類型？

(A) float、string (B) int、float (C) int、string (D) string、bool

② 第 02 行敘述的 num 變數的資料型別為何？

(A) bool (B) float (C) int (D) string

③ 第 03 行敘述執行時，為何在 engs 字典中找不到資料？

(A) 資料型別不對稱　　　　　　　(B) if 選擇結構的程式邏輯錯誤

(C) 變數名稱 num 為保留字　　　　(D) 建立字典的語法不正確

説明

1. 答案是 (C)，因為 1 為 int、'One'為 string 資料型別。(程式碼請參考 test08_1.py)

2. 答案是 (D)，因為 input()函式的傳回值為 string 資料型別。

3. 答案是 (A)，因為 num 為 string 資料型別，engs 字典中鍵為 int 型別，當然查詢不到相同的鍵。第 02 行敘述應該修改為：

```
02 num = int(input('請輸入整數：'))
```

題目 (二)

為創意餐廳撰寫顯示平日和週末特餐菜單，以及下週平日特餐推出時間的程式。程式碼如下：(行號僅供參考)

```
01 import datetime
02 dSpc=('德州炸雞','起司漢堡','海鮮寬麵','鮮蔬義麵')
03 wSpc=('海鮮總匯','超級拼盤','披薩雙拼')
04 _____ ①
05 _____ ②
06 print("創意餐廳菜單")
07 if today in ("Friday","Saturday","Sunday"):
08     print("週末特餐：")
09     for menu in wSpc:
10         print(menu)
11 else:
12     print("平日特餐：")
13     for menu in dSpc:
14         print(menu)
15 _____ ③
16 print(f"下週平日特餐 {days} 天後推出")
```

① 第 4 行敘述為取得目前的日期，程式碼為下列何者？

(A) nowDate=datetime()　　　　　(B) nowDate=datetime.date()

(C) nowDate=datetime.date.now()　(D) nowDate=new.date()

② 第 5 行敘述為取得今天是星期幾(英文)，程式碼為下列何者？

(A) today=nowDate.strftime('%A')　(B) today=nowDate.strftime('%B')

(C) today=nowDate.strftime('%W')　(D) today=nowDate.strftime('%Y')

③ 第 15 行敘述是計算當週剩餘的天數,程式碼為下列何者?

(A) days=today-nowDate.weekday()　　　　(B) days=nowDate-nowDate.weekday ()

(C) days=6-nowDate.weekday()　　　　(D) days=6-datetime.datetime.weekday()

說明

1. 第 2、3 行是用元組來宣告菜單,其元素值不能被更動。可以用 for...in 來讀取元組內的元素值,例如第 9、13 行敘述。也可以使用 in 來查詢資料是否在元組中,例如第 7 行敘述。 (程式碼請參考 test08_2.py)

2. 使用 datetime.date.now()可以取得目前的日期,所以 ① 的答案是 (C)。

3. 使用%A 格式字元可以取得該日期是星期幾,所以 ② 的答案是 (A)。

4. 使用 weekday()可用整數取得該日期是一週中第幾天,例如週一為 0、週日為 6,所以 ③ 的答案是 (C) 。

檔案與例外處理

- 檔案概論
- 資料夾的建立與刪除
- 檔案的開啟與關閉
- 文字檔資料的寫入與讀取
- 例外處理
- 檢測模擬試題解析

9.1　檔案概論

　　檔案依照功能可以分為「程式檔」(program file) 和「資料檔」(data file) 兩大類。所謂的「程式檔」就是一群程式碼指令的集合體,經過編譯後所產生的 (*.exe) 檔案,它可以被用來解決問題或處理資料。至於程式要處理的「資料」,若資料量小者可放在程式碼的串列或集合中成為程式內部資料,但資料量很龐大時,就不適合以內部資料來處理。這時就必須將資料獨立於程式碼之外的外部資料,外部資料就稱為「資料檔」。「資料檔」的內容必須透過專屬程式檔的處理,才能呈現有用的資訊。

　　例如學校成績系統是程式檔,可以處理各科系、各班級的成績,而學生的各種成績資料會獨立成資料檔。當成績資料有異動時,只要修改資料檔案的內容即可,不用修改程式檔案的內容。而同一個程式系統 (程式檔),可以處理同一規格的不同資料檔。例如不同班級的成績資料,是用不同的資料檔案分別存放。

　　檔案也可分成「文字檔」與「非文字檔」兩種。文字檔是可以直接閱讀,即一般人可以看得懂的,如:程式的原始碼 (*.py)、網頁程式碼 (*.htm)。而非文字檔是一般人看不懂的字碼,當然是無法直接閱讀的,如:音樂檔、圖形檔、編譯後的類別檔。

9.2 　資料夾的建立與刪除

Python 提供 os.path 套件及 os 套件來進行檔案的操作。本節將介紹使用 os.path 套件的 isdir() 與 isfile() 函式，分別來檢查指定的路徑是否為資料夾或檔案，以及使用 exists() 函式來檢查指定的檔案或資料夾是否存在。本節也將介紹使用 os 套件的 mkdir() 函式來建立資料夾，及使用 rmdir() 函式來刪除資料夾。

一. isdir()、isfile() 函式

os.path 套件的 isdir() 與 isfile() 函式，分別用來檢查指定的資料夾路徑名稱與檔案路徑名稱是否存在，語法如下：

```
os.path.isdir(資料夾路徑名稱)
os.path.isfile(檔案路徑名稱)
```

1. 資料夾路徑名稱與檔案路徑名稱，皆屬字串型別。

2. 若指定的路徑名稱存在，則傳回值為 True；若不存在，則傳回值為 False。

3. 在使用 isdir() 或 isfile() 函式前須使用 import 指令匯入 os.path 套件名稱或 os 套件名稱。

簡 例 (檔名：path01.py)

使用 isdir() 函式檢查 c: 磁碟機是否存在有『c:/data/』資料夾，及使用 isfile() 函式檢查『c:/Windows/system.ini』檔案是否存在。

程式碼

檔名：\ex09\path01.py

```
01 import os
02 pName = 'c:/data/'
03 if os.path.isdir(pName):
04     print(f'{pName} 路徑為資料夾')
05 else:
06     print(f'{pName} 資料夾路徑不存在')
07
08 fName = 'c:/Windows/system.ini'
09 if os.path.isfile(fName):
10     print(f'{fName} 路徑為檔案')
11 else:
12     print(f'{fName} 檔案路徑不存在')
```

結果

> c:/data/ 資料夾路徑不存在
> c:/Windows/system.ini 路徑為檔案

說明

1. 若 c: 磁碟機已事先建立『c:/data/』資料夾，則結果會如下：

> c:/data/ 路徑為資料夾

2. 第 1 行：用 import 匯入 os 套件名稱。(os 套件包含了 os.path 套件)

3. 第 2 行：將 'c:/data/' 字串指定給 pName 變數。

4. 第 3 行：檢查 'c:/data/' 資料夾路徑是否存在。若存在傳回 True，則執行第 4 行；若不存在傳回 False，則執行第 6 行。

5. 第 8,9 行：'c:/Windows/system.ini' 為 Windows 系統必備的檔案，該檔案路徑必然是存在的，故會傳回 True，執行第 10 行。

二. exists() 函式

os.path 套件的 exists() 函式是用來檢查指定的檔案或資料夾路徑名稱是否存在，可同時取代 isdir() 及 isfile() 函式。語法如下：

> os.path.exists(路徑名稱)

1. **路徑名稱**：為檔案或資料夾的路徑名稱，屬字串型別。

2. 若指定的檔案或資料夾路徑存在，則傳回值為 True；若不存在，則傳回 False。

3. 在使用 exists() 函式前須用 import 匯入 os.path 套件名稱或 os 套件名稱。

簡例 (檔名：path02.py)

使用 exists() 函式來檢查 c: 磁碟機是否存在有『c:/data/』資料夾，也使用 exists() 函式來檢查『c:/Windows/system.ini』檔案是否存在。

程式碼

檔名：\ex09\path02.py

```
01 import os
02 pName = 'c:/data/'
03 if os.path.exists(pName):
04     print(f'{pName} 路徑為資料夾')
05 else:
```

06	print(f'{pName} 資料夾路徑不存在')
07	
08	fName = 'c:/Windows/system.ini'
09	if os.path.exists(fName):
10	print(f'{fName} 路徑為檔案')
11	else:
12	print(f'{fName} 檔案路徑不存在')

結 果

```
c:/data/ 資料夾路徑不存在
c:/Windows/system.ini 路徑為檔案
```

說明

1. 第 3 行：使用 exists() 函式取代 isdir() 函式，效果一樣。

2. 第 9 行：使用 exists() 函式取代 isfile() 函式，效果一樣。

三. mkdir() 函式

os 套件的 mkdir() 函式是用來建立資料夾(或稱目錄)的路徑名稱，語法如下：

```
os.mkdir(路徑名稱)
```

在指定的路徑中建立資料夾，若路徑不存在，則先行建立該路徑，再建立本資料夾。若資料夾已存在，會出現錯誤訊息，所以常和 os.path.exists() 函式或 os.path.isdir() 搭配使用。

簡 例 (檔名：path03.py)

在 c: 磁碟機建立『c:/data/』資料夾。

程式碼

檔名： \ex09\path03.py
01	import os
02	pName = 'c:/data/'
03	if os.path.exists(pName):
04	print(f'{pName} 路徑已存在,不必再建立')
05	else:
06	print(f'{pName} 路徑不存在')
07	os.mkdir(pName)
08	print(f'{pName} 資料夾建立成功')

結果

> c:/data/ 路徑不存在
> c:/data/ 資料夾建立成功

說明

1. 若『c:/data/』資料夾未事前建立，會執行第 5~8 行，並於第 7 行建立『c:/data/』資料夾。

2. 若 c: 磁碟機已事先建立『c:/data/』資料夾，則結果會如下：

> c:/data/ 路徑已存在,不必再建立

四. rmdir() 函式

os 套件的 rmdir() 函式是用來刪除已存在的空資料夾 (或稱目錄)，語法如下：

> os.rmdir(路徑名稱)

1. 使用本函式須和 os.path.exists() 函式搭配，要先確定要刪除的資料夾是否存在，才能進一步進行刪除動作。

2. 若要刪除的資料夾不存在，或是其中有檔案時，而直接使用 rmdir() 函式時會出現錯誤訊息。

簡例 (檔名：path04.py)

在 c: 磁碟機建立『c:/data/』資料夾。

程式碼

檔名：\ex09\path04.py

```
01 import os
02 pName = 'c:/data/'
03 if os.path.exists(pName):
04     print(f'{pName} 路徑目前存在')
05     os.rmdir(pName)
06     print(f'{pName} 路徑已刪除')
07 else:
08     print(f'{pName} 路徑不存在')
```

結果

> c:/data/ 路徑目前存在
> c:/data/ 路徑已刪除

說明

1. 若『c:/data/』資料夾於上例已經建立，故本例會執行第 3~6 行，並於第 5 行刪除『c:/data/』資料夾。

2. 若『c:/data/』資料夾不存在，則結果會如下：

> c:/data/ 路徑不存在

9.3 檔案的開啟與關閉

當一個資料檔的資料要進行處理時，必須先用開檔函式將檔案打開，才能進行資料檔內容的讀取、處理、修改、存放，最後再用關檔函式將檔案關閉。

一. 開檔函式

Python 的內建函式 open() 可用來開啟指定的資料檔，語法如下：

> 物件變數 = open(檔案路徑名稱[, 模式])

1. **物件變數**：若開檔成功，此時一個檔案是一組字元資料串流，而這個串流是存放在主記憶體準備進一步的運用操作。所以這個串流已經是一個「物件」了，故用物件變數代表該開啟的檔案資料串流。

2. **檔案路徑名稱**：是必須被使用參數，不能省略。它的內容是用來存取的資料檔案名稱，包含檔案所在的路徑名稱，屬字串型別。如果內容只有檔案名稱而沒有路徑名稱，則系統會以目前系統程式執行檔所在的資料夾做為檔案的資料夾所在。至於路徑名稱所在的資料夾必須事先存在，若不存在會出現錯誤，系統不會主動建立。

3. **模式參數**：用來設定資料檔的開啟模式，省略時預設為讀取模式，屬字串型別。如下：

模式	說明
r	讀取模式(預設值)。若資料檔不存在，會出現錯誤。(不可寫入)
w	寫入模式。若資料檔不存在，會建立該名稱的資料檔；若資料檔已存在，則原資料檔的內容會先被刪除，再寫入新的資料。(不可讀取)
a	新增模式。若資料檔不存在，會建立該名稱的資料檔；若資料檔已存在，則新寫入的資料會新增至原資料檔內容的尾端。(不可讀取)
r+	讀寫模式。讀取時，使用方式同 r 模式。寫入時，則寫入的資料會覆蓋原檔案相同位置的內容，若檔案不存在，會出現錯誤。(可讀寫)

模式	說明
w+	讀寫模式。寫入時，使用方式同 w 模式。讀取時，需先用 seek() 函式指定讀取指標位址，才能讀取所需資料。seek(0)為檔案開頭。(可讀寫)
a+	新增讀寫模式。寫入新增時，使用方式同 a 模式。讀取時，需先用 seek() 函式指定讀取指標位址，才能讀取所需資料。seek(0)為檔案開頭。(可讀寫)

簡例 (檔名：open01.py)

　　開啟一個可寫入資料的檔案，其檔案名稱為 'c:/data/file01.txt'。

程式碼

檔名：\ex09\open01.py

```
01 import os
02 pName = 'c:/data/'
03 if not os.path.exists(pName):
04     os.mkdir(pName)
05 fName = open('c:/data/file01.txt', 'w')
06 #fName = open('c:\\data\\file01.txt', 'w')
```

說明

1. 要注意的是，開啟檔案是寫入模式。資料檔案會主動建立，但路徑名稱所在資料夾「c:/data/」要必須事先建立或已經存在，若不存在會出現錯誤訊息，系統不會主動建立。若「c:/data」資料夾已存在，系統才會在該資料夾內建立 'file01.txt' 檔案。

2. 第 5 行：將以寫入模式開啟的檔案 'file01.txt' 指定給 f 物件變數。

3. 若檔案名稱沒有包含路徑名稱，只有檔案名稱 'file01.txt'。則系統會在目前程式執行檔所在的資料夾 (如 c:/python/ex09/) 內建立 'file01.txt' 檔案。

4. 第 6 行：檔案路徑名稱的另一種寫法也可以使用，如下：

```
'c:\\data\\file01.txt'
```

二. 關檔函式

　　已開啟的資料檔若不再使用，則要用 close() 函式來關閉。資料檔內容若有經過寫入、修改，有部分的資料串流是暫時放在電腦的主記憶體緩衝區內，如果沒有用 close() 函式來關檔而是直接結束程式執行，會造成暫放在緩衝區中的資料串流沒有回存資料檔內而遺漏。語法如下：

```
物件變數.close()
```

物件變數名稱代表已開啟的檔案資料串流。

簡例 (檔名：close01.py)

開啟一個可寫入資料的檔案後，再立即關閉該資料檔。

程式碼

檔名：\ex09\close01.py

```
01 import os
02 pName = 'c:/data/'
03 if not os.path.exists(pName):
04     os.mkdir(pName)
05 fName = open('c:\\data\\file02.txt', 'w')
06 fName.close()
```

說明

1. 在已存在的資料夾 'c:/data/' 內，建立檔案 'file02.txt'。

2. fName 代表 'file02.txt' 檔案串流物件，故 fName.close() 代表關閉 'file02.txt' 檔案串流物件。

三. with … as …

使用 open() 函式開啟的檔案，經處理後，必須使用 close() 函式來將檔案關閉。若使用 with … as … 語法來開啟檔案，則檔案處理完後，不需要使用 close() 函式便會自動關閉檔案。語法如下：

> with open(檔案路徑名稱[, 模式]) as 物件變數:

使用 with … as … 敘述所開啟的檔案，其讀寫處理的敘述區段必須縮排。請參閱 9.4 節 read02.py 範例檔。

9.4 文字檔資料的寫入與讀取

用程式處理檔案資料的方式，有從資料檔讀取資料再進一步操作運算呈現需要的訊息，有從鍵盤輸入或從讀卡機掃入的資料再放入資料檔儲存。本節會說明如何將資料寫入檔案，以及如何從檔案中將資料讀取出來。Python 常用的檔案處理函式如下表所示：

函式	說明
flush()	清理緩衝區釋放記憶空間，若緩衝區內還有資料，會全部寫入檔案中。
write(字串)	將字串寫入資料串流。先暫存於緩衝區，再由緩衝區寫入檔案中。
read([size])	從檔案中讀取指定 size 的字元。若未指定 size，則讀取指標位置後面所有字元。
readline([size])	從檔案中讀取所在行指定 size 的字元。若未指定 size，則讀取一整行。
readlines()	從檔案讀取所有行的資料，並回傳一個串列，一個元素放置一個行的內容。
seek()	移動檔案文件讀取指標的位置，如: seek(0)為檔案的開頭。

一. write()函式

write() 函式是將指定的字串寫入資料檔內。過程是先將資料寫入主記憶體緩衝區內，再由緩衝區寫入檔案中。語法如下：

物件變數.write(字串)

1. 物件變數代表已開啟的檔案串流。

2. 字串是寫入主記憶體緩衝區內的資料。

簡 例 (檔名：write01.py)

將 '王一心, 85, 90'、'張三飛, 75, 87' 與 '周五瑞, 92, 71' 等三筆資料，寫入 c:\data\ 資料夾的 stu.txt 檔案中。若此資料夾下已經有相同檔名，該檔案內容先全部刪除再重頭寫入新資料。

結 果

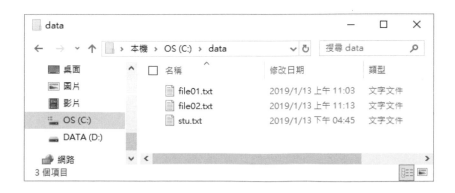

程式碼

檔名：\ex09\write01.py

```python
01 import os
02 pName = 'c:/data/'
03 if not os.path.exists(pName):
04     os.mkdir(pName)
05 fw = open('c:/data/stu.txt', 'w')
06 fw.write('王一心, 85, 90\n')
07 fw.write('張三飛, 75, 87\n')
08 fw.write('周五瑞, 92, 71')
09 fw.flush()
10 fw.close()
```

說明

1. 第 5 行：開啟寫入模式的資料檔案，若資料檔不存在，會建立該名稱的資料檔。

2. 本程式執行後，看不出有任何執行結果。但在 c:\data\ 資料夾下可以看到建立的檔案 stu.txt，若快按二下 stu.txt 文字檔，則可顯示「記事本」應用程式開啟的 stu.txt 文件內容。

3. 第 6~8 行：各寫入一筆資料到檔案內。 '\n' 為換行字元，使下次要寫入的資料下移一行，再寫入的資料會從下移一行後的行首開始呈現。

4. 第 9 行：剛寫入檔案的資料，會先暫存於主記憶體的緩衝區，flush() 函式會將仍存放在緩衝區內的資料全部寫入檔案中，然後清除緩衝區內。

5. 第 10 行：關閉資料檔案。關閉之前也會將緩衝區內的資料寫入檔案。而 flush() 函式只是清理緩衝區內，但不會關閉資料檔案。

二. read()函式

read() 函式會從目前讀寫頭的指標位置，讀取指定長度的字元。若長度未指定，則讀取檔案內指標位置後面的所有內容。語法如下：

物件變數.read([size])

簡例 (檔名：read01.py)

　　讀取前例寫入的資料檔案 stu.txt 的內容。分兩次讀取，第一次先讀取前面 7 個字元；第二次再讀取後面剩餘內容。

結果

```
王一心, 85
, 90
張三飛, 75, 87
周五瑞, 92, 71
```

程式碼

檔名： \ex09\read01.py

```
01 import os
02 fName = 'c:/data/stu.txt'
03 if os.path.isfile(fName):
04     fr = open(fFile, 'r')
05     str1 = fr.read(7)
06     print(str1)
07     print(fr.read())
08     fr.close()
09 else:
10     print(f'{fName} 檔案路徑不存在')
```

說明

1. 第 2 行：宣告 fName 變數存放 'c:/data/stu.txt' 檔案路徑名稱。

2. 第 3 行：開啟檔案之前，先用 isfile() 函式檢查存放在 fName 變數的檔案路徑名稱是否存在。若存在則執行第 4~8 行；若不存在則執行第 10 行。

3. 第 4 行：以讀取模式的方式開啟資料檔案。

4. 第 5 行：第一次讀取內容，讀取 7 個字元(包含中文字、空格、符號、文數字)。這 7 個字元以字串的形式指定給 str1 變數。

5. 第 6 行：顯示 str1 變數內容 '王一心, 85'，即第一次讀取的 7 個字元。

6. 第 7 行：第二次讀取檔案的剩餘內容並直接顯示出來。

三. readline()函式

readline() 函式從檔案中讀取所在行指定 size 的字元。若未指定 size，則讀取一整行。語法如下：

```
物件變數.readline([size])
```

簡 例 (檔名：read02.py)

讀取檔案 stu.txt 的內容。分三次讀取，第一次先讀取第一行的資料；第二次讀取第二行前面 7 個字元；第三次讀取檔案剩餘內容。

結 果

```
王一心, 85, 90
張三飛, 75
, 87
周五瑞, 92, 71
```

程式碼

檔名：\ex09\read02.py

```
01 import os
02 fName = 'c:/data/stu.txt'
03 if os.path.isfile(fName):
04     with open(fName, 'r') as fr:
05         str1 = fr.readline()
06         print(str1, end='')
07         str2 = fr.readline(7)
08         print(str2)
09         print(fr.read())
10 else:
11     print(None)
```

說明

1. 第 4 行：使用 with … as … 敘述開啟的檔案，檔案處理的敘述要縮排(如第 4~9 行)，當處理完畢會自動關閉檔案，不需要再使用 close() 函式。

2. 第 5,6 行：第一次讀取內容，讀取第一行的資料指定給 str1 變數，再顯示出來。

3. 第 7,8 行：第二次讀取內容，讀取第二行前面 7 個字元，並以 '張三飛, 75' 字串資料指定給 str2 變數，再顯示出來。

4. 第 9 行：第三次讀取內容，將檔案的剩餘內容用 read() 讀取並直接顯示出來。

5. 第 11 行：None 為空值，代表沒有東西。

四. readlines()函式

readlines() 函式從檔案中讀取所在文件內容，並以串列的方式傳回，一個串列元素放置一個行的內容。語法如下：

> 物件變數.readlines()

📋 簡 例 (檔名：read03.py)

讀取檔案 stu.txt 的內容，並用 lst 串列存放資料。

💻 結 果

> 王一心, 85, 90
> 張三飛, 75, 87
> 周五瑞, 92, 71

💻 程式碼

檔名：\ex09\read03.py

```
01 import os
02 fName = 'c:/data/stu.txt'
03 if os.path.isfile(fName):
04     fr = open(fName, 'r')
05     lst = fr.readlines()
06     for lines in lst:
07         print(lines.strip())
08     fr.close()
09 else:
10     print(f'{fName} 檔案路徑不存在')
```

🎤 說明

1. 第 5 行：讀取檔案全部資料，指定給 lst 串列變數。

2. 第 6,7 行：顯示 lst 串列元素的字串內容。

3. 第 7 行：使用字串的 strip() 函式(或 rstrip() 函式)，是用來刪除每行字串最後的換行字元「\n」。因為 print() 函式顯示資料後會自動加上換行字元，若不用 strip() 函式刪除，則每行字串之間會多空出一個空白行。

4. 第 4~8 行的敘述區段可以改寫如下：(完整程式碼請參考 read04.py)

```
fr = open(fName, 'r')
for lines in fr:
    print(lines.strip())
fr.close()
```

使用上面的敘述區段，就不需要使用串列了。

五. 新增模式

開啟檔案操作有寫入模式和讀取模式之外，但還有一種新增模式。新增模式所開啟資料檔若事先不存在，就和寫入模式一樣會建立該名稱的資料檔；若資料檔已存在，則新寫入的資料會附加到原資料檔內容的尾端。

簡 例 (檔名：append01.py)

將兩筆資料 '趙七海, 66, 87'、'陳九東, 83, 88'，以新增模式附加到 stu.txt 檔案內容後面。

結 果

程式碼

檔名： \ex09\append01.py

```
01 import os
02 pName = 'c:/data/'
03 if not os.path.exists(pName):
04     os.mkdir(pName)
05 fa = open('c:/data/stu.txt', 'a')
06 fa.write('\n 趙七海, 66, 87')
07 fa.write('\n 陳九東, 83, 88')
08 fa.flush()
09 fa.close()
```

說明

1. 第 5 行：開啟新增模式的資料檔案，若資料檔不存在，會建立該名稱的資料檔。

2. 本程式執行後，看不出有任何執行結果。但在 c:\data\ 資料夾下建立的檔案 stu.txt，可開啟「記事本」應用程式來開啟的 stu.txt 文件內容。

3. 第 6~8 行：各寫入一筆資料到檔案內。第一個字元使用 '\n' 為換行字元，是因之前該資料檔最後一行的後面沒有換行字元。

六. seek()函式

seek() 函式用來移動檔案文件讀取指標的位置，語法如下：

物件變數.seek(offset)

offset：為讀取指標偏移量，也就是代表需要移動偏移的位元(byte)數。

■ 簡 例 (檔名：seek01.py)

開啟 stu.txt 檔案，模式為 a+ ，先讀取檔案文件的第二行文字，再讀取文件的第一行文字。

■ 結 果

```
張三飛, 75, 87
王一心, 85, 90
```

■ 程式碼

檔名：\ex09\seek01.py

```
01 import os
02 fName = 'c:/data/stu.txt'
03 if os.path.isfile(fName):
04     with open(fName, 'a+') as fa:
05         fa.seek(16)
06         str1 = fa.readline()
07         print(str1, end='')
08         fa.seek(0)
09         str1 = fa.readline()
10         print(str1, end='')
11 else:
12     print(None)
```

■ 說明

1. 第 4 行：使用 a+ 模式開啟 stu.txt 檔案文件。

2. 第 5,6 行：將讀取指標偏移到 16 位元數的位置開始讀取，該位址為文件第二行行首位置。檔案文件內容位元數計算如下：(一個中文字佔 2 bytes)

0	1	2	3	4	5	6	7	8	9	10	11	12	13	14	15	16	17
王		一		心		,		8	5	,		9	0	\	n	張	

3. 第 8,9 行：將讀取指標偏移到 0 位元數的位置開始讀取，該位址為文件開頭位置。

9.5 例外處理

所謂「例外」(Exception)，就是當程式碼在編譯期間沒有出現錯誤訊息，而在程式執行時發生錯誤，這種錯誤稱為執行時期錯誤。進行例外處理是不希望程式中斷。而是希望程式能捕捉錯誤，進行錯誤補救，並繼續執行程式。若錯誤是使用者輸入不正確資料所造成的，可以要求使用者再輸入正確資料後才繼續執行。

Python 使用 try … except … finally 敘述來解決例外處理，它的方式是將被監視的敘述區段寫在 try: 的程式區塊，當程式執行到 try: 內的敘述有發生錯誤時，會逐一檢查該錯誤所屬的例外類別，以便執行該 except: 內的敘述。最後不管是否有符合 except，都會執行最後的 finally: 敘述區段。例外處理的語法如下：

```
try:
    受監視的敘述區段
except 例外類別 1 [as e] :
    處理錯誤的敘述區段 1
except 例外類別 2 [as e] :
    處理錯誤的敘述區段 2
except Exception [as e] :
    處理其它錯誤的敘述區段
finally:
    最後會執行敘述區段
```

1. 使用 try: 敘述時，至少要有一個檢查 except (捕捉)或 finally: 敘述區段配合。

2. 多個檢查 except (捕捉)敘述區段，由上至下 except 逐一檢查，若遇到符合條件的例外類別，則執行該對應敘述區段，則以下的 except 就不再處理。

3. 常用到的例外類別如下表：

例外類別	說明
ZeroDivisionError	除數為 0 的算術運算錯誤。
ValueError	數值錯誤。如使用內建函式時，參數型別與傳入值不符。
NameError	變數名稱未定義，而直接運算產生的錯誤。
IndexError	串引註標(索引)超出宣告範圍
IOError	I/O 異常處理所產生錯誤。
FileNotFoundError	檔案或資料夾找不到時所產生的錯誤。
Exception	程式執行時，所有內建、非系統引發所產生的異常錯誤。

4. finally: 敘述區段在最後一個 except 之後，不論是否有執行 except 敘述區段，都會執行 finally: 敘述區段。finally: 敘述區段也可以省略。

5. 透過 [e] 取得錯誤資訊，可以用 print(e) 來顯示錯誤訊息。

簡 例 (檔名：try01.py)

　　兩數相除，程式沒有應用例外處理技巧，觀察除數為 0 時電腦如何處理。

程式碼

檔名：\ex09\try01.py

```
01 def div(n1, n2):
02     res = n1 / n2
03     print(f'{n1} / {n2} = {res}')
04
05 div(8, 0)
06 div(8, 5)
```

結 果

```
ZeroDivisionError: division by zero
```

說明

1. 第 1~3 行：定義 div(n1, n2) 函式，用來計算兩個整數相除，然後顯示其結果。

2. 第 5 行：呼叫 div(8, 0) 函式，因除數 n2 = 0，所以第 2 行不能被執行，程式被迫中斷，並出現「ZeroDivisionError: division by zero」錯誤訊息。

3. 第 6 行：呼叫 div(8, 5) 函式，因程式被迫中斷，此行沒被執行。

簡 例 (檔名：try02.py)

　　兩數相除，程式有應用例外處理技巧，觀察除數為 0 時電腦如何處理。

程式碼

檔名：\ex09\try02.py

```
01 def div(n1, n2):
02     try:
03         res = n1 / n2
04         print(f'{n1} / {n2} = {res}')
05     except Exception as e:
06         print('錯誤類型 :', end =' ')
07         print(e)
08     finally:
```

```
09          print('執行 finally: 敘述\n')
10
11 div(8, 0)
12 div(8, 5)
```

結果

```
錯誤類型 : division by zero
執行 finally: 敘述


8 / 5 = 1.6
執行 finally: 敘述
```

說明

1. 第 1~9 行：定義 div(n1, n2) 函式，用來計算兩個整數相除，然後顯示其結果。在此方法中應用例外處理 try … except … finally … 技巧。

2. 第 11 行：呼叫 div(8, 0) 函式，因除數 n2 = 0，所以第 3、4 行不會被執行，而直接跳到第 5 行執行 except 捕捉例外。

3. 第 5 行：捕捉到例外，其錯誤類型是「division by zero」，屬 ZeroDivisionError: 例外類別，由第 6、7 行顯示出來。

4. 第 8、9 行：無論有否執行 except: 敘述區段，皆會執行 finally: 敘述區段。

5. 第 12 行：本程式不會中斷執行，呼叫 div(8, 5) 函式，因此會執行「8 / 5 = 1.6」的結果。

簡例 (檔名：try03.py)

當串列註標(索引)超出範圍時，利用 try … except … 來處理。本例使用多個 except 來針對特定例外類別進行偵測捕捉。

程式碼

檔名：\ex09\try03.py

```
01 arr = [0 for x in range(5)]
02 try:
03     arr[4] = 40
04     print(f'arr[4] = {arr[4]}')
05     arr[9] = 90
06     print(f'arr[9] = {arr[9]}')
07 except ZeroDivisionError:
08     print('錯誤類型 : 除數為零')
09 except IndexError:
```

```
10       print('錯誤類型 ： 串列註標超出範圍')
11 except Exception as e:
12       print('錯誤類型 :', e)
```

結果

```
arr[4] = 40
錯誤類型：串列註標超出範圍
```

說明

1. 第 1 行：定義串列 arr，其註標範圍為 0~4，共 5 個元素。

2. 第 3,4 行：正常執行，並顯示結果。

3. 第 5 行：arr[9]，其註標 (索引值)為 9，已超出範圍，因此第 5,6 行沒有被執行，開始進行例外捕捉。本例共設計了三層偵測捕捉的關卡。

   ① 首先跳至第 7 行接受偵測，第 7 行是偵測「算術運算 除數為零 錯誤」。

   ② 若非第 7 行的錯誤類型，則再跳至第 9 行接受偵測，第 9 行是偵測「串列註標超出範圍」。

   ③ 若非第 9 行的錯誤類型，則再跳至第 11 行接受偵測，第 11 行是偵測程式執行時產生的其它錯誤。

   很明顯第 5 行的錯誤是「串列註標超出範圍」，會在第 9 行被偵測到，故執行了第 9~10 行的敘述，然後離開 try … except … 敘述區段，因此不會跳至第 9 行接受偵測。

4. 第 11~12 行：例外類別 Exception 要列為最後一項，若移到 except 敘述區段最前面時，則其餘例行類別要刪除，因後面的 except 敘述區段都不會被執行是多餘的。

9.6　檢測模擬試題解析

題目 (一)

您在建立一個操作檔案的程式，來協助公司更新資料檔系統，程式會執行下列動作：

- 檢查資料檔 dataFile.txt 是否存在。
- 如果資料檔存在，就顯示其中的內容。

請在選取正確的程式碼片段來完成程式需求。(行號僅供參考)

```
01 import os
02 if _____①_____
03     file = open('dataFile.txt')
04 _____②_____
05     file.close()
```

① (A) isfile('dataFile.txt'):   (B) os.exist('dataFile.txt'):

   (C) os.find('dataFile.txt'):   (D) os.path.isfile('dataFile.txt'):

② (A) output('dataFile.txt')   (B) print(file.get('dataFile.txt'))

   (C) print(file.read())   (D) print('dataFile.txt')

說明

1. 答案：① (D)，② (C)。程式碼請參考 test09_1.py。

2. 第 03 行：省略開檔模式，預設為讀取模式 'r'。完整敘述如下：

   file = open('dataFile.txt', 'r')

3. 第 04 行：file.read()，讀取文字檔案內容。

題目 (二)

您在建立一個操作檔案的程式，來協助公司管理資料檔系統，程式會執行下列動作：

- 新增 data.txt 檔案內容。
- 將 "檔案結尾" 字串附加至檔案。

請選取正確的程式碼片段來完成程式需求。(行號僅供參考)

```
01 import os
02 file = _____①_____
03 _____②_____("檔案結尾")
04 file.close ()
```

① (A) open('data.txt', 'a')   (B) open('data.txt', 'r')   (C) open('data.txt', 'w')

② (A) append   (B) file.add   (C) file.write   (D) write

說明

1. 答案：① (A)，② (C)。程式碼請參考 test09_2.py。

2. 第 02 行：本題目的開檔模式為新增模式 'a'。

3. 第 03 行：file.write("檔案結尾")，將字串資料寫入文字檔案內，附加到原有文字內容的後面。

題目 (三)

您撰寫下列 readFile()函式，可以讀取指定的檔案，並顯示該檔案的每一行資料。
(行號僅供參考)

```
01 def readFile(fName):
02     str1 = None
03     if os.path.isfile(fName):
04         fStrs = open(fName,'r')
05         for str1 in fStrs:
06             print (str1)
```

當執行程式時，第 03 行敘述產生錯誤，請問造成此錯誤的原因為何？

(A) 需要匯入 os 套件 　　　　　　(B) path 函式不存在 os 套件中
(C) isfile 函式不存在 path 套件中 　(D) isfile 方法不接受單一參數

說明

1. 答案：(A)。程式碼請參考 test09_3.py。

2. 第 03 行：isfile() 是 os.path 或 os 套件的函式，使用前須先匯入所屬套件。

題目 (四)

您撰寫了以下讀寫資料檔的程式碼：(行號僅供參考)

```
01 import sys
02 try:
03   fRead = open("read.txt", 'r')
04   fWrite = open("write.txt" , 'w+')
05 except IOError:
06     print('讀取檔案時產生錯誤')
07 else:
08   i = 1
09     for str1 in fRead:
10     print(str1.rstrip())
11     fWrite.write("第 " +str(i) + " 行: " + str1)
12     i = i + 1
13   fRead.close()
14   fWrite.close()
```

執行程式若 write.txt 檔案不存在時，請問以下哪一項敘述正確？

(A) 此程式碼會正常執行，不會產生任何錯誤。

(B) 此程式碼會正常執行，但會有邏輯錯誤。

(C) 此程式碼會產生執行階段錯誤。

(D) 此程式碼會產生語法錯誤。

說明

1. 答案：(A)。程式碼請參考 test09_4.py。

2. 執行第 04 行敘述時雖然 write.txt 檔案不存在，以 w+讀寫模式開檔會自動建立該檔案。雖然有使用例外處理，但不會產生錯誤程式會正常執行。

題目 (五)

下列關於 try 陳述式的說明，請問正確或是錯誤？

① try 陳述式可以包含一個或多個 except 子句。

    (A) 正確   (B) 錯誤

② try 陳述式可以包含 finally 子句，但不含 except 子句。

    (A) 正確   (B) 錯誤

③ try 陳述式可以包含 finally 子句以及 except 子句。

    (A) 正確   (B) 錯誤

④ try 陳述式可以包含一個或多個 finally 子句。

    (A) 正確   (B) 錯誤

說明

  答案：① (A)，② (A)，③ (A)，④ (B)。

題目 (六)

您正在開發讀取並寫入資料至文字檔案的 Python 應用程式，此程式如果檔案不存在時就會建立檔案；如果檔案含有內容就必須刪除原內容。請問您應該使用下列哪個敘述？

(A) open("data.txt", "w+")   (B) open("data.txt", "w")

(C) open("data.txt", "r+")   (D) open("data.txt", "r")

說明

1. 答案：(A)。

2. w+ 為讀寫模式，寫入時的使用方式同 w 模式，若檔案不存在時就會建立檔案；如果檔案已經存在會刪除原來內容。

題目 (七)

下列為讀取資料檔並將結果依照格式列印的函式，函式的功能如下：資料檔中包含貨品的相關資訊，每筆記錄有品名、重量和售價，如下所示：

    修護霜,7.56,10.25

    防曬乳,15.8,20.568

    …

您需要格式化列印資料，以顯示如下的範例：

　　修護霜　　　　　7.6　　10.25
　　防曬乳　　　　　15.8　　20.57

　　　…

列印輸出時必須符合下列格式：

- 品名要占 12 個空格範圍，並且文字靠左對齊。
- 重量要占 6 個空格範圍並靠右對齊，小數點後最多只留一個位數。
- 價格要占 8 個空格範圍並靠右對齊，小數點後最多只留兩個位數。

所撰寫的程式碼如下：(行號僅供參考)

```
01 def printData(dataFile):
02     f = open(dataFile, 'r')
03     for datas in f:
04         d = datas.split(",")
05         _____ ".format(d[0], eval(d[1]),eval(d[2])))
```

請利用下列程式碼片段的代碼，組合完成第 5 行敘述？

(A) print ("　　　　(B) {12:0}　　　(C) {6:1f}　　　(D) {8:2f}

(E) {2:8.2f}　　　(F) {1:6.1f}　　(G) {0:12}

説明

　答案：(A) (G) (F) (E)。程式碼請參考 test09_7.py。

題目 (八)

您正在撰寫執行下列動作的程式碼：

- 呼叫 doIt() 函式。
- 如果 doIt () 函式產生錯誤，就呼叫 error() 函式。
- 呼叫 doIt () 函式之後一律呼叫 final() 函式。

請將下面適當的程式碼片段選項填入正確的填空位置。(行號僅供參考)

程式碼片段：

(A) assert　　　(B) except　　　(C) finally　　　(D) raise　　　(E) try

```
01         ①
02     doIt()
03         ②
04     error()
05         ③
06     final()
```

說明

答案：① (E)，② (B)，③ (C)。程式碼請參考 test09_8.py。

題目 (九)

為忘憂雜貨店設計可以讀取資料庫檔案的 Python 程式，資料庫檔案包含貨品編號、成品、售價、數量等資料，格式如下：

A001, 123, 160, 50

A002, 540, 680, 12

…

程式的功能必須符合下列條件：

- 讀取並列印檔案的每一行資料。
- 如果讀到空行則忽略不處理。
- 完成所有行的讀取後，顯示結束訊息並關閉檔案。

所撰寫的程式碼如下：(行號僅供參考)

```
01 f = open("database.txt", 'r')
02 eof = False
03 while eof == False:
04     data = f.readline()
05
06
07             print(data)
08     else:
09         print("結束")
10         eof = True
11         f.close()
```

請問第 05 行和第 06 行您應該撰寫哪些程式碼？

(A) 05   if data != '':
    06   if data != "\n":
(B) 05   if data != '\n':
    06   if data != "":
(C) 05   if data != '\n':
    06   if data != None:
(D) 05   if data != '':
    06   if data != "":

說明

答案：(A)。程式碼請參考 test09_9.py。

CHAPTER

10

繪製圖表

- matplotlib 套件簡介
- 繪製線條圖
- 繪製柱狀圖
- 繪製圓餅圖

10.1 matplotlib 套件

10.1.1 matplotlib 套件簡介

　　matplotlib 是一套功能強大的繪圖套件，可提供 Python 進行繪製多種類型的 2D 圖形，像是繪製科學圖形、線條、柱狀圖或圓餅圖等呈現數據圖形化的方法。此套件的官網為「http://matplotlib.org/」。如下圖官網(https://matplotlib.org/tutorials/introductory/pyplot.html)亦提供繪製 2D 圖形的範例程式，可提供初學者參考。

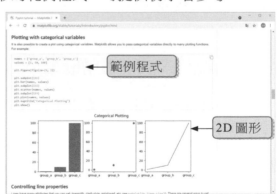

10.1.2 安裝 matplotlib 套件

　　matplotlib 套件在使用前必須先安裝，而 Anaconda 預設已安裝此套件，不用另行安裝。若開發環境要安裝 matplotlib 套件時，可採下列步驟開啟「Anaconda Prompt(Anaconda3)」命令視窗，接著在該視窗中輸入「pip install matplotlib」並按 Enter 鍵即可安裝 matplotlib 套件。

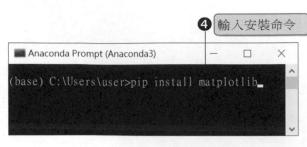

10.1.3 匯入 matplotlib 套件

matplotlib 套件大部分的繪圖功能置於 pyplot 模組中，因此使用時必須在程式最開頭撰寫如下敘述，即是在匯入 pyplot 模組同時指定該模組的別名為「plt」，之後即可直接使用 plt 進行繪圖：

```
import matplotlib.pyplot as plt
```

10.2　繪製線條圖

10.2.1　如何繪製線條

matplotlib.pyplot 模組可使用 plot()方法進行繪製線條，接著再呼叫 show()方法來顯示繪圖結果，plot()方法語法如下：

```
plt.plot(x 座標串列, y 座標串列, [參數 1, 參數 2, ...])
```

plot()方法除了 x 座標串列和 y 座標串列為必要參數之外，還有下表五個常用的選擇性參數可以使用。

plot 方法參數	說明
color	設定線條的顏色，預設值為藍色。
linewidth 或 lw	設定線條的寬度，預設值為 1.0。
linestyle 或 ls	設定線條的顯示樣式，常用的設定值有「-」實線、「--」虛線、「-.」虛點線、「:」點線，預設值為「-」實線。
label	設定圖例代表的名稱。此屬性必須執行 legend()方法才會顯示指定的圖例名稱。

maker	設定線條端點的標記樣式。常用屬性值如下：
	1."."，"o"，"*"：依序代表點、圓、星樣式。
	2."v"，"^"：依序代表正倒三角形。
	3."<"，">"：依序代表左右三角形。
	4."s"：矩形。
	5."p"：五角形。
	6."h"，"H"：依序代表小六邊形與大六邊形。
	7."d"，"D"：依序代表小鑽石形與大鑽石形。
	8."+"，"x"：依序代表 + 與 X。
	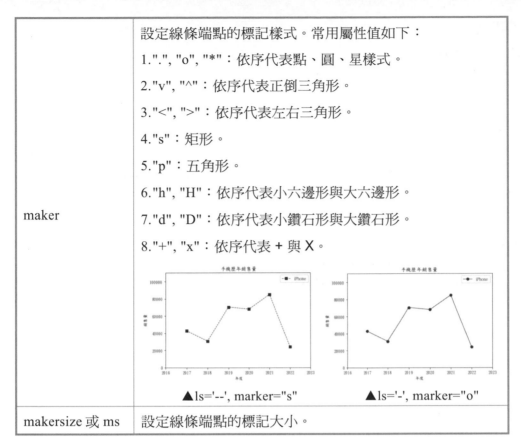 ▲ls='--', marker="s"　　▲ls='-', marker="o"
makersize 或 ms	設定線條端點的標記大小。

💻 簡例 (檔名：plt01.py)

練習使用 matplotlib.pyplot 模組的 plot()方法繪製 2016 年~2022 年的產品銷售量圖表，指定圖例說明如下：

① listX 座標串列由 2016 年~2022 年。

② listY 座標串列由 0~100000。

③ 設定線條顏色為藍色、以虛點線顯示、線條寬度為 4，線條代表圖例名稱為「 ━ Sales volume 」。

💻 結果

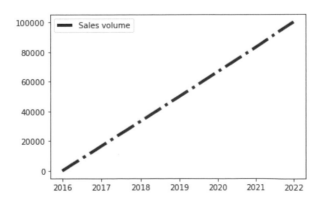

程式碼

檔名：\ex10\plt01.py

```
01 import matplotlib.pyplot as plt
02
03 listX = [2016, 2022]
04 listY = [0, 100000]
05
06 plt.plot(listX, listY, color='blue', ls='-.', lw=4, label="Sales volume")
07 plt.legend()
08 plt.show()
```

說明

1. 第 3,4 行：listX 與 listY 座標串列只設定兩個資料，但圖表座標間距會自動分配。

2. 第 6 行：使用 plot()方法進行繪製線條，依據 listX 與 listY 的數值進行繪製線條，並指定線條顏色為藍色、線條以虛點線顯示、線條寬度為 4，線條代表圖例名稱為「Sales volume」。

3. 第 7 行：執行 legend()方法，才能顯示 label 所指定的線條代表圖例名稱「━ Sales volume」。

4. 第 8 行：執行 show()方法顯示繪圖結果。

10.2.2 IPython Console 無法顯示圖表的解決方式

當執行繪製圖表程式時，若出現下圖虛框處訊息且未出現圖表，這是因為 Spyder 預設的 IPython Console 視窗(主控台)不會顯示圖表。

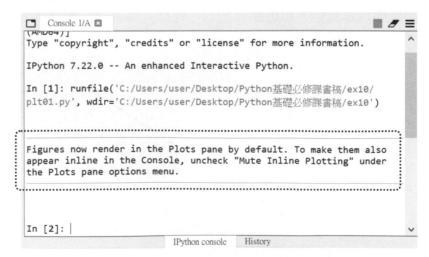

要讓 IPython Console 視窗(主控台)顯示圖表其操作步驟如下：

Step 1 開啟 Plots 視窗

執行功能表的【View / Panes / Plots】項目開啟 Plots 視窗。(讓 Plots 項目前有勾選表示已開啟該視窗。)

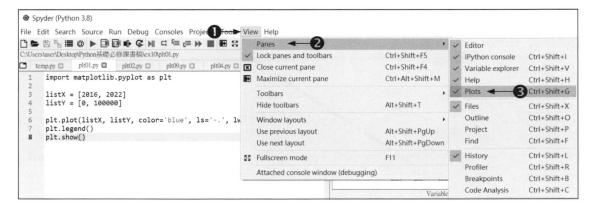

Step 2 取消 Mute inline plotting 功能

接著切換到 Plots 視窗，並按下該視窗功能表並取消「Mute inline plotting」功能，最後再執行程式即可在 IPython Console 視窗顯示圖表。

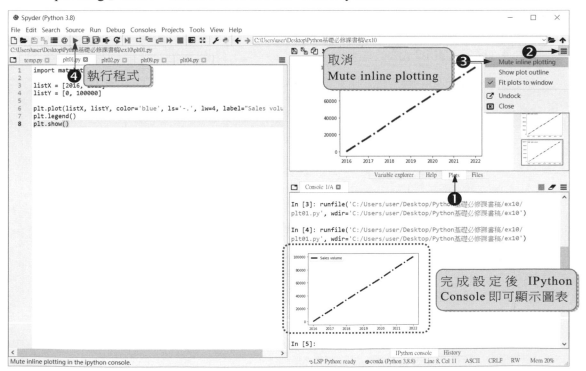

10.2.3 如何在圖表中顯示中文

matplotlib 預設無法在圖表中顯示中文,當在上例圖例說明指定「歷年銷售量」,結果會如下圖虛框處無法顯示中文:

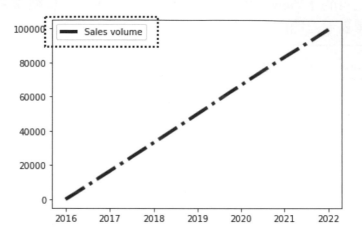

若要解決中文顯示的問題,只要在程式碼開頭撰寫如下敘述,將圖表預設使用的字體換成標楷體(字型的英文名 DFKai-SB)即可:

```
font = {'family' : 'DFKai-SB'}        #建立 font 字型物件同時指定為標楷體
plt.rc('font', **font)     #指定 plt 使用 font 字型物件,表示繪圖的字型以標楷體顯示
```

簡例 (檔名:plt02.py)

延續上例將線條的圖例說明改成「歷年銷售量」,並可正常顯示中文。

結果

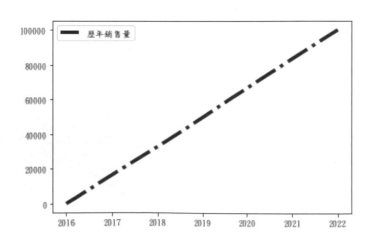

程式碼

檔名：\ex10\plt02.py

```
01 import matplotlib.pyplot as plt
02
03 font = {'family' : 'DFKai-SB'}
04 plt.rc('font', **font)
05
06 listX = [2016, 2022]
07 listY = [0, 100000]
08
09 plt.plot(listX, listY, color='blue', ls='-.', lw=4, label="歷年銷售量")
10 plt.legend()
11 plt.show()
```

NOTE 在 Plots 視窗右邊會出現繪製圖表的縮圖，在縮圖上按一下可以切換顯示的圖表，按右鍵會出現快顯功能表，可以執行指令來管理圖表。

10.2.4 如何設定圖表標題、座標標題與座標範圍

圖表另外還提供下表的方法讓開發人員可以設定圖表標題、座標標題與座標範圍等，讓瀏覽者可能瞭解圖表所代表的意義。

matplotlib.pyplot 模組方法	說明
title	設定圖表標題。
xlabel	設定 x 座標標題。
ylabel	設定 y 座標標題。
xlim	設定 x 座標範圍。寫法：plt.xlim(起始值, 終止值)
ylim	設定 y 座標範圍。寫法：plt.ylim(起始值, 終止值)
grid(True)	設定是否顯示網格線，預設不顯示網路線。 顯示網格線寫法：plt.grid(True) 不顯示網格線寫法：plt.grid(False)

💻 簡 例 (檔名：plt03.py)

繪製 2017~2022 年的 iPhone 歷年銷售量的圖表。圖表 X 座標(年)範圍 2016~2023 年，Y 座標(銷售量)範圍 0~110000，線條端點樣式設為 *，指定圖表標題為「手機歷年銷售量」。

💻 結 果

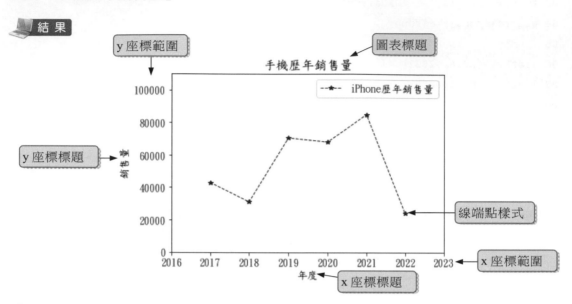

💻 程式碼

檔名：\ex10\plt03.py

```
01 import matplotlib.pyplot as plt
02 font = {'family' : 'DFKai-SB'}
03 plt.rc('font', **font)
04
05 listX = [2017, 2018, 2019, 2020, 2021, 2022]
06 listY = [43000, 31000, 70500, 68000, 85000, 24000]
07 plt.plot(listX, listY, color='blue', ls='--', lw=1,
            marker='*', label="iPhone 歷年銷售量")
08
09 plt.title("手機歷年銷售量")
10 plt.xlim(2016, 2023)
11 plt.ylim(0, 110000)
12 plt.xlabel('年度')
13 plt.ylabel('銷售量')
14 plt.legend()
15 plt.show()
```

簡例 (檔名：plt04.py)

　　繪製 2017~2022 年手機的歷年銷售量圖表，產品有 iPhone、ASUS、Google；線條模式依序設為虛線(--)、虛點線(-.)與實線(-)；線條顏色依序指定為藍、紅、綠；線端點樣式依序為圓、星、矩形。圖表 X 座標(年)範圍 2016~2023 年，Y 座標(銷售量)範圍 0~110000，指定圖表標題為「手機歷年銷售量」。

結果

程式碼

檔名：\ex10\plt04.py

```
01 import matplotlib.pyplot as plt
02 font = {'family' : 'DFKai-SB'}
03 plt.rc('font', **font)
04 listIYearX = [2017, 2018, 2019, 2020, 2021, 2022]
05
06 listIPhoneY = [43000, 31000, 70500, 68000, 85000, 24000]
07 plt.plot(listIYearX, listIPhoneY, color='blue', ls='-',  lw=2,
         marker="o",ms=10, label="iPhone")
08
09 listAsusY = [23000, 36000, 40500, 58000, 65000, 44000]
10 plt.plot(listIYearX, listAsusY, color='red', ls='-.', lw=2,
         marker="*",ms=10,  label="ASUS")
11
12 listGoogleY = [13000, 26000, 50500, 68000, 75000, 54000]
13 plt.plot(listIYearX, listGoogleY, color='green', ls='-', lw=2,
         marker="s",ms=10, label="Google")
14 plt.title("手機歷年銷售量")
15 plt.xlim(2016, 2023)
```

```
16 plt.ylim(0, 110000)
17 plt.xlabel('年度')
18 plt.ylabel('銷售量')
19 plt.legend()
20 plt.show()
```

說明

1. 第 4 行：指定 listYearX 串列當做 2017~2022 年。

2. 第 6~7 行：畫 iPhone 手機歷年銷售量的線條圖。

3. 第 9~10 行：畫 ASUS 手機歷年銷售量的線條圖。

4. 第 12~13 行：畫 Google 手機歷年銷售量的線條圖。

10.3 繪製柱狀圖

10.3.1 如何繪製柱狀圖

matplotlib.pyplot 模組可使用 bar()方法進行繪製柱狀圖，使用方式和 plot 方法差不多，其語法如下：

> plt.bar(x 座標串列, y 座標串列,
>   [bottom=y 座標繪製起始位置, color="顏色名稱", label= "圖例名稱"])

簡例 (檔名：plt05.py)

將 plt03.py 的 iPhone 歷年銷售量的圖表改使用柱狀圖呈現，同時在圖表中顯示網格。

結果

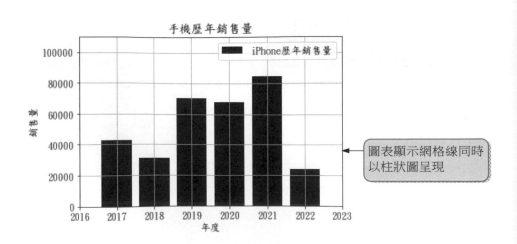

程式碼

檔名：\ex10\plt05.py

```
01 import matplotlib.pyplot as plt
02 font = {'family' : 'DFKai-SB'}
03 plt.rc('font', **font)
04 listX = [2017, 2018, 2019, 2020, 2021, 2022]
05 listY = [43000, 31000, 70500, 68000, 85000, 24000]
06 plt.bar(listX, listY, color='blue', label="iPhone 歷年銷售量")
07
08 plt.title("手機歷年銷售量")
09 plt.xlim(2016, 2023)
10 plt.ylim(0, 110000)
11 plt.xlabel('年度')
12 plt.ylabel('銷售量')
13 plt.legend()
14 plt.grid(True)
15 plt.show()
```

說明

1. 第 6 行：使用 bar()方法繪製柱狀圖。

2. 第 14 行：設定圖表顯示網格線。

10.3.2 如何繪製疊加柱狀圖

　　若以相同方法將 plt04.py 的線條圖改使用 bar()方法顯示柱狀圖(範例可參考 plot06.py)，結果會發現由於各類手機歷年銷售量各有增減，所以柱狀圖的顏色會互相覆蓋，如此即無法明確瞭解被覆蓋手機的資訊。

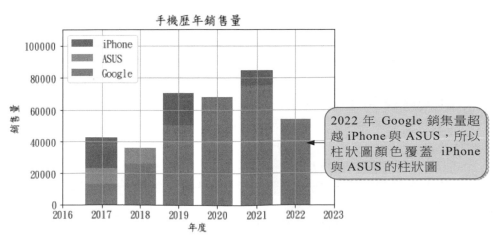

2022 年 Google 銷集量超越 iPhone 與 ASUS，所以柱狀圖顏色覆蓋 iPhone 與 ASUS 的柱狀圖

因此可透過繪製疊加柱狀圖來解決此問題，也就是目前繪製手機的 y 座標起始位置是由前一個手機的 y 座標最終值開始繪製，此時即可以在 bar()方法使用 buttom 參數來設定柱狀圖 y 座標要繪製的起始位置。

📖 簡例 (檔名：plt07.py)

以疊加柱狀圖的方式繪製 2017~2022 年手機的歷年銷售量圖表。

📖 結果

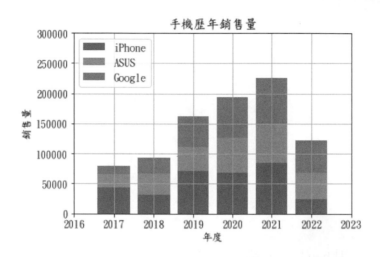

📖 程式碼

檔名：\ex10\plt07.py

```
01 import matplotlib.pyplot as plt
02 font = {'family' : 'DFKai-SB'}
03 plt.rc('font', **font)
04 listIYearX = [2017, 2018, 2019, 2020, 2021, 2022]
05
06 listIPhoneY = [43000, 31000, 70500, 68000, 85000, 24000]
07 plt.bar(listIYearX, listIPhoneY, label="iPhone")
08
09 listAsusY = [23000, 36000, 40500, 58000, 65000, 44000]
10 plt.bar(listIYearX, listAsusY, bottom=listIPhoneY ,label="ASUS")
11
12 listY = [0,0,0,0,0,0]
13 for n in range(0, 6, 1):
14     listY[n] = listIPhoneY[n] + listAsusY[n]
15 listGoogleY = [13000, 26000, 50500, 68000, 75000, 54000]
16 plt.bar(listIYearX, listGoogleY, bottom=listY, label="Google")
17
18 plt.title("手機歷年銷售量")
```

```
19 plt.xlim(2016, 2023)
20 plt.ylim(0, 300000)
21 plt.xlabel('年度')
22 plt.ylabel('銷售量')
23 plt.legend()
24 plt.grid(True)
25 plt.show()
```

說明

1. 第 7 行：繪製 iPhone 歷年銷售量的柱狀圖。

2. 第 10 行：繪製 ASUS 歷年銷售量的柱狀圖。此柱狀圖的 y 座標繪製起點為 iPhone 銷售量。

3. 第 13~14 行：將 iPhone 與 ASUS 歷年銷售量進行相加並指定 listY，listY 用來當做是 Google 歷年銷售量的柱狀圖 y 座標繪製起點。

4. 第 16 行：繪製 Google 手機歷年銷售量的柱狀圖，柱狀圖 y 座標繪製起點是 iPhone 加上 ASUS 歷年銷售量。

10.4 繪製圓餅圖

matplotlib.pyplot 模組可使用 pie()方法進行繪製圓餅圖，此方法會依照比例串列的數值進行繪製圓餅圖，其語法如下：

plt.pie(比例串列, [參數 1, 參數 2, ...])

下表為 pie()方法常用的參數：

pie 方法參數	說明
colors	設定圓餅圖中每一個項目的顏色。
labels	設定圓餅圖中每一個項目的標題名稱。此屬性必須執行 legend()方法才會顯示。

explode	設定圓餅圖中每一個項目的凸出比例，預設值 0 表示不凸出，0.1 表示凸出 10%。如下圖多啦 A 夢的凸出比例為 0.3、火影忍者的凸出比例為 0.1，其他項目皆為 0。 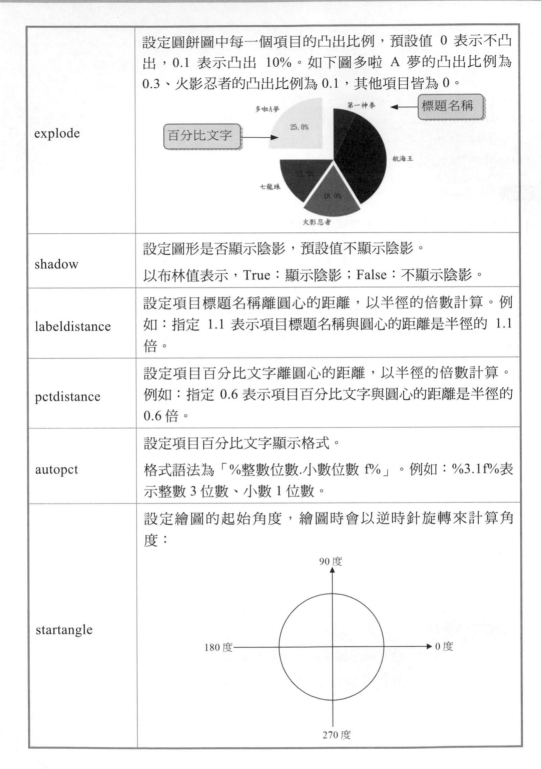
shadow	設定圖形是否顯示陰影，預設值不顯示陰影。 以布林值表示，True：顯示陰影；False：不顯示陰影。
labeldistance	設定項目標題名稱離圓心的距離，以半徑的倍數計算。例如：指定 1.1 表示項目標題名稱與圓心的距離是半徑的 1.1 倍。
pctdistance	設定項目百分比文字離圓心的距離，以半徑的倍數計算。例如：指定 0.6 表示項目百分比文字與圓心的距離是半徑的 0.6 倍。
autopct	設定項目百分比文字顯示格式。 格式語法為「%整數位數.小數位數 f%」。例如：%3.1f%表示整數 3 位數、小數 1 位數。
startangle	設定繪圖的起始角度，繪圖時會以逆時針旋轉來計算角度：

matplotlib.pyplot 模組的 pie()方法預設是繪製如下圖橢圓形樣式。

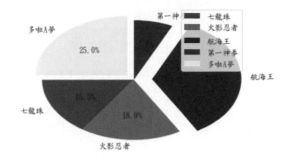

若要繪製正圓形，必須加入如下敘述。

> plt.axis('equal')

簡 例 (檔名：plt08.py)

練習 pie()方法繪製五個著名漫畫的銷售統計圖表。

結 果

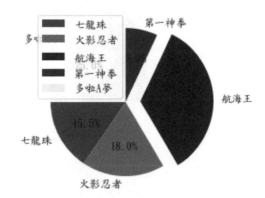

程式碼

檔名：\ex10\plt08.py

```
01 import matplotlib.pyplot as plt
02 font = {'family' : 'DFKai-SB'}
03 plt.rc('font', **font)
04 listPercent = [15.5, 18, 34.5, 7, 25]
05 listBooks = ['七龍珠', '火影忍者', '航海王', '第一神拳', '多啦A夢']
06 listColors = ['red', 'green', 'blue', 'purple', 'yellow']
07 listExplode=(0, 0, 0.2, 0, 0.1)
08
09 plt.pie(listPercent, labels=listBooks, colors=listColors,
        explode=listExplode, labeldistance=1.1, autopct='%3.1f%%',
        pctdistance=0.6, startangle=180)
10
11 plt.axis('equal')
12 plt.legend()
13 plt.show()
```

說明

1. 第 4 行：指定 listPercent 串列用來表示圓餅圖中各項目的比例。

2. 第 5 行：指定 listBooks 串列用來表示圓餅圖中各項目的標題名稱，即是五本漫畫名稱。

3. 第 6 行：指定 listColors 串列用來表示圓餅圖中各項目的顏色。

4. 第 7 行：指定 listExplode 串列用來表示圓餅圖中各項目的凸出效果。

5. 第 9 行：依參數繪製圓餅圖。

6. 第 11 行：以正圓形顯示圓餅圖。

簡例 (檔名：plt09.py)

延續上例，為圓餅圖加陰影。

結果

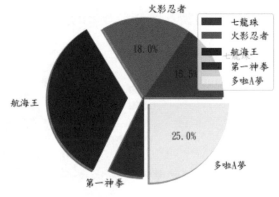

程式碼

檔名：\ex10\plt09.py

```
01 import matplotlib.pyplot as plt
02 font = {'family' : 'DFKai-SB'}
03 plt.rc('font', **font)
04 listPercent = [15.5, 18, 34.5, 7, 25]
05 listBooks = ['七龍珠', '火影忍者', '航海王', '第一神拳', '多啦A夢']
06 listColors = ['red', 'green', 'blue', 'purple', 'yellow']
07 listExplode=(0, 0, 0.2, 0, 0.1)
08
09 plt.pie(listPercent, shadow=True , labels=listBooks,
        colors=listColors, explode=listExplode, labeldistance=1.1,
        autopct='%3.1f%%', pctdistance=0.6, startangle=0)
10 plt.axis('equal')
11 plt.legend()
12 plt.show()
```

CHAPTER

11

視窗應用程式

- tkinter 套件簡介與匯入
- Label 標籤元件
- 視窗版面配置
- Button 按鈕元件
- Entry 文字方塊元件

- messagebox 對話方塊元件
- Radiobutton 選項按鈕元件
- Checkbutton 核取按鈕元件
- Photoimage 圖片元件
- 遊戲銷售統計

11.1 tkinter 套件

11.1.1 tkinter 套件簡介與匯入

tkinter 是 Python 所提供的標準 GUI(Graphical User Interface)圖形化使用者介面，Python 透過 tkinter 可快速建立 GUI 應用程式(本書稱為視窗應用程式)。此套件是跨平台的 GUI 套件，能夠在 Mac、Windows、Linux 等平台上開發視窗應用程式，安裝 Anaconda 預設即會安裝 tkinter 套件，使用時可先行匯入，其寫法如下：

```
import tkinter as tk
```

如上寫法即是在匯入 tkinter 套件同時即命名別名為「tk」，之後即可直接使用 tk 進行建立視窗程式。

11.1.2 如何建立視窗

使用 Python 配合 tkinter 套件建立視窗程式非常簡單，只要透過下面程式即可建立一個視窗應用程式，並指定該視窗標題為「第一個視窗應用程式」，同時指定視窗大小寬 400px，高 200px。(檔名：window01.py)

```
import tkinter as tk    #匯入 tkinter 並命名別名為 tk

win = tk.Tk()          #執行 Tk()方法建立視窗物件，並指定物件名稱為 win
win.title('第一個視窗應用程式')    #指定視窗標題為「第一個視窗應用程式」
win.geometry('400x200')           #指定視窗寬 400px，高 200px
win.mainloop()         #呼叫 mainloop()方法使視窗運作，直到關掉視窗為止
```

11.1.3 tkinter 套件常用元件

tkinter 套件提供多種元件讓開發人員使用，如按鈕、標籤或文字方塊…等，下表是本章介紹且常用的元件。

元件名稱	說明
Button 按鈕	在應用程式中建立按鈕。
Checkbutton 核取按鈕	在應用程式中建立核取按鈕，讓使用者進行多選項目。
Entry 文字方塊	在應用程式中建立文字方塊，讓使用者輸入資料。
Label 標籤	在應用程式中建立標籤，用來顯示應用程式相關訊息。
Radiobutton 選項按鈕	在應用程式中建立選項按鈕，讓使用者進行單選項目。
messagebox 訊息方塊	用來顯示應用程式的相關提示訊息。

11.2 Label 標籤元件

使用 Label 標籤控制項可在視窗上提供輸出入訊息，譬如提示訊息。亦可用來顯示程式執行過程或最後結果的相關訊息，但要注意標籤控制項只能顯示文數字資料，無法透過鍵盤來輸入資料。建立標籤的語法如下：

物件變數=tkinter.Label(容器物件, [參數 1=值 1, 參數 2=值 2, ..., 參數 n=值 n])

tkinter 套件的 Label()方法可在指定的容器物件上建立標籤，還可透過參數對標籤進行相關設定，如寬、高、背景色或文字顏色...等，常用的參數如下。(下列參數亦可在 Entry、Button、Checkbutton、Radiobutton 元件中使用)

參數	說明
text	設定元件內的文字。
width	設定元件的寬度。
height	設定元件的高度。
background 或 bg	設定元件的背景顏色。
foreground 或 fg	設定元件的文字顏色。
padx	設定文字或內容與元件的水平間距。
pady	設定文字或內容與元件的垂直間距。 如下寫法在 win 視窗上建立背景色為粉紅色 Python 的標籤。 lbl01 = tk.Label(win, text='Python', bg='pink') 如下寫法在 win 視窗上建立背景色為粉紅色 Python 的標籤，同時指定水平間距為 30，垂直間距為 50。 lbl01 = tk.Label(win, text='Python', bg='pink', padx=30, pady=50)
font	設定元件的字型與大小。例如設定字型為標楷體，字體大小為 14。寫法：font=('標楷體', 14)。
image	使用圖片代表標籤的內容。可參考 11.9 節。

當元件放置於指定的容器物件上時，還必須使用 pack()方法設定元件的編排位置，pack()方法預設的放置方式是由上到下。

簡 例 (檔名：label01.py)

使用 Label 元件建立三個課程名稱並依序指定背景色為粉紅色、黃色、紅色，字體大小依序指定為 16、14、11，字型皆為標楷體。

結 果

程式碼

檔名：\ex11\label01.py

```
01 import tkinter as tk
02
03 win = tk.Tk()                    # 建立 win 視窗
04 win.title('標籤元件')  # 視窗標題為「標籤元件」
05 win.geometry('400x100')         # win 視窗，大小為寬 400px，高 100px
06 lbl01 = tk.Label(win, text='跟著實務學習 ASP.NET Core MVC',
        bg='pink',font=('標楷體', 16))
07 lbl02 = tk.Label(win, text='跟著實務學習網頁設計',
        bg='yellow',font=('標楷體', 14))
08 lbl03 = tk.Label(win, text='跟著實務學習 Bootstrap',
        bg='red', fg='white',font=('標楷體', 11))
09 lbl01.pack()
10 lbl02.pack()
11 lbl03.pack()
12 win.mainloop()
```

說明

1. 第 1 行：匯入 tkinter 套件並以 tk 為別名。

2. 第 6~8 行：使用 Label()建立 lbl01、lbl02、lbl03 標籤物件，並依序指定背景色為粉紅色、黃色、紅色，字體大小依序為 16、14、11，字型皆為標楷體。

3. 第 9~11 行：用 pack()方法將 lbl01、lbl02、lbl03 標籤在 win 視窗中由上到下放置。

11.3 視窗版面配置

元件排列方式常用的有 pack()和 grid()兩種通用方法，說明如下表：

方法	說明
pack()	此方法使用 side 參數指定元件在容器物件上的放置位置。預設由上往下放置。side 可指定的參數有 top、left、right、bottom，依序代表的放置位置為上、左、右、下。
grid()	以表格的方式進行排列。語法如下： 　　grid(row=列, column=行) 如下表格可以模擬為視窗。若寫法為 　　lbl.grid(row=1, column=2) 表示 lbl 會放在灰底的位置，即第 2 列第 3 行的位置。 表格如下：

[0,0]	[0,1]	[0,2]
[1,0]	[1,1]	[1,2]

簡 例 (檔名：pack01.py)

依序將四個熱門動漫人物標籤放置在視窗的上左右下四個位置。

結 果

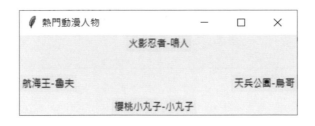

程式碼

檔名：\ex11\pack01.py

```python
01 import tkinter as tk
02
03 win = tk.Tk()
04 win.title('熱門動漫人物')
05 win.geometry('350x100')
06 lbltop = tk.Label(win, text='火影忍者-鳴人', bg='yellow')
07 lblleft = tk.Label(win, text='航海王-魯夫', bg='yellow')
08 lblright = tk.Label(win, text='天兵公園-鳥哥', bg='yellow')
09 lblbottom = tk.Label(win, text='櫻桃小丸子-小丸子', bg='yellow')
10 lbltop.pack(side='top')
```

```
11 lblleft.pack(side='left')
12 lblright.pack(side='right')
13 lblbottom.pack(side='bottom')
14 win.mainloop()
```

說明

1. 第 6~9 行： 建立四個標籤。

2. 第 10~13 行：將四個標籤放在視窗的上左右下的位置。

簡例 (檔名：grid01.py)

將表格中的動漫人物依表格排列方式放置於視窗中。

結果

火影忍者-鳴人			航海王-魯夫
[0,0]	[0,1]	[0,2]	[0,3]
		天兵公園-鳥哥	
[1,0]	[1,1]	[1,2]	[1,3]
	櫻桃小丸子-小丸子		
[2,0]	[2,1]	[2,2]	[2,3]

程式碼

檔名：\ex11\grid01.py

```
01 import tkinter as tk
02
03 win = tk.Tk()
04 win.title('熱門動漫人物')
05 win.geometry('350x100')
06 lbl00 = tk.Label(win, text='火影忍者-鳴人', bg='yellow')
07 lbl03 = tk.Label(win, text='航海王-魯夫', bg='yellow')
08 lbl12 = tk.Label(win, text='天兵公園-鳥哥', bg='yellow')
09 lbl21 = tk.Label(win, text='櫻桃小丸子-小丸子', bg='yellow')
10 lbl00.grid(row=0, column=0)   # '火影忍者-鳴人'       放置於第 1 列第 1 行
11 lbl03.grid(row=0, column=3)   # '航海王-魯夫'         放置於第 1 列第 4 行
```

12	lbl12.grid(row=1, column=2)	# '天兵公園-鳥哥'	放置於第 2 列第 3 行
13	lbl21.grid(row=2, column=1)	# '櫻桃小丸子-小丸子'	放置於第 3 列第 2 行
14	win.mainloop()		

11.4 Button 按鈕元件

當在視窗上輸入資料時，系統本身並不知道是否已經輸入資料完畢，必須搭配按鈕(Button)來做確認的工作。還有視窗上顯示的資料是否看完，系統本身並不知道，亦必須透過按鈕來做確認的工作。所以按鈕控制項是視窗應用程式設計使用頻率很高的控制項之一。建立按鈕的語法如下：

物件變數=tkinter.Button(容器物件, [參數 1=值 1, 參數 2=值 2, ..., 參數 n=值 n])

Button 可使用 Label 提供的參數，下表是 Button 所提供常用的參數說明：

參數	說明

command	按下按鈕時，會執行 command 所指定的函式。如下寫法指定按下 Hello 按鈕後會執行 fnHello()函式。
	# 定義 fnHello()函式
	def **fnHello()**:
	　# 程式敘述
	# 建立 Hello 按鈕
	btnHello = tkinter.Button(win, text='Hello', **command=fnHello**)

underline	指定按鈕上的文字加上底線，預設值-1，表示按鈕文字不加底線。0 表示第一個字加上底線、1 表示第二個字加上底線、2 表示第三個字加上底線...，其他依此類推。

🖥 簡例 (檔名：button01.py)

在視窗上建立標籤與 Hello 和 Clear 按鈕，按下 Hello 鈕時標籤即顯示 'Hello World!'，按下 Clear 鈕時標籤即清成空白。

🖥 結果

程式碼

檔名：\ex11\button01.py

```
01 import tkinter as tk
02
03 def fnHello():
04     lblShow['text'] = 'Hello World!'
05
06 def fnClear():
07     lblShow['text'] = ""
08
09 win = tk.Tk()
10 win.title('按鈕範例')
11 win.geometry('150x100')
12 lblShow = tk.Label(win, text='', font=('細明體', 18))
13 btnHello = tk.Button(win, text='Hello', command=fnHello)
14 btnClear = tk.Button(win, text='Clear', command=fnClear)
15 lblShow.pack()
16 btnHello.pack()
17 btnClear.pack()
18 win.mainloop()
```

說明

1. 第 3~4 行：定義 fnHello()函式，此函式可將 lblShow 標籤上的文字設為 'Hello World!'。

2. 第 6~7 行：定義 fnClear()函式，此函式可將 lblShow 標籤上的文字清成空白。

3. 第 13 行：按下 btnHello 按鈕，會執行此按鈕 command 指定的 fnHello()函式。

4. 第 14 行：按下 btnClear 按鈕，會執行此按鈕 command 指定的 fnClear()函式。

11.5　Entry 文字方塊元件

　　Label 標籤元件僅能在視窗上顯示資料，卻無法做輸入資料或修改資料的動作。若使用者需要對視窗上的資料做輸入或修改的動作，此時就必須使用 Entry 文字方塊元件來完成。所以「文字方塊」元件是允許輸入、修改和顯示資料，也就是說它具有讀寫功能，而標籤元件只具有唯讀功能。建立文字方塊的語法如下：

物件變數=tkinter.Entry(容器物件, [參數 1=值 1, 參數 2=值 2, …, 參數 n=值 n])

Entry 可使用 Label 提供的參數，下表是 Entry 所提供常用的參數說明：

參數	說明
state	文字方塊狀態，預設值為 normal，表示文字方塊為輸入狀態。 若設為 disabled 表示文字方塊為不啟用狀態。 若設為 readonly 表示文字方塊為唯讀狀態。

textvariable	文字方塊代表的物件，用來存取文字方塊中的資料。使用時必須先透過 tkinter 模組的 IntVar()、DoubleVar()、StringVar()、BooleanVar()等方法，定義文字方塊代表物件要使用的資料型別。
	①num=tkinter.IntVar()：定義 num 為 tkinter 模組的整數物件。
	②score=tkinter.DoubleVar()：定義 score 為 tkinter 模組的浮點數物件。
	③name=tkinter.StringVar()：定義 name 為 tkinter 模組的字串物件。
	④isMarry=tkinter.BooleanVar()：定義 isMarry 為 tkinter 模組的布林物件。
	在文字方塊指定對應的物件撰寫方式如下：
	#指定 tkinter 模組的字串物件 name，是 txtName 文字欄的變數
	name=tk.StringVar()
	txtName = tkinter.Entry(win, textvariable=name)
	# 指定 tkinter 模組的整數物件 score，是 txtScore 文字欄的變數
	score = tk.IntVar()
	txtScore = tkinter.Entry(win, textvariable=score)
	當文字方塊對應的物件指定完成，接著可使用 get()方法來取得資料，或使用 set()方法來設定資料。寫法如下：
	vName = name.get()　#取得 name 對應文字方塊的資料並放入 vName
	score.set(100)　　　#設定 score 對應文字方塊的資料為 100

簡例 (檔名：Entry01.py)

建立判斷成績等級的視窗程式，視窗中使用文字方塊讓使用者輸入姓名和分數，按下 [確定] 鈕後，在標籤上顯示該位使用者姓名與成績等級，成績等級分類如下：

① 90~100：A

② 80~89：B

③ 70~79：C

④ 65~69：D

⑤ 0~64：F

結果

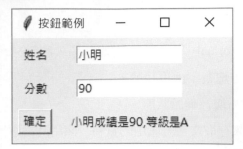

程式碼

檔名：\ex11\Entry01.py

```python
01 import tkinter as tk   #指定 tkinter 別名為 tk
02
03 #定義 fnOk 函式，當按下 [確定] 鈕會執行此函式
04 def fnOk():
05     vName = name.get()        #取得 name 對應文字方塊的資料並指定給 vName
06     vScore=score.get()        #取得 vScore 對應文字方塊的資料並指定給 vScore
07     if vScore>=90 :
08         level = 'A'
09     elif vScore>=80 :
10         level = 'B'
11     elif vScore>=70 :
12         level = 'C'
13     elif vScore>=65 :
14         level = 'D'
15     else :
16         level = 'F'
17     lblResult['text'] = '{0}成績是{1},等級是{2}'.format(vName, vScore , level)
18
19 win = tk.Tk()
20 win.title('按鈕範例')
21 win.geometry('180x120')
22 # 指定 tkinter 模組的字串物件 name，是 txtName 文字欄的變數
23 name=tk.StringVar()
24 # 指定 tkinter 模組的整數物件 score，是 txtScore 文字欄的變數
25 score = tk.IntVar()
26 # 建立 lblName 標籤
27 lblName = tk.Label(win, text='姓名', padx=10, pady=8)
28 lblName.grid(row=0, column=0)
```

```
29 # 建立 txtName 文字欄，此文字欄代表變數為 name
30 txtName = tk.Entry(win, width=15, textvariable=name)
31 txtName.grid(row=0, column=1)
32 # 建立 lblScore 標籤
33 lblScore = tk.Label(win, text='分數', padx=10, pady=8)
34 lblScore.grid(row=1, column=0)
35 # 建立 txtScore 文字欄，此文字欄代表變數為 score
36 txtScore = tk.Entry(win, width=15, textvariable=score)
37 txtScore.grid(row=1, column=1)
38 # 建立 btnOk 按鈕，按下此鈕會執行 fnOk 函式
39 btnOk = tk.Button(win, text='確定', command=fnOk )
40 btnOk.grid(row=2, column=0)
41 # 建立 lblResult 標籤
42 lblResult = tk.Label(win, text='', padx=10, pady=8)
43 lblResult.grid(row=2, column=1)
44 win.mainloop()
```

11.6　messagebox 對話方塊元件

在 Python 透過 messagebox，可以不用在視窗上面建立任何控制項就能輕鬆製作出有提示訊息的輸出對話方塊，而且此方法提供一些按鈕供程式設計者選擇，可以根據使用者所選取的按鈕，做為下一個程式流程的依據。其語法如下：

> tkinter.messagebox.方法(標題, 訊息, [icon='error|info|question|warning'])

語法中的第三個參數 icon，用來指定對話方塊中顯示的圖示，可指定 error 錯誤 ⊗、info 訊息 ⓘ、question 問題 ? 以及 warning 警告 ⚠ 圖示。

messagebox 提供如下常用的方法，可在出現的對話方塊中顯示指定的按鈕，可讓使用者依據按下的按鈕傳回對應的值：

方法	按鈕與圖示	傳回值
askokcancel	DTC購物確認 ? 是否完成此交易 [確定] [取消]	按 [確定] 鈕傳回 True。 按 [取消] 鈕傳回 False。
askquestion	DTC購物確認 ? 是否完成此交易 [是(Y)] [否(N)]	按 [是] 鈕傳回 'yes'。 按 [否] 鈕傳回 'false'。
askretrycancel	訂單確認 ! 資料傳送失敗，是否重新傳送 [重試(R)] [取消]	按 [重試] 鈕傳回 True。 按 [取消] 鈕傳回 False。
askyesno	訂單確認 ? 資料傳送失敗，是否重新傳送 [是(Y)] [否(N)]	按 [確定] 鈕傳回 True。 按 [取消] 鈕傳回 False。
showerror	系統錯誤 ✕ 請重新開啟應用程式 [確定]	對話方塊顯示錯誤 icon，同時顯示 [確定] 鈕，此方法做為提示使用。
showinfo	系統錯誤 i 請重新開啟應用程式 [確定]	對話方塊顯示訊息 icon，同時顯示 [確定] 鈕，此方法做為提示使用。

showwarning	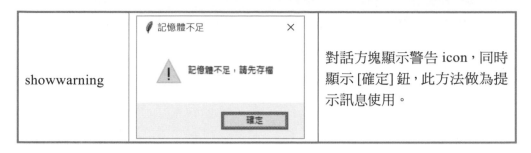	對話方塊顯示警告 icon，同時顯示 [確定] 鈕，此方法做為提示訊息使用。

簡例 (檔名：messagebox01.py)

延續 Entry01.py，當使用者輸入姓名與成績之後按下 [確定] 鈕即出現 圖1 詢問是否傳送成績。若按下 [取消] 鈕即顯示 圖2 告知取消傳送成績；若按下 [確定] 鈕則顯示 圖3 在標籤中顯示該位學生的成績與等級。

結果

圖1　　　　　　　　　圖2　　　　　　　　　圖3

程式碼

灰底處為新增的程式碼。

檔名：\ex11\messagebox01.py

```
01 import tkinter as tk
02 from tkinter import messagebox as msgbox
03
04 #定義 fnOk 函式，當按下確定鈕會執行此函式
05 def fnOk():
06     msgboxAns = msgbox.askokcancel('成績傳送', '請問是否傳送成績?', icon='info')
07     if (msgboxAns==False):
08         msgbox.showwarning("成績傳送", "您取消傳送成績")
09         return
10
11     vName = name.get()
12     vScore=score.get()
13     if vScore>=90 :
14         level = 'A'
15     elif vScore>=80 :
```

```
16          level = 'B'
17      elif vScore>=70 :
18          level = 'C'
19      elif vScore>=65 :
20          level = 'D'
21      else :
22          level = 'F'
23      lblResult['text'] = '{0}成績是{1},等級是{2}'.format(vName, vScore , level)
24
25  win = tk.Tk()
26  win.title('按鈕範例')
27  win.geometry('200x120')
28  # 指定 tkinter 模組的字串物件 name,是 txtName 文字欄的變數
29  name=tk.StringVar()
30  # 指定 tkinter 模組的整數物件 score,是 txtScore 文字欄的變數
31  score = tk.IntVar()
32  # 建立 lblName 標籤
33  lblName = tk.Label(win, text='姓名', padx=10, pady=8)
34  lblName.grid(row=0, column=0)
35  # 建立 txtName 文字欄,此文字欄代表變數為 name
36  txtName = tk.Entry(win, width=15, textvariable=name)
37  txtName.grid(row=0, column=1)
38  # 建立 lblScore 標籤
39  lblScore = tk.Label(win, text='分數', padx=10, pady=8)
40  lblScore.grid(row=1, column=0)
41  # 建立 txtScore 文字欄,此文字欄代表變數為 score
42  txtScore = tk.Entry(win, width=15, textvariable=score)
43  txtScore.grid(row=1, column=1)
44  # 建立 btnOk 按鈕,按下此鈕會執行 fnOk 函式
45  btnOk = tk.Button(win, text='確定', command=fnOk )
46  btnOk.grid(row=2, column=0)
47  # 建立 lblResult 標籤
48  lblResult = tk.Label(win, text='', padx=10, pady=8)
49  lblResult.grid(row=2, column=1)
50  win.mainloop()
```

🎙️ 說明

1. 第 2 行:由 tkinter 套件匯入 messagebox 並更名為 msgbox,程式之後即可使用 msgbox 來建立對話方塊。

2. 第 6 行：建立具有 [確定] 和 [取消]鈕 的對話方塊並詢問是否傳送成績，依據使用者按下的按鈕將指定的資料傳送給msgboxAns變數。按下[確定]鈕將 True 指定給 msgboxAns，按下 [取消] 鈕將 False 指定給 msgboxAns。

3. 第 7~9 行：當 msgboxAns 為 False 時即顯示對話方塊告知取消傳送成績，接著離開 fnOk()函式。

11.7　Radiobutton 選項按鈕元件

通常設計輸入介面時，如果在多個選項中只能挑選其中一項時，我們可以使用選項按鈕元件來設計。只要其中一個選項按鈕被選取，則其他選項按鈕自動變成不被選取。下圖是「接龍」遊戲中「選項」的設定畫面，其中「發牌」群組中「發一張牌」、「發三張牌」只能二選一。「計分」群組則只能三選一。

建立 Radiobutton 的語法如下：

物件變數=tkinter.Radiobutton(容器物件, [參數 1=值 1, 參數 2=值 2, …])

Radiobutton 可使用 Label 提供的參數，下表是 Radiobutton 常用的參數說明：

參數	說明
value	代表選項按鈕的值。
command	選項按鈕狀態改變時會執行 command 所指定的函式。使用方式與按鈕相同。
textvariable	代表選項按鈕的文字物件，用來存取選項按鈕上的文字。使用時必須先透過 tkinter 模組的 IntVar()、DoubleVar()、StringVar()、BooleanVar()方法定義選項按鈕代表文字物件要使用資料型別。使用方式和文字方塊的 textvariable 相同。

	指定選項按鈕的變數，可用來存取選項按鈕的狀態，同一群組的選項按鈕名稱要設為相同。
variable	如下寫法，建立性別選項按鈕有 '男' 和 '女' 選項，'男' 選項的值為 '先生'，'女' 選項的值為 '小姐'，選項按鈕群組的變數為 gender，預設選取為 '男' 選項(值為 '先生')。 gender.set('先生') radM=tk.Radiobutton(win,text='男',variable=gender,value='先生'); radF=tk.Radiobutton(win,text='女',variable=gender,value='小姐');
image	使用圖片代表選項按鈕的選項內容。可參考 11.9 節。

簡 例 (檔名：radiobutton01.py)

　　使用文字方塊與選項按鈕製作個人簡歷表，文字方塊用來讓使用者填入姓名，選項按鈕用來讓使用者指定性別與學歷資訊。

結 果

程式碼

檔名：\ex11\radiobutton01.py

```
01 import tkinter as tk
02 from tkinter import messagebox as msgbox
03 #定義 fnOk 函式，當按下確定鈕會執行此函式
04 def fnOk():
05     # 取得學歷的 value 值，即代表第幾個項目
06     index = edu.get();
07     # 將顯示結果指定給 result 變數
08     result = '{0}{1}的學歷是{2}'.format(name.get(),gender.get(),eduAry[index])
09     msgbox.showinfo('個人簡歷', result)
10
11 win = tk.Tk()
12 win.title('選按按鈕範例')
13 win.geometry('450x150')
```

```
14 # 指定 tkinter 模組的字串物件 name，是 txtName 文字欄的變數
15 name=tk.StringVar()
16 # 指定 tkinter 模組的字串物件 gender，是 radM 男和 radF 女選項按鈕的變數
17 gender=tk.StringVar()
18 # 指定 tkinter 模組的整數物件 edu，是國小，國中，高中職，大學，碩博士選項按鈕的變數
19 edu=tk.IntVar()
20
21 # 建立姓名 lblName 標籤
22 lblName = tk.Label(win, text='姓名', padx=10, pady=8)
23 lblName.grid(row=0, column=0)
24 # 建立 txtName 文字欄，此文字欄代表變數為 name
25 txtName = tk.Entry(win, width=10, textvariable=name)
26 txtName.grid(row=0, column=1)
27 # 建立性別 lblGender 標籤
28 lblGender = tk.Label(win, text='性別', padx=10, pady=8)
29 lblGender.grid(row=1, column=0)
30 # 建立 radM 男和 radF 女選項按鈕，預設 '男' 選項按鈕被選取
31 gender.set('先生')
32 radM = tk.Radiobutton(win, text='男', variable=gender ,value='先生');
33 radM.grid(row=1, column=1)
34 radF = tk.Radiobutton(win, text='女', variable=gender ,value='小姐');
35 radF.grid(row=1, column=2)
36 # 建立學歷 lblEdu 標籤
37 lblEdu = tk.Label(win, text='學歷', padx=10, pady=8)
38 lblEdu.grid(row=2, column=0)
39 eduAry=['國小', '國中','高中職','大學', '碩博士']
40 # 建立學歷選項按鈕，有國小，國中，高中職，大學，碩博士選項，代表變數為 edu
41 for i in range(5):
42     tk.Radiobutton(win,text=eduAry[i],variable=edu,value=i).grid(row=2,column=(1+i))
43 # 預設 '大學' 選項被選取
44 edu.set(3)
45 # 建立 btnOk 按鈕，按下此鈕會執行 fnOk 函式
46 btnOk = tk.Button(win, text='確定', command=fnOk )
47 btnOk.grid(row=3, column=0)
48 win.mainloop()
```

 說明

1. 第 39 行：建立 eduAry[0]~eduAry[4] 串列元素值依序為 '國小', '國中','高中職', '大學', '碩博士'。

2. 第 41~42 行：使用迴圈建立 '國小', '國中', '高中職', '大學', '碩博士' 的選項按鈕，這個五個選項按鈕的 value 值為 0~4，選項按鈕變數為 edu。

11.8　Checkbutton 核取按鈕元件

核取按鈕和選項按鈕都是供使用者選取項目，但是選項按鈕具有互斥性，因此只能單選；而核取按鈕每個都是可以獨立挑選，彼此間互不影響允許多選。下圖的「選項」對話方塊，其中有三個核取按鈕，按鈕以方塊呈現，每個方塊都是可以獨立勾選或不勾選。

建立核取按鈕的語法如下：

物件變數 = tkinter.Checkbutton (容器物件, [參數 1=值 1, 參數 2=值 2, ...])

Checkbutton 可使用 Label 提供的參數，下表是 Checkbutton 所提供常用的參數說明：

參數	說明
command	核取按鈕狀態改變時會執行 command 所指定的函式。使用方式與按鈕相同。
textvariable	代表核取按鈕的文字物件，用來存取核取按鈕上的文字。使用時必須先透過 tkinter 模組的 IntVar()、DoubleVar()、StringVar()、BooleanVar() 方法定義核取按鈕代表文字物件要使用資料型別。使用方式和文字方塊的 textvariable 相同。
variable	指定核取按鈕的變數，可用來存取核取按鈕的狀態。勾選即表示 True，不勾選表示 False。 如下寫法，餐點核取方塊選項有 '牛肉堡餐'、'豬肉堡餐' 和 '魚排堡餐' 選項，預設是 '豬肉堡餐' 和 '魚排堡餐' 核取按鈕被勾選。 food1=tkinter.Checkbutton(win,text='牛肉堡餐', variable=False) food2=tkinter.Checkbutton(win,text='豬肉堡餐', variable=True) food3=tkinter.Checkbutton(win,text='魚排堡餐', variable=True)

簡 例 (檔名：checkbutton01.py)

建立如下點餐程式。餐點名稱存放在 foodAry 串列，對應的餐點價錢放在 priceAry 串列，勾選指定的餐點之後即使用對話方塊顯示所選購的餐點並計算餐點總金額。

foodAry=['牛肉堡餐', '豬肉堡餐','雞腿堡餐', '香魚堡餐', '招牌堡餐']

priceAry=[120, 110, 130, 90, 150]

結 果

程式碼

檔名：\ex11\checkbutton01.py

```
01 import tkinter as tk
02 from tkinter import messagebox as msgbox
03
04 def fnOk():
05     data = ''
06     total = 0
07     for i in isfoodCheckAry:
08         if isfoodCheckAry[i].get() == True:
09             data += foodAry[i] + ", "
10             total += priceAry[i]
11     result = '{0}您好，你選購的餐點為{1}，總共{2}元'.format(name.get(),data,total)
12     msgbox.showinfo('點餐結果', result)
13
14 win = tk.Tk()
15 win.title('核取按鈕範例')
16 win.geometry('500x130')
17 name=tk.StringVar()
18 lblName = tk.Label(win, text='姓名', padx=10, pady=8)
19 lblName.grid(row=0, column=0)
```

```
20 txtName = tk.Entry(win, width=10, textvariable=name)
21 txtName.grid(row=0, column=1)

22 lblFood = tk.Label(win, text='餐點', padx=10, pady=8)
23 lblFood.grid(row=1, column=0)
24 isfoodCheckAry={}
25 foodAry=['牛肉堡餐', '豬肉堡餐','雞腿堡餐', '香魚堡餐', '招牌堡餐']
26 priceAry=[120, 110, 130, 90, 150]
27 for i in range(5):
28     isfoodCheckAry[i] = tk.BooleanVar()
29     tk.Checkbutton(win, text=foodAry[i],
           variable=isfoodCheckAry[i]).grid(row=1, column=(1+i))
30
31 btnOk = tk.Button(win, text='確定', command=fnOk)
32 btnOk.grid(row=2, column=0)
33 win.mainloop()
```

說明

1. 第 4~12 行：定義 fnOk()函式，此函式內使用迴圈逐一判斷 isfoodCheckAry 字典中的每一個元素的值是否為 True。若為 True 即表示該項餐點被勾選，就將餐點名稱合併到 data 變數，並將餐點價錢累加到 total 變數，最後使用對話方塊顯示點餐結果。

2. 第 24 行：建立 isfoodCheckAry 空字典用來存放餐點的核取按鈕的狀態。

3. 第 25 行：建立 foodAry 串列，串列中的元素用來表示核取按鈕上的文字。

4. 第 26 行：建立 priceAry 串列，串列中的元素用來表示餐點核取按鈕對應的價格。

5. 第 27~29 行：使用迴圈建立各餐點的核取按鈕。

6. 第 28 行：指定餐點的核取按鈕的值為布林型別。

7. 第 31 行：按下 [確定] 即執行 4~12 行的 fnOk()函式。

11.9　Photoimage 圖片元件

　　若能在輸出入介面加上適當的圖形，會使得操作視窗的介面更加生動。Python 透過 Photoimage 圖片元件，可以在視窗上加入圖片。圖片元件適合使用的圖檔格式有：gif、pgm 以及 ppm 類型。其語法如下：

物件變數=tkinter.Photoimage (file='圖檔路徑或檔名')

　　tkinter 套件的 Photoimage 元件只能顯示 gif、pgm 以及 ppm 類型的圖片。若要顯示 jpg 圖片，就必須在程式最開頭匯入 PIL 套件的 ImageTK 和 Image 模組，就可以使用 ImageTk.PhotoImage() 來建立顯示 JPG 的圖片元件，其寫法如下：

> from PIL import ImageTk, Image　#匯入 PIL 套件中的 ImageTK 和 Image 模組
> ……
> ……
> 物件變數= ImageTk.PhotoImage(Image.Open('圖檔路徑或檔名'))

■ 簡 例　(檔名：photoimage01.py)

　　建立如下書籍選購程式，核取按鈕項目使用 'AEL022700.jpg'、'AEL022900.jpg'、'AEL019900.jpg' 圖示呈現，當使用者選取要選購的書籍後並按下 [確定] 鈕，接著會出現對話方塊並顯示選購的書籍以及總金額。

■ 結 果

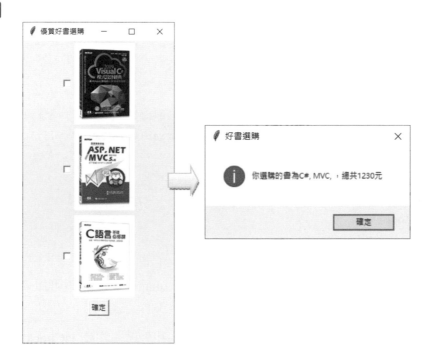

■ 程式碼

檔名：\ex11\photoimage01.py

```
01 import tkinter as tk
02 from tkinter import messagebox as msgbox
03 from PIL import ImageTk, Image
04
05 def fnOk():
06     data = ''
```

```
07    total = 0
08    for i in isCheckAry:
09        if isCheckAry[i].get() == True:
10            data += booksNameAry[i] + ", "
11            total += booksPriceAry[i]
12    result = '你選購的書為{0}，總共{1}元'.format(data , total)
13    msgbox.showinfo('好書選購', result)
14
15 win = tk.Tk()
16 win.title('優質好書選購')
17 win.geometry('250x500')
18
19 booksIdAry=['AEL022700','AEL022900','AEL019900']
20 booksNameAry=['C#', 'MVC', 'C 語言']
21 booksPriceAry=[680, 550, 420]
22 isCheckAry={}
23 bookImg={}
24
25 for i in range(len(booksIdAry)):
26    isCheckAry[i] = tk.BooleanVar()
27    bookImg[i] = ImageTk.PhotoImage(Image.open(booksIdAry[i]+".jpg"))
28    tk.Checkbutton(win, image=bookImg[i], variable=isCheckAry[i]).pack()
29
30 btnOk = tk.Button(win, text='確定', command=fnOk)
31 btnOk.pack()
32 win.mainloop()
```

> 說明

1. 第 3 行：匯入 PIL 套件中的 ImageTK 和 Image 模組，即可以使用 ImageTk.PhotoImage()來建立顯示 JPG 的圖片元件。

2. 第 5~13 行：定義 fnOk 函式，此函式使用迴圈逐一判斷 isCheckAry 字典中的每一個元素的值是否為 True，若為 True 即表示該項書籍被勾選，即將書籍名稱合併到 data 變數，將書籍價錢累加到 total 變數，最後使用對話方塊顯示書籍選購結果。

3. 第 19 行：建立 booksIdAry 串列，串列中的元素用來表示書籍書號，書號加上 .jpg 即代表該書的圖檔。

4. 第 20 行：建立 booksNameAry 串列，串列中的元素用來表示書籍名稱。

5. 第 21 行：建立 booksPriceAry 串列，串列中的元素用來表示核取按鈕書籍對應的價格。

6. 第 22 行：建立 isCheckAry 空字典，用來存放書籍的核取按鈕的狀態。

7. 第 23 行：建立 bookImg 空字典，用來存放書籍項目的顯示的圖片元件。

8. 第 25~28 行：使用迴圈建立各書籍的核取按鈕。

9. 第 26 行：指定書籍核取按鈕的值為布林型別。

10. 第 27 行：指定書籍核取按鈕要顯示的圖片元件。

11. 第 30 行：按下 [確定] 鈕即執行 5~13 行的 fnOk() 函式。

11.10 遊戲銷售統計

簡 例 (檔名：Sales.py)

建立如下遊戲銷售統計。使用者可在左下圖的視窗依序新增各遊戲的銷售量，若遊戲名稱重複建立，則銷售量會累加至該遊戲銷售量；同時每新增一筆遊戲的銷售量，IPython console 視窗即會繪製右下方遊戲銷售量柱狀圖。

結 果

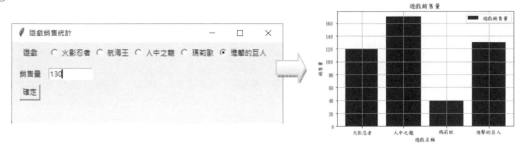

程式碼

檔名：\ex11\Sales.py

```
01 import matplotlib.pyplot as plt
02 import tkinter as tk
03 from tkinter import messagebox as msgbox
04 font = {'family' : 'DFKai-SB'}
05 plt.rc('font', **font)
06
07 #定義 fnOk 函式，當按下確定鈕會執行此函式
08 def fnOk():
```

```
09      # 取得遊戲的 value 值，即代表選取該取方塊第幾個項目
10      index = game.get();
11      # 將遊戲名稱與銷售數量放入串列中
12      if gameAry[index] in SalesGameAry:    # 判斷遊戲名稱是否在串列中
13          # 若遊戲名稱重複指定則找出銷售量串列的索引位置，並累加銷售量
14          n=SalesGameAry.index(gameAry[index])
15          SalesNumAry[index] += num.get()
16      else:                                 # 將遊戲名稱與銷售量放入串列
17          SalesGameAry.append(gameAry[index])
18          SalesNumAry.append(num.get())
19      # 將結果顯示指定 result 變數
20      result = '{0}的訂購數量{1}'.format(gameAry[index], num.get())
21      msgbox.showinfo('訂單結果', result)
22      # 繪製遊戲銷售量的柱狀圖
23      plt.bar(SalesGameAry, SalesNumAry, color='blue', label="遊戲銷售量")
24      plt.title("遊戲銷售量")
25      plt.xlabel('遊戲名稱')
26      plt.ylabel('銷售量')
27      plt.legend()
28      plt.grid(True)
29      plt.show()
30
31  win = tk.Tk()
32  win.title('遊戲銷售統計')
33  win.geometry('450x150')
34  # 指定 tkinter 模組的整數物件 game，是火影忍者，航海王，人中之龍，瑪莉歐，進擊的巨人選項按鈕的變數
35  game=tk.IntVar()
36  # 指定 tkinter 模組的字串物件 num，是 txtNum 文字欄的變數
37  num=tk.IntVar()
38
39  SalesGameAry=[]      # 此串列記錄遊戲名稱
40  SalesNumAry=[]       # 此串列記錄遊戲銷售量
41
42  # 建立 lblGame 標籤
43  lblGame = tk.Label(win, text='遊戲', padx=10, pady=8)
44  lblGame.grid(row=0, column=0)
45  gameAry=['火影忍者', '航海王', '人中之龍', '瑪莉歐', '進擊的巨人']
```

```
46  # 建立遊戲選項按鈕，有火影忍者，航海王，人中之龍，瑪莉歐，進擊的巨人選項，代表變數為 game
47  for i in range(len(gameAry)):
48      tk.Radiobutton(win, text=gameAry[i], variable=game,
                value=i).grid(row=0, column=(1+i))
49  # 預設 '人中之龍' 選項被選取
50  game.set(2)
51
52  # 建立銷售量 lblNum 標籤
53  lblNum = tk.Label(win, text='銷售量', padx=10, pady=8)
54  lblNum.grid(row=1, column=0)
55  # 建立 txtNum 文字欄，此文字欄代表變數為 num
56  txtNum = tk.Entry(win, width=10, textvariable=num)
57  txtNum.grid(row=1, column=1)
58
59  # 建立 btnOk 按鈕，按下此鈕會執行 fnOk 函式
60  btnOk = tk.Button(win, text='確定', command=fnOk )
61  btnOk.grid(row=2, column=0)
62  win.mainloop()
```

最新 Python 基礎必修課

網頁資料擷取分析

- 網路爬蟲
- urllib 套件解析網址與擷取網頁
- requests 套件擷取網頁

- BeautifulSoup 套件解析網頁
- 碁峰資訊新書快報
- 自動產生長峰資訊產品新訊網頁

12.1　網路爬蟲

　　網路爬蟲(web crawler)又稱網路蜘蛛(spider)，它是一種自動瀏覽 www 全球資訊網的網路機器人。其原理相當簡單，即是透過一個種子網址，同時利用網頁中的連結，進一步獲取想要得到的網站數據資料，如此所擷取的數據就慢慢形成一張巨大的蜘蛛網。

　　談到網路爬蟲的應用就相當廣泛。例如開發和旅遊相關的網站或 App 會使用到公車、台鐵或高鐵的時刻表，此時就可以在旅遊網站中加入可自動取得公車、台鐵或高鐵的時刻表的相關網路爬蟲服務；又例如開發個人化的股價查詢 App，在系統中可加入自動取得股價的網路爬蟲服務，當股價上漲時即馬上通知相關的使用者進行拋售股票，若股價下跌即馬上通知相關使用者進場。還有美食網站、購物網站比價、漫畫抓取...等，都是常見的網路爬蟲應用。

12.2　urllib 套件解析網址與擷取網頁

　　在 Python 中可使用 urllib 套件提供的 urlparse()函式進行解析網址(URL, universal resource locator)，使用 urlopen()函式進行擷取網頁資訊。urllib 套件是 Python 的內建套件，使用前匯入即可不用另行安裝。

12.2.1 如何使用 urlparse()函式進行網址解析

urlparse()函式帶入網址字串可傳回 ParseResult 物件，此物件可解析網站網址的資訊，其語法如下：

```
import urllib    #匯入 urllib 套件
……
物件變數=urllib.parse.urlparse('網址字串')
```

ParseResult 物件提供如下屬性可取得網址相關資訊：

屬性	說明
fragment	取得網頁框架名稱。
netloc	取得網站網址。
path	取得網站路徑。
params	取得 URL 參數字串。
port	取得網頁通訊埠，當通訊埠不存在，則傳回 None。
scheme	取得網址通訊協定。
query	取得查詢字串。

簡例 (檔名：urlparse01.py)

使用 urlparse()函式解析「Visual C# 2019 程式設計經典-邁向 Azure 雲端與 AI 影像辨識服務(適用 Visual C# 2019/2017)」網頁，其網址如下。請取得通訊埠號、通訊協定、網站位址、網站路徑與查詢字串…等資訊。

「http://books.gotop.com.tw/BookDetails.aspx?bn=AEL022700」

結果

```
ParseResult 物件資訊： ParseResult(scheme='http', netloc='books.gotop.com.tw',
path='/BookDetails.aspx', params='', query='bn=AEL022700', fragment='')
通訊埠號： None
通訊協定： http
網站位址： books.gotop.com.tw
網站路徑： /BookDetails.aspx
查詢字串： bn=AEL022700
```

程式碼

檔名：\ex12\urlparse01.py

```
01 import urllib  #匯入 urllib 套件
02 urlstr = 'http://books.gotop.com.tw/BookDetails.aspx?bn=AEL022700'
03 resultObj = urllib.parse.urlparse(urlstr);
04 print('ParseResult 物件資訊：',resultObj)
05 print('通訊埠號：',resultObj.port)
06 print('通訊協定：',resultObj.scheme)
07 print('網站位址：',resultObj.netloc)
08 print('網站路徑：',resultObj.path)
09 print('查詢字串：',resultObj.query)
```

說明

1. 第 2~3 行：傳回 ParseResult 物件，其名稱為 resultObj，此物件解析「Visual C# 2019 程式設計經典-邁向 Azure 雲端與 AI 影像辨識服務(適用 Visual C# 2019/2017)」網頁網址。

2. 第 4 行：顯示解析網址的所有資訊。

3. 第 5~9 行：顯示網址資訊中的通訊埠號、通訊協定、網站位址、網站路徑與查詢字串的資訊。

12.2.2 如何使用 urlopen()函式進行網頁擷取

urlopen()函式帶入網址字串可傳回 urllib.response 物件，此物件可擷取網頁的資訊，其語法如下：

> import urllib.request　　#匯入 urllib.request 套件
> ……
> 物件變數=urllib.request.urlopen('網址字串')

urllib.response 物件提供如下方法或屬性，可取得網頁資訊：

方法/屬性	說明
geturl() 方法	傳回網頁網址。
getheader() 方法	傳回網頁表頭資訊。
read() 方法	以 byte 方式取得網頁資料(即網頁程式)。 如果要轉成字串必須再執行 decode()方法進行字串解碼。
status 屬性	傳回伺服器的狀態碼。例如：200 表示請求成功；400 表示用戶端錯誤；404 表示請求失敗。

簡例 (檔名：urlopen01.py)

使用 urlopen()函式取得碁峰資訊圖書網頁資訊，如網址、表頭資訊、網頁資料與伺服器狀態碼…等資訊。網頁網址如下：「http://books.gotop.com.tw/default.aspx」

結果

網站網址： http://books.gotop.com.tw/default.aspx

讀取狀態： 200

網頁表頭： [('Connection', 'close'), ('Date', 'Wed, 06 Feb 2019 15:39:50 GMT'), ('Server', 'Microsoft-IIS/6.0'), ('X-Powered-By', 'ASP.NET'), ('X-AspNet-Version', '2.0.50727'), ('Cache-Control', 'private'), ('Content-Type', 'text/html; charset=utf-8'), ('Content-Length', '105239')]

```
<!DOCTYPE html PUBLIC "-//W3C//DTD XHTML 1.0 Transitional//EN"
"http://www.w3.org/TR/xhtml1/DTD/xhtml1-transitional.dtd">
<meta http-equiv="X-UA-Compatible" content="IE=EmulateIE7" />
<html xmlns="http://www.w3.org/1999/xhtml" >
<head><title>
     碁峰圖書 – 提供最新最完整的資訊圖書訊息
</title>
<script src="js/jquery-1.4.4.min.js"></script>
<script src="js/slides.min.jquery.js"></script>
<script>
   $(function () {
      $('#slides').slides({
         preload: true,
         preloadImage: 'img/loading.gif',
         play: 5000,
         pause: 2500,
……
……
```

程式碼

檔名：\ex12\urlopen01.py

```
01 import urllib.request
02 urlstr='http://books.gotop.com.tw/default.aspx'
03 responseObj=urllib.request.urlopen(urlstr)
04
05 print('網站網址：', responseObj.geturl())
06 print('讀取狀態：', responseObj.status)
07 print('網頁表頭：', responseObj.getheaders())
08 htmlContent=responseObj.read()
09 print('網頁資料：', htmlContent.decode())
```

說明

1. 第 2~3 行：傳回 urllib.response 物件，該物件名稱為 responseObj，此物件可取得「碁峰資訊圖書」網頁資訊。

2. 第 5 行：取得碁峰資訊網頁網址。

3. 第 6 行：取得伺服器狀態碼。

4. 第 7 行：取得碁峰資訊網頁表頭資訊。

5. 第 8~9 行：取得碁峰資訊網頁程式並指定給 htmlContent，接著使用 decode() 方法進行字串解碼。

6. 若取得網頁程式採如下沒有執行 decode()進行解碼的寫法：

> htmlContent=responseObj.read()
> print('網頁資料：', htmlContent)

取得網頁程式結果會以如下亂碼顯示：

```
網頁資料： b'\r\n<!DOCTYPE html PUBLIC "-//W3C//DTD XHTML 1.0
Transitional//EN" "http://www.w3.org/TR/xhtml1/DTD/xhtml1-
transitional.dtd">\r\n<meta http-equiv="X-UA-Compatible"
content="IE=EmulateIE7" />\r\n<html xmlns="http://www.w3.org/1999
/xhtml"      >\r\n<head><title>\r\n\t\xe7\xa2\x81\xe5\xb3\xb0\xe5\x9c\x96\xe6\x9b\xb8
\xe2\x80\x93 \xe6\x8f\x90\xe4\xbe\x9b\xe6\x9c\x80\xe6\x96\xb0\xe6\x9c\x80\xe5
\xae\x8c\xe6\x95\xb4\xe7\x9a\x84\xe8\xb3\x87\xe8\xa8
\x8a\xe5\x9c\x96\xe6\x9b\xb8\xe8\xa8\x8a\xe6\x81\xaf\r\n
</title>\r\n\r\n    <script src="js/jquery-1.4.4.min.js">
</script>\r\n<script src="js/slides.min.jquery.js">
</script>\r\n<script>\r\n    $(function () {\r\n
……
……
```

12.3　requests 套件擷取網頁

requests 套件可用來取得網頁資訊，此套件在安裝 anaconda 套件時即會同時安裝，requests 套件提供的 get()函式和上節介紹的 urlopen()函式的用法類似。get()函式帶入網址字串可傳回 Response 物件，此物件可擷取網頁資訊，其語法如下：

```
import requests      #匯入 requests 套件
……
物件變數=requests.get ('網址字串')      #建立 Response 物件
```

Response 物件提供如下屬性，可取得網頁資訊：

屬性	說明
url	傳回網頁網址。
headers	傳回網頁表頭資訊。
status_code	傳回伺服器的狀態碼。例如：200 表示請求成功；400 表示用戶端錯誤；404 表示請求失敗。
encoding	設定網頁資料的編碼。常見的設定編碼為 'utf-8'。
text	傳回網頁資料(即網頁程式)。

簡例 (檔名：requests01.py)

將 urlopen01.py 範例改使用 requests 套件的 get()函式來取得碁峰資訊圖書網頁資訊，本例執行結果與 urlopen01.py 相同。

程式碼

檔名：\ex12\requests01.py

```
01 import requests
02 urlstr='http://books.gotop.com.tw/default.aspx'
03 responseObj=requests.get(urlstr)
04
05 print('網站網址：',responseObj.url)
06 print('讀取狀態：',responseObj.status_code)
07 print('網頁表頭：',responseObj.headers)
08 responseObj.encoding='utf-8'
09 print('網頁資料：',responseObj.text)
```

說明

1. 第 2~3 行：傳回 Response 物件，該物件名稱為 responseObj，此物件可取得「碁峰資訊圖書」網頁資訊。

2. 第 5 行：取得碁峰資訊網頁網址。

3. 第 6 行：取得伺服器狀態碼。

4. 第 7 行：取得碁峰資訊網頁表頭資訊。

5. 第 8~9 行：指定網頁的編碼為 utf-8，接著印出「碁峰資訊圖書」網頁的程式碼。

12.4　BeautifulSoup 套件解析網頁

　　BeautifulSoup 套件可用來解析網頁，此套件在安裝 anaconda 套件時即會同時安裝，BeautifulSoup 套件提供的 BeautifulSoup()函式可傳回 BeautifulSoup 物件，其語法如下：

> from bs4 import BeautifulSoup　#由 bs4 匯入 BeautifulSoup 套件
>
> ……
>
> 物件變數=BeautifulSoup('解析的程式碼字串', 'html.parser')

　　BeautifulSoup 物件提供如下屬性與方法，可解析網頁程式碼：

屬性與方法	說明
title 屬性	傳回網頁的標題，即 html 網頁的<title>~</title>資料。
text 屬性	傳回網頁去除 html 標籤後的內容。
find('標籤')方法	傳回第一個符合的 html 標籤內容，若找不到會傳回 None。
find_all('標籤') 方法	傳回所有符合的 html 標籤內容，若找不到會傳回 None。
select(' 選 擇 器 ') 方法	傳回指定選擇器的網頁資料(即網頁程式)，選擇器使用如下： ● select('標籤')：標籤選擇器。 ● select('#id 名稱')：id 選擇器，id 名稱前要加上 # 號。 ● select('.class 名稱')：類別選擇器，類別名稱前要加上「.」號。

　　在 bs01.py 範例中，將一步一步說明如何透過 BeautifulSoup 物件所提供的屬性與方法來解析網頁程式碼。

1. 先由程式開頭匯入 BeautifulSoup 套件，再將網頁程式碼指定給 htmlContent 字串變數，網頁程式碼與網頁結果示意圖如下：

```
01 from bs4 import BeautifulSoup #由 bs4 匯入 BeautifulSoup 套件
02 htmlContent='''
03 <html>
04 <head>
05 <title>碁峰暢銷書籍</title>
06 <style>
```

```
07    .blueText{
08      color:blue;
09    }
10  </style>
11  </head>
12  <body>
13  <h3 class="blueText">優質好書</h3>
14  <ul>
15    <li><a href="http://books.gotop.com.tw/v_AEI006600">Excel VBA 基礎必修課
      </a></li>
16    <li><a href="http://books.gotop.com.tw/v_AEL019900">C 語言基礎必修課
      (涵蓋「APCS 大學程式設計先修檢測」試題詳解)</a></li>
17    <li><a href="http://books.gotop.com.tw/v_AEL022600">Visual C# 2019
      基礎必修課</a></li>
18  </ul>
19  <p><a href="https://www.facebook.com/dtcbook" id="linkDtc" target="_blank">
      DTC 粉專</a></p>
20  </body>
21  </html>
22  '''
```

2. 使用 BeautifulSoup 函式建立解析 htmlContent 網頁程式碼的 bs 物件，並指定 html.parser 解析程式碼，接著擷取 title 標籤的資料。

```
23 bs=BeautifulSoup(htmlContent, 'html.parser')
24 print(bs.title)                #顯示 <title>碁峰暢銷書籍</title>
25 print(bs.title.text)           #顯示 碁峰暢銷書籍
26 print()
```

3. 使用 find() 方法取得 html 程式碼中第一個符合 <h3> 標籤的內容：

```
27 print(bs.find('h3'))           #顯示 <h3 class="blueText">優質好書</h3>
28 print(bs.find('h3').text)      #顯示 優質好書，text 屬性可去除 html 標籤
29 print()
```

4. 使用 find() 方法取得 html 程式碼中第一個符合 <a> 標籤且 target 屬性等於 _blank 的內容：

```
30 print(bs.find('a', {'target':'_blank'}))
31 print(bs.find('a', {'target':'_blank'}).text)    #顯示 DTC 粉專
32 print()
```

> <a href="https://www.facebook.com/dtcbook" id="linkDtc" target="_blank">DTC 粉專</a>

5. 使用 select()方法取得 html 程式碼中 .blueText 類別的內容，因為網頁中可能會有多個標籤套用 .blueText 類別，所以傳回的物件會是串列型別，因此要顯示元素中的內容要加上[0].text，即代表取得串列第一個元素中的內容。

```
33 print(bs.select('.blueText'))        #顯示 [<h3 class="blueText">優質好書</h3>]
34 print(bs.select('.blueText')[0].text)        #顯示 優質好書
35 print()
```

6. 使用 select()方法取得 html 程式碼中 id 名稱為 linkDtc 的內容，因為網頁中可能會有多個標籤的 id 被命名為 linkDtc，所以傳回的物件會是串列型別，因此要顯示元素中的內容要加上[0].text，即代表取得串列第一個元素中的內容。37~38 行與 30~31 執行結果相同，說明不同的方法也能取得所要的網頁資訊。

```
<a href="https://www.facebook.com/dtcbook"
id="linkDtc" target="_blank">DTC 粉專</a>
```

```
37 print(bs.select('#linkDtc'))
38 print(bs.select('#linkDtc')[0].text)        #顯示 DTC 粉專
39 print()
```

7. 使用 find_all()方法取得 html 程式碼中<a>標籤的內容，並將所有連結文字顯示出來。

```
40 link1=bs.find_all('a')
41 for n in range(0, len(link1)):
42     print(link1[n].text)
43 print()
```

html 程式碼	...... <ul> <li><a href="http://books.gotop.com.tw/v_AEI006600">Excel VBA 基礎必修課</a></li> <li><a href="http://books.gotop.com.tw/v_AEL019900">C 語言基礎必修課(涵蓋「APCS 大學程式設計先修檢測」試題詳解)</a></li> <li><a href="http://books.gotop.com.tw/v_AEL022600">Visual C# 2019 基礎必修課</a></li> </ul> <p><a href="https://www.facebook.com/dtcbook" id="linkDtc" target="_blank">DTC 粉專</a></p> ......
解析結果	Excel VBA 基礎必修課 C 語言基礎必修課(涵蓋「APCS 大學程式設計先修檢測」試題詳解) Visual C# 2019 基礎必修課 DTC 粉專

8. 使用 find()與 find_all()方法取得 html 程式碼中<ul>內的<a>標籤的內容，並將所有連結文字顯示出來。

44 data=bs.find('ul')	#先取得<ul>標籤內容並指定給 data 物件
45 link2=data.find_all('a')	#由 data 物件中取得<a>標籤內容並指定給 link2 串列物件
46 for n in range(0, len(link2)):	#使用迴圈逐一顯示 link2 中的<a>標籤的內容
47 print(link2[n].text)	

解析結果
> Excel VBA 基礎必修課
> C 語言基礎必修課(涵蓋「APCS 大學程式設計先修檢測」試題詳解)
> Visual C# 2019 基礎必修課

12.5 網頁爬蟲應用實例

12.5.1 碁峰資訊新書快報

簡例 (檔名：gotopNewBooks.py)

　　爬取碁峰網站「http://books.gotop.com.tw/default.aspx」網頁，顯示最新消息區域中新書快報的資訊內容。

結果

> 　　碁峰圖書 – 提供最新最完整的資訊圖書訊息
>
> - 【Web】圖解 5G 的技術與原理
> - 【Textbook】超人 60 天特攻本-數位科技概論與應用(111 年統測適用)
> - 【Data】Oracle 資料庫 SQL 學習經典-融入 OCA DBA 國際認證
> - 【Certification】Autodesk Revit 建模與建築設計(含國際認證模擬試題)
> - 【Programming】資料結構--使用 C++(第五版)

> - 【STEAM】STEAM 任務總動員：科學、科技、工程、藝術與數學跨領域動手玩
> - 【Programming】Python 程式設計與程式競賽解題技巧
> - 【Programming】內行人才知道的系統設計面試指南

1. 解析網頁，必須要瞭解 HTML 程式的結構，才能正確擷取所要的內容。

2. 請連上 http://books.gotop.com.tw/default.aspx 網頁，並透過瀏覽器檢視此網頁的程式碼，結果發現新書快報內容置於 id 名稱為 ct100_labNews 的<span>標籤中，每一本新書都使用<a>標籤擁有超連結功能。程式碼如下：

3. 觀察 html 標籤後可瞭解，新書資訊在 id 等於 ct100_labNews 的<span>標籤的<a>標籤中，且新書資訊由多組<a>標籤組成。

📔 程式碼

檔名：\ex12\gotopNewBooks.py

01	import requests	#匯入 requests 套件
02	from bs4 import BeautifulSoup	#匯入 BeautifulSoup 套件
03		
04	urlstr='http://books.gotop.com.tw/default.aspx'	
05	responseObj=requests.get(urlstr)	
06	bs=BeautifulSoup(responseObj.text, 'html.parser')	
07		
08	print(bs.title.text)	
09		
10	data=bs.select('#ctl00_labNews')	

```
11 link=data[0].find_all('a')
12 for n in range(0, len(link)):
13     print(link[n].text)
```

 說明

1. 第 4~5 行：傳回 Response 物件，該物件名稱為 responseObj，此物件可取得「碁峰資訊圖書」網頁資訊。

2. 第 6 行：使用 BeautifulSoup 函式建立解析 html 網頁程式碼(responseObj.text) 的 bs 物件，並指定 html.parser 解析。

3. 第 8 行：顯示網頁標題。

4. 第 10 行：使用 select()方法取得 id 為「ct100_labNews」的串列物件並指定給 data。

5. 第 10~11 行：因為 data[0] 為串列第一個元素，即是新書快報的區域，所以由 data[0] 執行 find_all()方法取得該元素內所有的<a>標籤並指定給 link 串列。

6. 第 12~13 行：使用迴圈印出所有新書名稱，即印出 link 串列中<a>標籤的內容。

12.5.2 自動產生長峰資訊產品新訊網頁

簡例 (檔名：evertopNewProducts.py)

取得長峰資訊網站「http://www.evertop.com.tw/」產品新訊的內容，並配合檔案存取自動建置產品新訊網頁。

結果

自動產生網頁也擁有響應式網頁的效果。

1. 請連上 http://www.evertop.com.tw/網頁，並透過瀏覽器檢視此網頁的程式碼，結果發現產品新訊內容置於第 2 個<select class="mb">內。

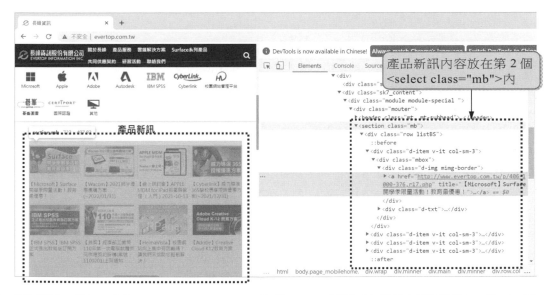

2. 如下圖，第 2 個<select class="mb">內的<img>可取得產品新訊的圖；第 2 個<select class="mb">中<div class="mtitle">內的<a>可取得產品新訊標題。

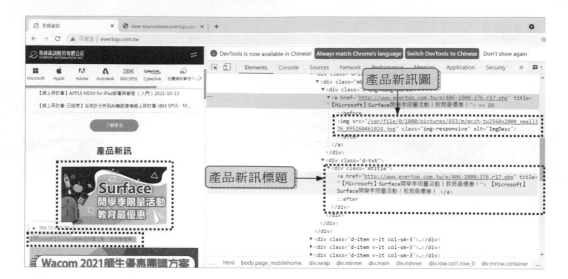

程式碼

檔名：\ex12\gotopNewBooks.py

```python
01 import os
02 import requests
03 from bs4 import BeautifulSoup

04 pageName='index.html'      #指定網頁名稱

06 #捉取長峰資訊網頁
07 urlstr="http://www.evertop.com.tw"    #長峰資訊網址
08 responseObj=requests.get(urlstr)
09 responseObj.encoding='utf-8'
10 bs=BeautifulSoup(responseObj.text, 'html.parser')

12 #取得產品新訊的 HTML 區塊，因為第 2 個<select class="mb">才是要捉取的資料，故串列索引為 1
13 data=bs.select(".mb")[1]

15 #將產品新訊的圖檔位址放入 imgSrc 串列
16 img=data.select('img')
17 imgSrc=[]
18 for n in range(len(img)):
19     imgSrc.append(img[n].get('src'))    #取得<img>標籤 src 屬性，即取得圖檔路徑

21 #將產品新訊的標題放入 linkText 串列
22 link=data.select('.mtitle a')
23 linkText=[]
24 for n in range(len(link)):
```

```
25     linkText.append(link[n].text.strip())

26

27 #建立 index.html 網頁

28 f=open(pageName,'w', encoding='utf-8')

29 #寫入 HTML 進行編排網頁

30 f.write('<html>')

31 f.write('<head>')

32f.write('<meta charset="utf-8">')

33 f.write('<title>長峰資訊</title>')

34 f.write('</haed>')

35 f.write('<body>')

36 f.write('<h2 align="center">新品快訊</h2>')

37 #使用迴圈配合 HTML、linkText、imgSrc 串列編排網頁區塊

38 for n in range(len(imgSrc)):

39     f.write('<div
style="float:left;width:400px;height:250px;margin:10px;background-color:#E8FFE8;
text-align:center">')

40     f.write('<img src="%s%s" width="300"><br>' %(urlstr, imgSrc[n]))

41     f.write(linkText[n])

42     f.write('</div>')

43 f.write('</body>')

44 f.write('</html>')

45 f.close()

46 os.system(pageName)    #開啟 index.html 網頁
```

🎙️ 說明

第 39 行：由於此行敘述過長無法排成一行，請讀者實際撰寫程式時將此行敘述撰寫成一行。

1. 您正在撰寫一個程式來將西元年換算成民國年。此程式會要求使用者輸入西元年(year)，然後在訊息(msg)中輸出民國年(roc)。您撰寫了以下這段程式碼。加上行號僅為參考之用。

```
01 year = input("請輸入西元年： ")
02 roc = eval(year) - 1911
03 msg = "中華民國"+str(roc) +"年"
04 print (msg)
```

請從選項中選取正確答案，以回答下列問題。

① 在 01 行中 year 的資料型別為何？(A) int　　(B) str　　(C) float　　(D) bool

② 在 02 行中 roc 的資料型別為何？(A) int　　(B) str　　(C) float　　(D) bool

③ 在 03 行中 msg 的資料型別為何？(A) int　　(B) str　　(C) float　　(D) bool

2. 您正在編寫複雜的運算式。您需要明確知道運算子的優先順序，才能正確編寫算術運算式的程式碼。現有下列七種運算子代碼，請依照優先順序填入作答區。
代碼：

(A) +加、-減　　　(B) *乘、/除　　　(C) +正、-負、~非　　　(D) ()括號
(E) **次方(指數)　　(F) and 且　　(G) or 或

作答區：

①_____　②_____　③_____　④_____　⑤_____　⑥_____　⑦_____

3. 請檢視下列 Python 程式碼(行號僅為參考)，回答該程式片段的執行結果。

```
01 v1 = 35
02 v2 = 8
03 v3 = 3.0
04 ans =  (v1 % v2 * 100) // 2.0 ** v3 -v2
05 print (ans)
```

(A) 運算結果=29.0　　　(B) 運算結果=29.5

(C) 運算結果=345　　　(D) 發生語法錯誤

4. words 變數值為"ABCDEFGHIJKLMNOPQRSTUVWXYZ"，請使用下列代碼回答下列問題的執行結果。

(A) DEFGHIJKLMN　　(B) PMJGD　　(C) CDEFGHIJKLMNO

(D) ONMLKJIHGFED　(E) DGJM　　(F) ZWTQNKHEB

① words[3:14]的輸出結果為何？

② words[3:14:3]的輸出結果為何？

③ words[15:2:-3]的輸出結果為何？

④ words[::-3]的輸出結果為何？

5. 請問下列陳述式有何功能？

```
num = input()
```

(A) 接受使用者在主控台中輸入文字　　(B) 接受使用者在主控台中輸入數值

(C) 顯示允許使用者輸入的對話框　　(D) 隨機產生一個輸入值

6. 您撰寫了以下這段程式碼，來比較輸入的兩個整數的大小，加上行號僅為參考之用。對於下列每項敘述，請選取正確或錯誤。

```
01 n1 = int(input('請輸入第 1 個整數：'))
02 n2 = int(input('請輸入第 2 個整數：'))
03 if n1 == n2:
04    print('第 1 個整數等於第 2 個整數')
05 if n1 <= n2:
06    print('第 1 個整數小於等於第 2 個整數')
07 if n1 > n2:
08    print('第 1 個整數大於第 2 個整數')
09 if n1 = n2:
10    print('第 1 個整數等於第 2 個整數')
```

① 只有在兩個整數相同時，第 04 行的 print 陳述式會被執行。

　(A) 正確　(B) 錯誤

② 只有在第一個整數小於第二個整數時，第 06 行的 print 陳述式會被執行。

　(A) 正確　(B) 錯誤

③ 只有在第一個整數大於第二個整數時，第 08 行的 print 陳述式會被執行。

　(A) 正確　(B) 錯誤

④ 第 09 行的 if 條件式是錯誤的寫法。(A) 正確　(B) 錯誤

7. 資料庫中文字被前後顛倒，需要撰寫一個 Python 函式來依照正確順序輸出文字。請回答下面問題來完成程式，加上行號僅為參考之用。

```
01 def reverse_word (str1):
02     length = ___①___
03     str2 = ''
04     while length >= 0:
05         str2 += ___②___
06         length -= 1
07     return str2
08 print (reverse_word('!olleH'))
```

① 請從下列選項中選取正確程式碼填寫至①。

　(A) len(str1)　　　　　　　(B) len(str1) - 1

　(C) range(0, len(str1),1) (D) range(len(str1)-1, -1, -1)

② 請從下列選項中選取正確程式碼填寫至②。

　(A) str1[length]　(B) str1[length + 1]　(C) str1[length - 1]　(C) str1[length - 1]

8. 下列程式碼的輸出結果為何？

```
import datetime
date=datetime.datetime(2021,12,25)
print('{:%B-%d-%y}'.format(date))
```

(A) 12-25-21　　　　　　(B) December-25-21

(C) 12-25-2021　　　　　(D) 2021-December-25

9. 您正在建立一個 Python 程式，電腦會產生 1 到 9 之間的任一亂數，使用者最多可以猜測 4 次。加上行號僅為參考之用。

作答區

```
01 from random import randint
02 ans=randint(1,9)
03 n=1
04 print('猜測 1 到 9 的整數，最多 4 次')
05 _____①_____
06     guess=int(input('請輸入 1 到 9 的整數：'))
07     if ans > guess:
08         print('猜的數太小')
09     elif ans < guess:
10         print('猜的數太大')
11     else:
12         print('猜對了')
13 _____②_____
14 _____③_____
```

敘述區段

(A) break

(B) pass

(C) n = 2

(D) n += 1

(E) while n < 4

(F) while n < 4:

(G) while n <= 4:

10. 下列是計算慢跑公里數消耗熱量的程式碼，其中包含兩個函式，請從下列敘述中選擇兩個來定義函式。

作答區

```
01 _____①_____
02     name=input('請輸入姓名：')
03     return name
04 _____②_____
05     cals=km*rate
06     return cals
07 kms=int(input('請輸入慢跑的公里數：'))
08 calRate=68
09 userName=getName()
10 userCal=getCal(kms,calRate)
11 print(userName,'你消耗',userCal,'大卡')
```

敘述區段

(A) def getName():

(B) def getName(userName):

(C) def getName(name):

(D) def getCal():

(E) def getCal(km, rate):

(F) def getCal(km, calRate):

11. 您撰寫一個函式來增加學生的學期成績，函式的需求如下：

• 如果沒有指定 add 參數值時，則預設為 1。

• 如果 rest 值為 False 時，則 add 值加倍。加上行號僅為參考之用。

對於下列每項請選取正確或錯誤。

```
01 def add_score(score, rest, add):
02     if rest==False:
03         add=add*2
04     score=score+add
```

```
05    return score
06 add=5
07 score=80
08 newScore=add_score(score,False,add)
```

① 第 01 行敘述改為 def add_score(score, rest, add=1):，才能符合要求。

　　(A) 正確　(B) 錯誤

② 以預設值定義參數後，其右側的所有參數也必須定義預設值。

　　(A) 正確　(B) 錯誤

③ 若不修改第 01 行敘述，只使用兩個參數呼叫函數時，第三個參數值為 None。

　　(A) 正確　(B) 錯誤

④ 第 03 行修改 add 變數值後，也會改變第 06 行的 add 變數值。

　　(A) 正確　(B) 錯誤

12. 您正在為森林遊樂區建立一個函式(count_fee)來計算入場費，計算規則如下：

- 年齡未滿 6 歲者收 10 元
- 年滿 6 歲以上住台北市的民眾收 30 元
- 6 至 18 歲的非住台北市的民眾收 50 元
- 超過 18 歲的非住台北市的民眾收 80 元

加上行號僅為參考之用。

```
01 def count_fee(age, taipei):
02    r = 10
03    if _____①_____
04      r = 30
05      _____②_____
06      _____③_____
07        r = 50
08      else:
09        r = 80
10    return r
```

① 請從下列選項中選取正確程式碼填寫至①。

　　(A) age > 6 and taipei == True:　　　(B) age >= 6:

　　(C) age >= 6 and taipei == True:　　　(D) age >= 6 and age < 18:

② 請從下列選項中選取正確程式碼填寫至②。

　　(A) elif age >= 6 and taipei == False:　(B) elif age > 6 and taipei == False:

　　(C) elif age >= 6 and age <= 18:　　　(D) elif age <= 18:

③ 請從下列選項中選取正確程式碼填寫至③。

　　(A) elif age <= 18:　(B) if age <= 18:　(C) elif age < 18:　(D) if age < 18:

13. 學校要求您為統計學生成績造成問題的部份程式碼偵錯。已經宣告的變數如下：

```
scoreList = [65, 54, 74, 48]
num, total = 0, 0
```

下列程式碼有兩個錯誤：

```
for index in range(len(scoreList)-1):
    num += 1
    total += scoreList[index]
avg = total // num
print("學生成績總和為: ", total)
print("學生平均成績為: ", avg)
```

請在錯誤的程式碼中，選取符合需求的程式片段來修訂程式。

```
for index in range    ①
    num += 1
    total += scoreList[index]
avg =       ②
print("學生成績總和為: ", total)
print("學生平均成績為: ", avg)
```

① (A) (size(scoreList)):   (B) (size(scoreList) - 1):

   (C) (len(scoreList) + 1):   (D) (len(scoreList)):

② (A) total / num   (B) total ** num   (C) total * num

14. 餐廳需要一個服務評分程式，程式需要執行下列程式工作：

- 接受輸入評分(score)
- 傳回評分的平均(average)
- 平均分數四捨五入到小數兩位

請回答下列問題來完成程式

```
total=num=stop=0
average=0.0
while stop!=-1:
    score=    ①
    if score == -1:
        break
    total += score
    num+=1
average=float(total/num)
    ②    +    ③
```

① 請從下列選項中選取正確程式碼填寫至①。

   (A) float(input("請輸入 1-10 的評分(-1 離開)"))

(B) print("請輸入 1-10 的評分(-1 離開)")

(C) input("請輸入 1-10 的評分(-1 離開)")

(D) input "請輸入 1-10 的評分(-1 離開)"

② 請從下列選項中選取正確程式碼填寫至②。

(A) printline("平均給分為：" 　(B) console.input("平均給分為："

(C) print("平均給分為：" 　　(D) output("平均給分為："

③ 請從下列選項中選取正確程式碼填寫至③。

(A) {average,'.2f'}) 　　　　(B) format.average.{.2f})

(C) format(average,'.2d')) 　　　(D) format(average,'.2f'))

15. 出版公司要統計文章中指定字母的使用次數。您需要建立一個符合這樣需求的函式。加上行號僅為參考之用。

```
01 def count_word(letter, wordList):
02     c1 = 0
03     for _____①_____
04         if _____②_____
05             c1 += 1
06     return c1
08 wordList = 'Hello'
09 letter = input('請輸入要查詢的字母：')
10 letterCount = count_word(letter, wordList)
11 print(letter+"字母總共使用：" , letterCount ,"次")
```

① 請從下列選項中選取正確程式碼填寫至①。

(A) wordList in word: 　(B) word in wordList:

(C) word is wordList: 　(D) word == wordList:

② 請從下列選項中選取正確程式碼填寫至②。

(A) word in letter 　(B) word is letter 　(C) letter in word: 　(D) letter is word:

16. 下列為一個定時檢查檔案是否存在的程式，程式需求如下：

• 檢查檔案 daily.txt 是否存在？

• 如果檔案存在，則顯示檔案內容。

```
import os
if _____①_____ :
    file = open('daily.txt')
        ②
    file.close()
```

① 請從下列選項中選取正確程式碼填寫至①。

(A) os.path.isdir('daily.txt')　　　(B) os.path.isfile('daily.txt')

(C) os.path.find('daily.txt')　　　(D) os.path.islink('daily.txt')

② 請從下列選項中選取正確程式碼填寫至②。

(A) print('daily.txt')　　　(B) output('daily.txt')

(C) print(file.get())　　　(D) print(file.read())

17. 公司要求您撰寫一個檔案管理程式，程式的需求如下：

- 檔案如果存在，就開啟檔案；如果不存在，就新增檔案。
- 將"檔案結尾"文字附加在檔案尾端。

```
import os
file = _____①_____
_____②_____ ("檔案結尾")
file.close()
```

① 請從下列選項中選取正確程式碼填寫至①。

(A) open('daily.txt')　　　(B) open('daily.txt', 'r')

(C) open('daily.txt', 'a')　　　(D) open('daily.txt', 'w')

② 請從下列選項中選取正確程式碼填寫至②。

(A) file.add　　　(B) file.write

(C) write　　　(D) file.append

18. 您在撰寫一個的檔案處理函式，函式需求如下：

- 如果檔案存在，就傳回檔案的第一行內容。
- 如果檔案不存在，則傳回'檔案不存在'。

請利用下列敘述區段的代碼，組合成一個完整函式。

敘述區段　　　　　　　　　　　　作答區

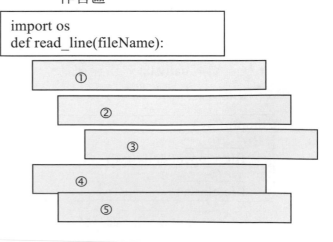

敘述區段
(A) with open(fileName, 'r') as f:
(B) return '檔案不存在'
(C) return f.readline()
(D) else:
(E) if os.path.isfile(fileName):

19. 為公司開發 Python 應用程式時，要讓其他團隊成員能夠了解，必須在程式碼中加入註解，請問您應該採用下列哪項作法？

(A) 在任何程式碼敘述區段的 <-- 和 --> 之間加入註解。

(B) 在任何一行的 # 後面加入註解。

(C) 在任何程式碼敘述區段的 /* 和 */ 之間加入註解。

(D) 在任何一行的 // 後面加入註解。

20. 請檢視下列程式碼，再回答下列問題。加上行號僅為參考之用。

```
01 # 目的：描述函式的功用
02 # 輸入：說明引數的用途
03 # 傳回：說明函式傳回值
04 def area(w, h):
05     print ('# 計算方形面積 #')
06     return w * h # 傳回值
```

對於下列每項敘述，請選取正確或錯誤。

① 程式執行時，第 01~03 行不會被執行。(A) 正確　　(B) 錯誤

② 可以省略第 02 行的「#」。(A) 正確　　(B) 錯誤

③ 第 05 行敘述中有包含內嵌的註解。(A) 正確　　(B) 錯誤

④ 第 06 行敘述中有包含內嵌的註解。(A) 正確　　(B) 錯誤

21. 您撰寫 read_data()函式來讀取資料檔，並列印該檔案的每行資料，行號僅供參考。執行時第 3 行敘述產生錯誤，請問原因為何？

```
01 def read_data(fileName):
02     line=None
03     if os.path.isfile(fileName):
04         f=open(fileName,'r')
05         for line in f:
06             print(line)
```

(A) 需要匯入 os 程式庫　　　　(B) isfile 方法參數不只一個

(C) isfile 不是 path 物件的方法　(D) path 不是 os 物件的方法

22. 執行下列程式碼時會列印出幾行？_____ (請輸入整數)

```python
num = 4
n = 6
while(n != 0):
    num *= n
    print(num)
    n -= 1
    if n == 4:break
```

23. 下列是關於 try 語法的說明，請選擇正確或錯誤。

① try 的語法中，可以有一個或是多個 except 敘述。(A) 正確　(B) 錯誤

② try 的語法中，可以有一個 finally 敘述和 except 敘述。(A) 正確　　(B) 錯誤

③ try 的語法中，可以有 finally 敘述，但不含 except 敘述。(A) 正確　(B) 錯誤

④ try 的語法中，可以有一個或是多個 finally 敘述。(A) 正確　(B) 錯誤

24. 您建立了一個兩數相除的函式，並且進行函式功能測試。(行號僅供參考)

```python
01 def func1(x, y):
02     return x / y
03 a = input('請輸入第一個數字： ')
04 b = input('請輸入第二個數字： ')
05 result = func1(a, b)
06 print('兩數相除等於', result)
```

請回答下列問題，選取正確的選項。

① 程式執行時第 02 行會造成執行階段錯誤。(A) 正確　(B) 錯誤

② 程式執行時第 06 行會造成執行階段錯誤。(A) 正確　(B) 錯誤

③ 第 03、04 行敘述應該使用 eval 函式。(A) 正確　(B) 錯誤

25. 您撰寫了以下程式，該程式會測試 file1 可否開啟，並將測試結果儲存到 file2。

```python
import sys
try:
    name1 = 'esc.py'
    file1 = open(name1, 'r')
    file2 = open('list.txt', 'w+')
except IOError:
    print(name1 + '檔案讀取失敗')
else:
    file2.write(name1 + '檔案讀取成功\n')
    file1.close()
    file2.flush()
    file2.close()
```

程式執行時若 list.txt 檔案不存在，請問以下哪一項敘述是正確的？

(A) 此程式碼將產生語法錯誤，無法執行。

(B) 此程式碼執行期間發生錯誤。

(C) 此程式碼不會發生錯誤，正常執行。

(D) 此程式碼可正常執行，但會發生錯誤。

26. 下列程式碼是根據玩家目前的點數(points)和等級(grade)，來決定玩家的最終點數，請問程式執行後輸出值為何？

```
points = 76
grade = 3
if points > 80 and grade >= 3:
    points += 10
elif points >= 70 and grade > 3:
    points += 5
else:
    points -=5
print(points)
```

(A) 71　　(B) 76　　(C) 81　　(D) 86

27. 您要撰寫一個 Python 程式，可以顯示使用者輸入數字的位數。請回答下列問題來完成程式：

```
n=int(input("請輸入 1 到 2 位數的整數："))
nLen="零"
        ①
    nLen="一"
        ②
    nLen="二"
        ③
    nLen="大於二"
print(n," 是" + nLen + "位數")
```

① 請從下列選項中選取正確程式碼填寫至①。

　(A) if n>=-9 and n <=9:　　　(B) if n>=-99 and n <=99:

　(C) if n>=-9 or n <=9:　　　(D) if n>=-99 or n <=99:

② 請從下列選項中選取正確程式碼填寫至②。

　(A) if n>=-9 and n <=9:　　　(B) if n>=-99 and n <=99:

　(C) elif n>=-9 and n <=9:　　(D) elif n>=-99 and n <=99:

③ 請從下列選項中選取正確程式碼填寫至③。

　(A) elif:　　(B) else:　　(C) ifelse:　　(D) elseif:

28. 您要撰寫顯示 2 到 50 之間的所有質數，請利用下列敘述區段完成程式。

(質數是指只能被該數本身和 1 整除的數值)

敘述區段：　　　　　　　　　　作答區：

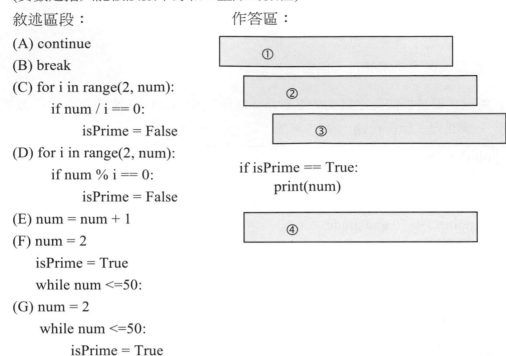

(A) continue

(B) break

(C) for i in range(2, num):
　　if num / i == 0:
　　　　isPrime = False

(D) for i in range(2, num):
　　if num % i == 0:
　　　　isPrime = False

(E) num = num + 1

(F) num = 2
　　isPrime = True
　　while num <=50:

(G) num = 2
　　while num <=50:
　　　　isPrime = True

作答區：

①

②

③

if isPrime == True:
　　print(num)

④

29. 您撰寫一個程式來隨機指派編號(no)範圍 1~50，和分配團隊(group)以進行夏令營活動。(行號僅供參考)

```
01 import random
02 noUsed = [1]
03 no = 1
04 groups = ["黑熊", "藍鵲", "梅花鹿", "山羊"]
05 count = 0
06 print("歡迎參加夏令營活動")
07 name = input("請輸入您的姓名 (輸入 q 結束) ? ")
08 while name != 'q' and count < 50:
09     while no in noUsed:
10             ①
11     print(f"{name},你的編號是{no}")
12     noUsed.append(no)
13             ②
14     print(f"您編入 {group} 隊")
15     count += 1
16     name = input("請輸入您的姓名 (輸入 q 結束) ? ")
```

請在下列中選取正確的程式碼片段以完成程式。

① (A) no = random(1, 50)　　(B) no = random.randint(1, 50)

　(C) no = random.shuffle(1, 50)　(D) no = random.random(1, 50)

② (A) group = random.choice(groups)　(B) group = random.randrange(groups)

　(C) group = random.shuffle(groups)　(D) group = random.sample(groups)

30. 下列程式碼執行後的輸出結果會是哪一個選項?

```
a = "薯條"
b = "熱咖啡"
c = "雞腿堡"
s = " {1} 加 {0} 加 {2}"
print(s.format(a, b, c))
```

(A) 熱咖啡 加 薯條 加 雞腿堡　(B) 薯條 加 熱咖啡 加 雞腿堡

(C) 雞腿堡 加 薯條 加 熱咖啡　(C) 薯條 加 雞腿堡 加 熱咖啡

31. 您要撰寫一個程式,程式需求如下:

　• 接受使用者輸入任意長度數字或「-1」結束程式。

　• 計算並輸出數字有幾個位數。

```
x = '0'
    ①     x != '-1':
  c1 = 0
    ②     char    ③    x:
    c1 += 1
print(c1)
x = input('請輸入任意長度數字或「-1」結束程式:')
```

　① 請從下列選項中選取正確程式碼填寫至①。(A) for　　(B) if　　(C) while

　② 請從下列選項中選取正確程式碼填寫至②。(A) for　　(B) if　　(C) while

　③ 請從下列選項中選取正確程式碼填寫至③。(A) and　　(B) is　　(C) in　　(D) or

32. 您所撰寫的病毒擴散模擬程式需要隨機數值,數值要符合下列要求:

　• 為 3 的倍數

　• 最低數字為 3

　• 最高數字是 60

　請問下列哪兩個敘述可完成此一需求?

(A) from random import randint

　　print(randint(1, 20) * 3)

(B) from random import randint
    print(randint(0, 20) * 3)

(C) from random import randrange
    print(randrange(3, 63, 3))

(D) from random import randrange
    print(randrange(0, 60, 3))

33. 您正在建立一個產品售價輸入程式，並以逗點分隔格式輸出資料，輸出格式需求如下：

- 以雙引號括住字串資料。

- 不以引號或其他字元括住數值資料。

- 以逗點分隔項目。

```
itemName = input('請輸入產品名稱：')
price = input('請輸入售價：')
```

請問下列哪兩個敘述片段，符合上述輸出格式需求？

(A) print('"{0}",{1}'.format(itemName,price))

(B) print("{0},{1}".format(itemName,price))

(C) print('"'+itemName +'",'+price)

(D) print(itemName+','+price)

34. 請由下列敘述區段中選出四個，並依序組合成檢查輸入字串中是否有大小寫字母的程式。

(A) word = input("請輸入英文單字：")

(B) elif word.upper() == word:
        print(word, "全部大寫字母")

(C) else:
         print(word, "是小寫字母")

(D) else:
        print(word, "有大和小寫字母")

(E) if word.lower() == word:
        print(word, "全部小寫字母")

(F) else:
        print(word, "是大寫字母")

35. 老師要給成績低於 50 的所有學生，根據下列公式重新給分：

新的成績 = 目前成績 x 103% + 2

程式碼將學生成績讀到 scoreList 變數後，逐一套用公式調整分數。

```
            ①
    if scoreList[s] >= 50:
            ②
    scoreList[s] = (scoreList[s] * 1.03)+2
```

① 請從下列選項中選取正確程式碼填寫至①。

(A) for s in range (len(scoreList) +1) :

(B) for s in range (len(scoreList)) :

(C) for s in range (len(scoreList) -1) :

(D) for s in scoreList :

② 請從下列選項中選取正確程式碼填寫至②。

(A) pass 　　　(B) continue 　　　(C) break 　　　(D) end

36. 請檢視以下函式，再回答下列問題，請選取正確或錯誤。

```
def func1(x=30, y=20, z=0, a=0, b=0):
    t = 0:
    if z > 0:
        return  z * a
    if b > 0:
        pass
    if x > 30:
        t = (x-30) * (1.2 * y)
        return t + (30 * y)
    else:
        return x * y
```

① func1()的函式呼叫，會產生語法錯誤。

(A) 正確 　　　(B) 錯誤

② func1(b=3000)的函式呼叫不會有任何結果傳回。

(A) 正確 　　　(B) 錯誤

③ func1(z=50, a=4)的函式呼叫所回傳的結果為 200。

(A) 正確 　　　(B) 錯誤

37. 您為公司撰寫兩個串列比較的 Python 程式，請選取正確的敘述完成程式碼，使程式正確執行。

```
list1 = [1,2,3,4,5,6]
list2 = ['A','B','C','D','E', 'F']
    ①
  print('串列相等')
    ②
  print('串列不相等')
```

① 請從下列選項中選取正確程式碼填寫至①。

　(A) if list1 == list2:　　　(B) if list1 is list2:

　(C) if list1 = list2:　　　(D) if list1 += list2:

② 請從下列選項中選取正確程式碼填寫至②。

　(A) elif:　　　(B) elseif:　　　(C) else:　　　(D) ifelse:

1. 識別各種類型作業的資料類型。請在下列題目中，選擇正確的資料類型？

   ① type(12.3)   (A) int   (B) float   (C) str   (D) bool

   ② type("False")   (A) int   (B) float   (C) str   (D) bool

   ③ type(+11E111)   (A) int   (B) float   (C) str   (D) bool

   ④ type(True)   (A) int   (B) float   (C) str   (D) bool

2. 下列程式用來找出聯誼教室並顯示教室名稱。(行號僅供參考)

```
01 classrooms = {1: '朱雀廳', 2: '玄武廳'}
02 classroom = input( '請輸入教室代號 : ' )
03 if not classroom in classrooms:
04     print( '該聯誼教室不存在' )
05 else:
06     print( "聯誼教室名稱為 " + classrooms[classroom])
```

這個程式產生的結果不正確。請評估程式碼進行疑難排解，回答下列問題。

   ① 請問在第 01 行的 classrooms 清單中儲存哪兩種資料類型？

    (A) float 和 str   (B) bool 和 str   (C) int 和 str   (D) int 和 float

   ② 請問在第 02 行的 classroom 是哪種資料類型？

    (A) 整數   (B) 浮點數   (C) 布林值   (D) 字串

   ③ 第 03 行為何無法尋找聯誼教室？

    (A) 無效的語法   (B) 不符合的資料類型   (C) 命名錯誤的變數

3. 以下程式碼，執行時輸出值為何？

```
list1 = [1, 3, 5]
list2 = [2, 4, 6]
list3 = list1 + list2
list4 = list3 * 2
print(list4)
```

(A) [3, 7, 11]　　　　　　　　(B) [[1, 3, 5], [2, 4, 6], [1, 3, 5], [2, 4, 6]]

(C) [1, 3, 5, 2, 4, 6, 1, 3, 5, 2, 4, 6]　(D) [[3, 7, 11], [3, 7, 11]]

4. 農場要將已採收的一籃柳丁平均分給來參訪的學生。若用程式敘述來演算，分配時必須將小數部份的餘額直接捨去。請問下列哪兩個程式敘述可達成目標？

(A) avg_orange = int(total/students)

(B) avg_orange = float(total//students)

(C) avg_orange = total**students

(D) avg_orange = total//students

5. 下列為計算單車出租費用的程式碼，費用計算規則如下：

• 出租一天費用是每天 100 元。

• 如果在晚上 10 點後返還，將加收一天額外的費用。

• 如果是在星期天(Sunday)租借，可享八折優惠。

• 如果是在星期三(Wednesday)租借，可享六折優惠。

請回答以下問題來完成程式：(行號僅供參考)

```
01 onTime = input("單車是否在晚上 10 點前返還？(請填 y 或 n)").lower()
02 days = int(input("請輸入單車出租天數？"))
03 weekday = input("單車是在星期幾出租?(請用英文)").capitalize()
04 money = 100
05 if onTime _____①_____
06     days += 1
07 if weekday _____②_____
08     total = (days * money) * 0.8
09 elif weekday _____③_____
10     total = (days * money) * 0.6
11 else:
12     total = (days * money)
13 print("單車的出租費用總計為：", int(total), "元")
```

① 請問第 05 行應該填入下列哪個指令？

　(A) != "n":　　(B) == "n":　　(C) == "y":　　(D) = "y":

② 請問第 07 行應該填入下列哪個指令？

　(A) == "Sunday":　(B) >= "Sunday":　(C) is "Sunday":　(D) ="Wednesday":

③ 請問第 09 行應該填入下列哪個指令？

　(A) == "Wednesday":　(B) >= "Wednesday":

　(C) is "Wednesday":　(D) ="Sunday":

6. 下列為一個除法函式 divide()，函式中檢查分母不能為零，以及需要分子和分母兩個數值。請回答以下問題來完成程式。

```
01 def divide(num1, num2):
02 _____①_____.
03     print('分母不能為零')
04 _____②_____.
05     print('需要兩個數值')
06   else:
07       return num1 / num2
```

① 請問第 02 行應該填入下列哪個敘述？

　(A) if num2 == 0:　　　(B) if num2 = 0:　　　(C) if num2 != 0:　　　(D) if num2 in 0:

② 請問第 04 行應該填入下列哪個敘述？

　(A) elif num1 is None or num2 is None:　　　(B) elif num1 is None and num2 is None:
　(C) elif num1 = None or num2 = None:　　　(D) elif num1 = None and num2 = None:

7. 撰寫一個 Python 程式來執行算術公式。

公式的描述：m 等於 n 乘以負一後再三次方。

其中：n 是即將要輸入的值，而 m 是結果。

所編製的程式片段如下。(行號僅供參考)

```
01 n = eval (input ("請輸入一個數值："))
02 m =  ①   ②   ③   ④   ⑤
```

請使用下列代碼來完成第 02 行的程式碼。每個代碼可以只使用一次、多次或不使用。

代碼：(A) -　　(B) (　　(C))　　(D) **　　(E) **3　　(F) 2　　(G) n

作答區：① _____　② _____　③ _____　④ _____　⑤ _____

8. 請評估下列程式碼

```
x = 'Python1'
print(x)
y = x
x += 'Python2'
print(x)
print(y)
```

回答下列問題。

① 請問第一個 print 後面顯示的內容為何？

    (A) Python1   (B) Python1Python2   (C) Python2   (D) Python2Python1

② 請問第二個 print 後面顯示的內容為何？

    (A) Python1   (B) Python1Python2   (C) Python2   (D) Python2Python1

③ 請問第三個 print 後面顯示的內容為何？

    (A) Python1   (B) Python1Python2   (C) Python2   (D) Python2Python1

9. 下列為計算方根的函式 get_root()，方根計算的規則如下：

    • 函式接受 x、y 兩個參數。

    • 如果 x 不是負數，則傳回值為 x ** (1 / y)。

    • 如果 x 是負數而且為偶數，則傳回值為"虛數"。

    • 如果 x 是負數而且為奇數，則傳回值為 -(-x) ** (1 / y)。

    請回答以下問題來完成程式：(行號僅供參考)

```
01 def get_root(x, y):
02         ①
03         root = x ** (1 / y)
04         ②
05             ③
06         root = "虛數"
07             ④
08         root = -(-x) ** (1 / y)
09     return root
```

① 請問第 02 行應該填入下列哪個敘述？

   (A) if x >= 0:   (B) if x % 2 == 0:   (C) elif: (D) else:

② 請問第 04 行應該填入下列哪個敘述？

   (A) if x >= 0:   (B) if x % 2 == 0:   (C) elif: (D) else:

③ 請問第 05 行應該填入下列哪個敘述？

   (A) if x >= 0:   (B) if x % 2 == 0:   (C) elif: (D) else:

④ 請問第 07 行應該填入下列哪個敘述？

   (A) if x >= 0:   (B) if x % 2 == 0:   (C) elif: (D) else:

10. 您正在為小學孩童建立一套互動式乘法表電腦輔助教學程式。其中有一個名為 tables 的函式，該函式計算並顯示從 3 到 15 的所有乘法表組合。

```
# 顯示 3 ~ 15 乘法表
def tables():
        ①
        ②
```

```
        print (x * y, end = '  ')
    print()
# main
tables()
```

請選擇適當的程式碼片段，完成這段程式碼。

① (A) for x in range(15):　　　　　　(B) for x in range(3, 16):

　　(C) for x in range(3, 15, 1):　　　(D) for x in range(16):

② (A) for y in range(16):　　　　　　(B) for y in range(3, 15, 1):

　　(C) for y in range(3, 16):　　　　(D) for y in range(15):

11. 請評估下列程式片段。

```
aList = ["q", "w", "e", "r", "t", "y"]
nList = [2, 4, 6, 8, 10, 12]
print(aList is nList)
print(aList == nList)
aList = nList
print(nList is aList)
print(nList == aList)
```

回答下面問題：

① 第一個 print 後面顯示的內容為何？　(A) True　　(B) False

② 第二個 print 後面顯示的內容為何？　(A) True　　(B) False

③ 第三個 print 後面顯示的內容為何？　(A) True　　(B) False

④ 第四個 print 後面顯示的內容為何？　(A) True　　(B) False

12. 下列為換算成績等級的程式碼，換算的規則如下：

• 90(含)～100 分為「優」。

• 80(含)～89 分為「甲」。

• 70(含)～79 分為「乙」。

• 60(含)～69 分為「丙」。

• 0(含)～59 分為「丁」。

請回答以下問題來完成程式(行號僅供參考)：

```
01 score = int(input("請輸入分數: "))
02 _____①_____
03    grade = '優'
04 _____②_____
05    grade = '甲'
06 _____③_____
```

```
07     grade = '乙'
08 _____④_____
09     grade = '丙'
10 else:
11     grade = '丁'
12 print(f"成績等級為：{grade}")
```

① 請問第 02 行應該填入下列哪段敘述？

(A) if score <= 90:　(B) if score >= 90:　(C) if score > 90:　(D) if score == 90:

② 請問第 04 行應該填入下列哪段敘述？

(A) if score >= 80:　(B) elif score == 80:　(C) elif score > 80:　(D) elif score >= 80:

③ 請問第 06 行應該填入下列哪段敘述？

(A) if score >= 70:　(B) elif score == 70:　(C) elif score > 70:　(D) elif score >= 70:

④ 請問第 08 行應該填入下列哪段敘述？

(A) if score >= 60:　(B) elif score == 60:　(C) elif score >60:　(D) elif score >= 60:

13. 撰寫一個處理檔案的函式。此函式會在檔案不存在時傳回 None。若檔案存在，必須傳回第一行。程式碼如下，請在下列程式碼的填空中，從清單中選取正確的程式碼片段做答。

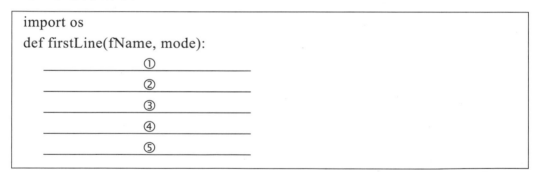

```
import os
def firstLine(fName, mode):
_____①_____
_____②_____
_____③_____
_____④_____
_____⑤_____
```

程式碼片段清單：

(A)　　with open(fName, 'r') as file:

(B)　　return None

(C) if os.path.isfile(fName):

(D)　　　return file.readline()

(E) else:

14. 線上文具行銷公司開發一個 Python 程式。程式必須逐一讀取產品清單(idList)，當找到指定產品清單編碼時就結束讀取。

請在下列程式碼的填空中，選取符合需求的程式片段。

```
idList = [0, 1, 2, 3, 4, 5, 6, 7, 8, 9, 10]
findId = 0
_____①_____(findId < 11):
    print(idList[findId])
    if idList[findId] == 8:
        _____②_____
    else:
        _____③_____
```

① (A) while　　　(B) for　　　(C) if　　　(D) break

② (A) while　　　(B) for　　　(C) if　　　(D) break

③ (A) continue　(B) break　　(C) findId += 1　(D) findId = 1

15. 試撰寫一個可以驗證學校教職員工識別碼的程式。識別碼只能包含數字和虛線，其格式為 xx-xxxx-xxx。若格式正確，列印 True；若格式不正確，列印 False。

請在下列程式碼的填空中，選取符合需求的程式片段。

```
_____①_____
code = ""
_____②_____
_____③_____
    emp_number = input("請輸入識別碼(xx-xxxx-xxx) : ")
    code = emp_number.split('-')
    if len(code) == 3:
        if len(code[0]) == 2 and len(code[1]) == 4 and len(code[2]) == 3:
            if code[0].isdigit() and code[1].isdigit() and code[2].isdigit():
                _____④_____
    print(flag)
```

① (A) emp_number = ""

　(B) emp_number = "99"

② (A) while emp_number != "":

　(B) while emp_number != "99":

③ (A) flag = False

　(B) flag = True

④ (A) flag = False

　(B) flag = True

16. 撰寫一個 Python 函式,函式必須執行下列工作的:

   • 接受串列 (items) 和字串 (item) 做為參數。

   • 在串列中搜尋字串。

   • 如果字串存在串列中,則列印一則訊息,指出找到字串,然後停止逐一搜尋。

   • 如果字串不在串列中,則列印一則訊息,指出找不到字串。

   請將下面清單中適當的所有程式碼片段移至作答區的正確填空位置。

   程式碼片段:

   (A)   for i in range(len(items)):

   (B)   if items[i] == term:
                      print("{0} 字串在串列中找到了!".format(term))

   (C)   else:
                      print("{0} 字串在串列中找不到!".format(term))

   (D)   break

   (E) def search(items, term):

   作答區:

①
②
③
④
⑤

17. 下列為讀取資料檔並將結果依照格式列印的函式,函式的功能如下:資料檔中包含貨品的相關資訊,每筆記錄有品名、重量和售價,如下所示:

   修護霜,7.56,10.25

   防曬乳,15.8,20.568

   …

   您需要格式化列印資料,以顯示如下的範例:

   修護霜   7.6   10.25

   防曬乳   15.8   20.57

   …

   列印輸出時必須符合下列格式:

   • 品名要佔 12 個空格範圍,並且文字靠左對齊。

   • 重量要佔 6 個空格範圍並靠右對齊,小數點後最多只留一個位數。

   • 價格要佔 8 個空格範圍並靠右對齊,小數點後最多只留兩個位數。

   所撰寫的程式碼如下:(行號僅供參考)

```
01 def printData(dataFile):
02     f = open(dataFile, 'r')
03     for datas in f:
04         d = datas.split(",")
05                                        ".format(d[0], eval(d[1]),eval(d[2])))
```

請利用下列程式碼片段的代碼，組合完成第 5 行敘述？

(A) print ("　　　　　(B) {12:0}　　　　(C) {6:1f}　　　　(D) {8:2f}

(E) {2:8.2f}　　　　(F) {1:6.1f}　　　(G) {0:12}

18. 執行下列程式，輸出為何？

```
import datetime
d = datetime.datetime(2021, 10, 9)
print('{:%B-%d-%y}'.format(d))
```

(A) 10-09-21　　　　(B) 10-09-2021　　　(C) October-09-21　　　(D) 2021-October-09

19. 開發一個 Python 應用程式，此應用程式必須讀取並寫入資料至文字檔案
(textdata.txt)。若檔案不存在，此程式就建立檔案。若檔案含有內容，此程式就
把檔案內容刪除。請問應該使用哪個程式碼片段？

(A) open("textdata.txt", "w+")　　　　　(B) open("textdata.txt", "w")
(C) open("textdata.txt", "r+")　　　　　(D) open("textdata.txt", "r")

20. 設計程式讓某餐旅公司的客服中心，能夠用來輸入新開張旅店的滿意度問卷調
查資料。此程式須執行下列工作：
- 接受輸入五星評比的評分(rate)。
- 計算五星評比的評分平均(avg)。
- 將平均值輸出四捨五入到小數點兩位。

請在下列程式碼的填空中，從清單中選取正確的程式碼片段做答。

```
total = num = rate = 0
avg = 0.0
while rate != -1:
    rate = _____①_____
    if rate == -1:
        break
    total += rate
    num += 1
avg = float(total / num)
_____②_____ + _____③_____
```

① (A) float(input("請輸入評分(1~5, -1 離開): "))

(B) input "請輸入評分(1~5, -1 離開): "

(C) input("請輸入評分(1~5, -1 離開): ")

(D) print("請輸入評分(1~5, -1 離開): ")

② (A) console.input("新開張旅店的滿意度評分平均為: "

(B) output("新開張旅店的滿意度評分平均為: "

(C) print("新開張旅店的滿意度評分平均為: "

(D) printline("新開張旅店的滿意度評分平均為: "

③ (A) {avg, '.2f'}

(B) format.avg.{2d}

(C) format(avg, '.2d'))

(D) format(avg, '.2f'))

21. 公司要將舊的薪資管理程式碼移轉為 Python 語言，公司請您來註解程式碼，請問下列註解語法何者正確？

(A) // 傳回目前的薪資

```
def get_salary():
    return salary
```

(B) def get_salary():

```
/* 傳回目前的薪資
    return salary
```

(C) ' 傳回目前的薪資

```
def get_salary():
    return salary
```

(D) def get_salary():

```
# 傳回目前的薪資
    return salary
```

22. 下列函式會使用指數運算式計算。(行號僅供參考)

```
01 def power(a, b):
02     return a**b
03 base = input("請輸入底數: ")
04 exp = input("請輸入指數: ")
05 res = power(base, exp)
06 print(f"計算結果為 {res}")
```

下列問題，請選擇 正確 或 錯誤。

① 第 02 行會造成執行錯段錯誤？　　(A) 正確　　(B) 錯誤

② 第 06 行會造成執行錯段錯誤？　　(A) 正確　　(B) 錯誤

③ eval 函式應該用於第 03 和 04 行？　(A) 正確　　(B) 錯誤

23. 建立一個 Python 程式，來接受使用者的輸入，並以逗點分隔格式輸出資料。接受輸入的程式碼如下：

```
item = input("輸入項目名稱: ")
sales = input("輸入銷售的數量: ")
```

輸出必須符合下列需求：

- 字串要用雙引號括住。
- 數字不能用引號或其他字元括住。
- 用逗點分隔項目和數量。

請問你可以使用下列哪些程式碼片段？(複選)

(A) print('"{0}", {1}'.format(item, sales))

(B) print("{0}, {1}".format(item, sales))

(C) print(item + '.' + sales)

(D) print('"' + item + '", ' + sales)

(E) print(f'"{item}", {sales}')

24. 開發一個應用程式，需要接受使用者輸入姓名並將該項資訊輸出顯示。程式碼如下。(行號僅供參考)

```
01 print ("Please enter your name ? ")
02
03 print(name)
```

請問你應該在第 02 行撰寫哪個程式碼？

(A) name = input()　　(B) input(name)　　(C) input("name")　　(D) name = input

25. 下列有關 try 的敘述區塊，請選擇 正確 或 錯誤。

① try 敘述區塊可以包含一個或多個 except 例外類別？

　(A) 正確　　(B) 錯誤

② try 敘述區塊可以包含 finally 敘述，但不含 except 例外類別？

　(A) 正確　　(B) 錯誤

③ try 敘述區塊可以包含 finally 敘述以及 except 例外類別？

　(A) 正確　　(B) 錯誤

④ try 敘述區塊可以包含一個或多個 finally 敘述？

    (A) 正確   (B) 錯誤

26. 測試下列程式碼時發現第 03 行及第 05 行有錯誤。(行號僅供參考)

```
01 idList = [0, 1, 2, 3, 4, 5, 6, 7, 8, 9, 10]
02 findId = 0
03 while(findId < 11)
04     print(idList[findId])
05     if idList[findId] == 8
06         break
07     else:
08         findId += 1
```

① 請問應該在第 03 行使用哪個程式片段？

    (A) while (findId < 11) :   (B) while [findId < 11]

    (C) while (findId < 8) :   (D) while [findId < 8]

② 請問應該在第 05 行使用哪個程式片段？

    (A) if idList[findId] == 8   (B) if idList[findId] == 8 :

    (C) if idList(findId) = 8 :   (D) if idList(findId) != 8

27. 建立一個函式，將傳入函式的數字當做浮點數值操作。此函式須執行下列工作：

• 提取浮點數的絕對值。

• 移除整數後面的任何小數點。

請問您應該使用哪兩個數學函數？

    (A) math.fabs(x)   (B) math.floor(x)   (C) math.fmod(x)   (D) math.frexp(x)

28. 撰寫程式來隨機產生一個最小值 4 與最大值 21 之間的整數。請問下列哪兩個函式是正確的？

    (A) random.randrange(4, 22, 1)   (B) random.randrange(4, 21, 1)

    (C) random.randint(4, 21)   (D) random.randint(4, 22)

29. 在下列各題目中，回答有關記錄 Python 程式碼的問題。

① 請問哪些字元代表單行文件字串的開頭和結尾？

    (A) 單引號 (')   (B) 雙引號 (")   (C) 兩個雙引號 ("")   (D) 三個雙引號 (""")

② 在記錄函式時，文件字串的標準位置在哪裡？

    (A) 在程式檔案的開頭   (B) 在函式上方   (C) 緊接在函式標頭後面

    (D) 在函式的結尾   (E) 在程式檔案的結尾

③ 檢視下列函式：

```
def cube(num) :
    """ 傳出數字 num 的立方值 """
    return num*num*num
```

請問哪個指令敘述可列印文件字串？

(A) print(__doc__)　　　　　(B) print(cube(doc))

(C) print(cube.__doc__)　　　(D) print(cube(docstring))

30. 您正在撰寫一個程式，使用星號顯示出 F 字形。該字形高度為五
　　行，其中第一行和第三行列印出四個星號，而第二行、第四行和第
　　五行各有一個星號，如右圖所示。

```
****
*
****
*
*
```

```
result_str = ""
for row in range(1, _____①_____ ):
    for col in range(1, _____②_____ ):
        if (row == 1 or row == 3):
            result_str = result_str + '*'
        elif col == 1:
            result_str = result_str + '*'
    result_str = result_str + '\n'
print(result_str)
```

請選擇適當的數值，完成這段程式碼。

① (A) 4　(B) 5　(C) 6　(D) 7　　　　　② (A) 4　(B) 5　(C) 6　(D) 7

31. 您正在撰寫執行下列動作的程式碼：

- 呼叫 doIt() 函式。
- 如果 doIt () 函式產生錯誤，就呼叫 error() 函式。
- 呼叫 doIt () 函式之後一律呼叫 final() 函式。

請將下面清單中適當的程式碼片段選項移至作答區的正確填空位置。

程式碼片段：

(A) assert　　　(B) except　　　(C) finally　　　(D) raise　　　(E) try

作答區：

```
     ①
    doIt()
     ②
    error()
     ③
    final()
```

32. 撰寫一個函式來增加使用者在電動遊戲內的分數。此函式具有下列需求：

    • 若點數 points 沒有指定值，則 points 的初值為 5。

    • 如果有額外獎勵，則 bonus 為 True，此時 points 增為三倍。

    (行號僅供參考)

    ```
    01 def increScore(score, bonus, points):
    02    if bonus == True:
    03        points = points * 3
    04    score = score * points
    05    return score
    06 points = 8
    07 score = 12
    08 newScore = increScore(score, True, points)
    ```

    依據上述程式碼，請回答下列問題為 正確 或 錯誤？

    ① 為了符合需求，必須將第 01 行變更為

      def increScore(score, bonus, points = 5):

      (A) 正確　　(B) 錯誤

    ② 以預設值定義任何參數之後，括號內的所有參數也必須使用預設值來定義。

      (A) 正確　　(B) 錯誤

    ③ 如果你不變更第 01 行，而且僅使用兩個參數來呼叫此函式，第三個參數
      的值將為 None。

      (A) 正確　　(B) 錯誤

    ④ 第 03 行也會修改在第 06 行宣告之變數 points 的值。

      (A) 正確　　(B) 錯誤

33. 為忘憂雜貨店設計可以讀取資料庫檔案的 Python 程式，資料庫檔案包含貨品編
    號、成品、售價、數量等資料，格式如下：

    A001, 123, 160, 50
    A002, 540, 680, 12
    …

    程式的功能必須符合下列條件：

    • 讀取並列印檔案的每一行資料。

    • 如果讀到空行則忽略不處理。

    • 完成所有行的讀取後，顯示結束訊息並關閉檔案。

    所撰寫的程式碼如下：(行號僅供參考)

```
01 f = open("database.txt", 'r')
02 eof = False
03 while eof == False:
04    data = f.readline()
05    _____
06    _____
07          print(data)
08    else:
09       print("結束")
10       eof = True
11       f.close()
```

請問您應該針對第 05 行和第 06 行撰寫哪些程式碼？

(A) 05   if data != '':
     06   if data != "\n":

(B) 05   if data != '\n':
     06   if data != "":

(C) 05   if data != '\n':
     06   if data != None:

(D) 05   if data != '':
     06   if data != "":

34. 學生們要參加國小的班親會活動，下列函式可以告訴學生參加活動的場地：

```
def getRoom(student, year):
    #為學生分配場地
    if year == 1:
        print(f"\n{student.title()}, 請到 第一會議室 報到")
    elif year == 2:
        print(f"\n{student.title()}, 請到 第二會議室 報到")
    elif year == 3:
        print(f"\n{student.title()}, 請到 視聽教室 報到")
    elif year == 4:
        print(f"\n{student.title()}, 請到 禮堂 報到")
    elif year == 5:
        print(f"\n{student.title()}, 請到 音樂教室 報到")
    else:
        print(f"\n{student.title()}, 請到 風雨操場 報到")
```

```
name = input("請輸入您的姓名：")
grade = 0
while grade not in (1,2,3,4,5,6):
    grade = int(input("請輸入年級： (1~6)？"))
```

請問下列哪兩個函式呼叫是正確的？

(A) getRoom (name, year = grade)

(B) getRoom (student, year)

(C) getRoom ("Guido Rossum", 3)

(D) getRoom (year = 6, name = " Guido Rossum ")

35. 撰寫一個顯示 健康食物外送 特價優惠的程式。程式碼如下：(行號僅供參考)

```
01 import datetime
02 dailySpecials = ("義大利麵","通心麵","烘肉卷","烤雞")
03 weekendSpecials = ("龍蝦","排骨","鱈魚")
04 _____①_____
05 _____②_____
06 print("健康食物外送")
07 if today == "Friday" or today == "Saturday" or today == "Sunday":
08     print("每週末特價食物項目:")
09     for item in weekendSpecials:
10         print(item)
11 else:
12     print("每天特價食物項目:")
13     for item in dailySpecials:
14         print(item)
15 _____③_____
16 print(f"本週尚剩餘 {daysLeft} 天")
```

請完成第 04、05 和 15 行的程式碼

① 在第 04 行，擷取目前的日期。

   (A) now = datetime()

   (B) now = datetime.date()

   (C) now = datetime.datetime.now()

   (D) now = new date()

② 在第 05 行，擷取工作日。

   (A) today = now.strftime("%A")

   (B) today = now.strftime("%B")

(C) today = now.strftime("%W")

(D) today = now.strftime("%Y")

③ 第 15 行，計算當週剩餘天數。

(A) daysLeft = now - now.weekday()

(B) daysLeft = today – today.weekday()

(C) daysLeft = 6 - now.weekday()

(D) daysLeft = 6 – datetime.datetime.weekday()

36. 下列為換算成績(0~100)等級的程式碼，換算的規則如下：

- 90(含) ~ 100 分為「優」。
- 80(含) ~ 89 分為「甲」。
- 70(含) ~ 79 分為「乙」。
- 其它分數為「不及格」。

請在以下空格填入適當指令來完成程式(行號僅供參考)，

指令的代碼如下：

(A) elif　　(B) if　　(C) for　　(D) else　　(E) or　　(F) and　　(G) not

```
01 ____①____ score <= 100:
02 ____②____ score >= 90:
03     print('成績等級為優')
04 ____③____ score >= 80:
05     print('成績等級為甲')
06 ____④____ score < 80 ____⑤____ score > 69:
07     print('成績等級為乙')
08 ____⑥____
09     print('成績不及格')
10 ___⑦___
11     print('輸入的成績不正確')
```

最新 Python 基礎必修課
(含 ITS Python 國際認證模擬試題)

作　　　者：蔡文龍 / 何嘉益 / 張志成 / 張力元
企劃編輯：江佳慧
文字編輯：詹祐甯
設計裝幀：張寶莉
發 行 人：廖文良

發 行 所：碁峰資訊股份有限公司
地　　　址：台北市南港區三重路 66 號 7 樓之 6
電　　　話：(02)2788-2408
傳　　　真：(02)8192-4433
網　　　站：www.gotop.com.tw
書　　　號：AEL025100
版　　　次：2021 年 12 月初版
　　　　　　2024 年 02 月初版五刷
建議售價：NT$450

國家圖書館出版品預行編目資料

最新 Python 基礎必修課(含 ITS Python 國際認證模擬試題) / 蔡文
龍, 何嘉益, 張志成, 張力元編著. -- 初版. -- 臺北市：碁峰資
訊, 2021.12
　　面；　公分
　　ISBN 978-626-324-035-3(平裝)
　　1.Python(電腦程式語言)
312.32P97　　　　　　　　　　　　　　　110020014

商標聲明：本書所引用之國內外公
司各商標、商品名稱、網站畫面，
其權利分屬合法註冊公司所有，絕
無侵權之意，特此聲明。

本書是根據寫作當時的資料撰寫
而成，日後若因資料更新導致與書
籍內容有所差異，敬請見諒。 若是
軟、硬體問題，請您直接與軟、硬
體廠商聯絡。